# 한국의 군사혁신

KODEF
안보총서
108

# 한국의 군사혁신

| 정연봉 지음 |

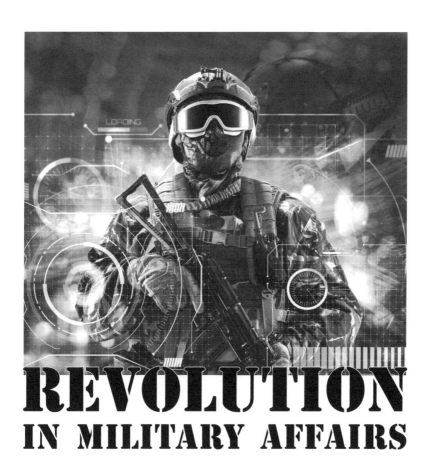

REVOLUTION
IN MILITARY AFFAIRS

플래닛미디어
Planet Media

한국의 군사혁신은 국방개혁의 일부로 추진되고 있다. 1991년 발발한 걸프전은 전쟁의 양상이 산업문명시대에서 정보문명시대로 전이하고 있음을 보여준 전쟁이었다. 걸프전이 종료되었을 때 수많은 군사전문가들이 경쟁적으로 교훈을 분석했고, 이를 바탕으로 자국의 군사혁신을 적극적으로 모색했다. 한국도 경쟁에서 도태될 수 있다는 위기감에서 1999년 4월 15일 군사혁신기획단을 국방부에 편성하고 한국이 지향할 군사혁신의 비전과 방향을 연구했다. 기획단의 연구결과는 2003년 『한국적 군사혁신의 비전과 방책』으로 발간되었고, 노무현 정부에서 입안한 '국방개혁 2020'의 일부로 포함되었다. '국방개혁 2020'의 4대 중점은 ①국방의 문민화, ②현대전 양상에 부합된 군 구조 및 전력체계 구축, ③저비용·고효율의 국방관리체계로 혁신, ④시대상황에 부응하는 병영문화의 개선이었다. 이 중에서 군사혁신과 관련된 부분은 ②'현대전 양상에 부합된 군 구조 및 전력체계 구축'으로 한국의 미래 군사력 건설 방향을 담은 국방개혁의 핵심부분이다.

2020년은 우리 군의 역사에서 특별한 의미를 지닌 해였다. 2020년은 자주적 전쟁억제능력을 조기에 확충하여 한반도 방위의 한국 주도를 추구한 '국방개혁 2020'의 목표 연도였다. 2020년은 이미 역사 속으로 사라졌지만, 자주적 전쟁억제능력 확보를 통한 한반도 방위의 한국 주도는 아직도 요원하다. 첨단 정보·과학군을 꿈꾸었으나 첨단장비의 전력화는 지연되는 가운데 매년 2.5-3만 명의 병력 감축으로 안보공백이 우려되고 있고, 북한의 핵무장으로 남북한의 군사력 균형은 오히려 북한에 유리하게 기울고 있다. 또한 야심차게 추진했던 전시작전통제권 환수도 구체적인 일정이 가시화되지 않은 채 한·미간 갈등과 진보·보수간 갈등만 키우고 있다.

노무현 정부는 '국방개혁 2020'의 성공적인 추진을 위해 2006년 12월 이를 '국방개혁에 관한 법률'로 제정했다. 그러나 '국방개혁 2020'은 역대정부를 거치면서 수차례 수정되었고, 재원의 부족으로 목표 연도가 2020년에서 2030년으로 조정되는 등 추진이 부진한 실정이다. 2020년이 지나가고 있는 시점에서 국방개혁이 부진한 원인을 명확히 규명하는 것은 개혁의 성공적인 추진을 위해 꼭 필요한 작업이다. 어떤 요소들이 개혁의 추진에 장애요인으로 작용했는지, 그리고 어떤 요소들을 체계적으로 관리했을 때 개혁에서 성공할 수 있는지 등을 밝혀야 성공 가능성을 높일 수 있다.

이 책은 국방개혁 중에서 군사혁신 개념을 적용하여 추진하고 있는 '현대전 양상에 부합된 군 구조 및 전력체계 구축'에 초점을 맞추어 기술하였다. 특히 군사혁신 성공의 3가지 구성요소(①새로운 군사체계의 개발, ②새로운 운용교리의 발전, ③조직의 편성)가 '현대전 양상에 부합된 군 구조 및 전력체계 구축'의 부진 현상을 효과적으로 설명하지 못하는 것에 착안하여 군사혁신을 가능하게 하는 상위의 전략적 결정요인을 밝히는데 중점을 두었다. 이를 위해 먼저 이론적 논의와 선행연구의 검토를 통해 군사혁신의 전략적 결정요인을 도출하고, 미국, 독일, 이스라엘의 군사혁신 성공사례 분석을 통해 결정요인을 검증하고 일반화하였다. 이어서 검증된 결정요인을 활용하여 한국의 군사혁신 추진을 분석함으로써 향후 한국이 지향해야할 군사혁신의 방향을 제시하였다.

군사혁신과 관련된 국내 기존 연구의 대부분은 미국 등 선진국이 경험한 과학기술중심의 군사혁신에 대한 소개와 한국이 지향해야 할 방향을 제시하는 정책제안 형태가 주류를 이루고 있다. 또한 대부분의 연구는 군사혁신 성공의 3가지 구성요소를 수용하며 이러한 요소들을 조화롭게 발전시켜 군사혁신을 달성하는 방법을 제시하는데 중점을 두고 있다. 그러나 이 책은 군사혁신을 가능하게 하는 상위의 전략적 결정요인을 새롭게 도출한 점과 지금까지 한국의 군사혁신 궤적을 분석하고, 이를 바탕으로 미래 한국적 군사혁신이 지향해야할 방향을 제시한 측면에서 차별화된다. 또한 논의를 위한 이론적 논거로 경영혁신이론을 활용하였다. "역사적으로 인류가 전쟁을 수행하는 방식은 일하는 방식을 반영하여 왔다."는 토플러의 주장처럼 '전쟁의 방식'과 '삶의 방식'이 불가분의 관계에 있으므로 경영혁신이론의 활용은 군사학 연구를 풍부하게 하고, 군사혁신에 대한 새로운 시각을 제공할 수 있을 것으로 기대된다.

이 책이 나오기까지 많은 분들의 도움을 받았다. 지면을 빌려 그동안 가슴속에서만 간직했던 감사의 마음을 표하고 싶다. 육군 참모차장, 정책연구위원장으로 재직하며 육군의 미래에 대해 고민할 수 있는 기회를 주신 장준규, 김용우, 서욱 총장님께 감사드린다. 전역 후 늦게 시작한 배움의 길을 인도하고 논문을 직접 지도해주신 경남대학교 김동엽 교수님, 통찰과 혜안으로 논문의 완성도를 높여 주신 이수훈 교수님, 김근식 교수님, 김열수 교수님, 서주석 차관님께 깊은 감사의 말씀을 드린다. 육군의 미래를 위해 머리를 맞대고 함께 고민했던 육군 정책연구위원회 동료들에게도 고마움의 마음을 전한다.

이 책은 필자가 늘 고민하고 연구해왔던 군의 미래에 대한 고뇌의 흔적이다. 원고가 세상으로 나올 수 있도록 용기를 준 방종관 장군, 출간을 선뜻 맡아주신 도서출판 플래닛미디어의 김세영 대표님께 특별히 감사를 드린다. 36년간 군에 몸담고 있으면서 본가와 처가의 부모님 임종을 한 번도 지켜드리지 못했다. 이 책을 하늘에 계신 양가 부모님께 헌정하고자 한다. 이 책은 한국의 군사혁신에 있어서 '무엇이 문제인가?'에 대한 논의를 담고 있다. '무엇을 어떻게 할 것인가?'에 대한 답은 아직 미완의 숙제로 남아있다. 부모님의 도움으로 나머지 숙제도 완수할 수 있기를 기대한다. 마지막으로 내게 언제나 큰 힘이 되어주는 나의 가족, 복칠, 현수, 빛나, 현준, 윤오에게 사랑하는 마음을 전한다.

2021년 5월
우면산 기슭 서재에서
정연봉

# | 차 례 |

| 서론 |

    제3차 산업혁명의 정보문명시대에서 시작된 21세기 군사혁신은 인류의 문명이 제4차 산업혁명시대로 진입함에 따라 새로운 국면을 맞이하고 있다. 21세기 군사혁신을 선도하고 있는 미국은 제4차 산업혁명 기술을 활용하여 새로운 패러다임의 전쟁수행방식을 찾기 위한 제3차 상쇄전략을 추진하고 있다. 헤이글<sup>Chuck Hagel</sup> 전 미국 국방장관은 2014년 11월 15일 국가안보포럼에서 국방혁신구상<sup>Defense Innovation Initiative</sup>의 일환으로 제3차 상쇄전략<sup>Third Offset Strategy</sup> 추진의 필요성을 처음으로 제기했다.[1] 헤이글 장관이 제3차 상쇄전략을 주창하게 된 배경에는 9.11 테러 이후 미국이 아프가니스탄, 이라크 등 중동 문제에 개입하여 국력

---

1  상쇄(相殺)는 "상반되는 것이 서로 영향을 미쳐서 효과가 없어지는 것"을 의미한다. 제1차 상쇄전략은 1950년대 초반 전술핵무기, ICBM 개발 등 핵전력 우위를 통해 소련의 재래식 군사력의 수적 우위를 상쇄한 전략이다. 제2차 상쇄전략은 1970년대 중반 미·소간 핵 균형에 따라 정보감시정찰체계, 정밀유도무기, 스텔스 항공기 등의 개발을 통해 재래식 전력의 질적 우위를 추구함으로써 소련 재래식 전력의 수적 우위를 상쇄한 전략이다.

을 소진하고 있는 동안 중국, 러시아 등 주요 경쟁 국가들이 미국의 군사적 우위를 잠식해 왔기 때문이다.

제3차 상쇄전략은 단순히 신기술을 활용하여 무기체계를 현대화하는 것을 넘어서 제4차 산업혁명의 핵심기술인 사물인터넷, 인공지능, 빅 데이터, 자동화 및 자율화 기술, 에너지 기술, 초음속 기술, 생명과학 기술 등을 이용하여 미래 전쟁에서의 승리 가능성을 모색하고, 이를 선점하기 위한 군사혁신이라고 할 수 있다. 이를 위해 미 국방성은 새로운 군사체계의 개발과 새로운 운용교리의 혁신 등을 적극적으로 추진하고 있다.

새로운 군사체계의 개발에서 가장 주목할 만한 것은 미 국방고등연구기획국DARPA, Defense Advanced Research Project Agency을[2] 중심으로 연구하고 있는 모자이크전Mosaic Warfare 개념이다. 기존의 네트워크중심전NCW, Network Centric Warfare에서는 모든 플랫폼을 네트워크로 연결하여 통합 운용함으로써 적의 공격에 체계 전체가 마비될 수 있는 취약점을 가지고 있었다. 그러나 모자이크전은 다양한 무기체계들이 독립적으로 존재하는 가운데 작전적인 필요에 따라 그때그때 전투력을 조합하여 실시간으로[3] 적의 위협에 대응하는 개념이다. 이렇게 할 경우 일부 조각이 없어지더라도 전체적인 그림의 형태가 유지되는 모자이크처럼 일부 무기체계가 손상되어도 전체적인 전투력 발휘가 가능한 전투력창출방식이다.

---

2 국방고등연구기획국(DARPA)은 미 국방성의 연구, 개발 부분을 담당하고 있으며 인터넷의 원형인 ARPANET을 개발한 것으로 잘 알려져 있다.

3 실시간(實時間, Real Time): 표적을 처리함에 있어서 표적정보의 유효성이 보장되는 기간을 의미한다. 표적처리는 탐지에서 타격까지 시간이 소요되므로 탐지된 표적정보가 타격 시까지 유효한 실시간 표적처리가 중요하다.

새로운 운용교리의 혁신에서 주목할 만한 것은 미 육군이 발전시키고 있는 다영역작전<sup>MDO, Multi-Domain Operations</sup> 개념이다. 다영역작전은 육·해·공·우주·사이버 영역을 교차하면서 기동과 화력운용이 가능한 다영역작전부대를 활용하여 빠르고 연속적인 전투력의 통합운용으로 시너지효과를 창출하고, 다층적인 공격수단의 선택으로 적의 적시적인 대응을 거부하는 개념이다. 미 육군은 다영역작전 개념을 발전시키는 동시에 2018년 7월 미래사령부<sup>U. S. Army Futures Command</sup>를 창설하고, 예하에 8개의 교차영역기능팀<sup>CFT, Cross Functional Team</sup>을 편성하여 다영역작전 수행에 소요되는 무기체계의 개발과 다양한 전투실험을 실시하고 있다.

이처럼 제4차 산업혁명기술을 활용한 새로운 패러다임의 전쟁수행방식을 찾으려는 노력들이 군사 선진국들을 중심으로 경쟁적으로 진행되고 있다. 그러나 2006년부터 추진해온 한국의 군사혁신은 아직도 정보문명시대의 초기 단계에 머물러 있고, 제4차 산업혁명기술의 군사적 적용은 기획 및 탐색 수준에서 진행되고 있다. 군사 선진국들은 이미 네트워크중심전에서 모자이크전으로 진화하고 있는 반면, 한국은 네트워크중심전의 초기 단계에 머무르고 있다. 선진국들은 합동성의 새로운 차원인 교차영역 시너지효과를 모색하고 있는 반면, 한국은 아직도 각 군의 이해관계에 따라 제각기 전력화를 추구하고 있는 실정이다.

한국군의 군사혁신은 2006년부터 국방개혁의 일부로 추진되어 왔다. 1991년 발발한 걸프전은 전쟁의 양상이 산업문명시대에서 정보문명시대로 전이하고 있음을 보여준 전쟁이었다. 걸프전이 종료되었을 때 많은 군사 전문가들이 경쟁적으로 교훈을 분석했고, 군사 선진국들은 분석된 교훈을 바탕으로 자국군의 군사혁신을 적극적으로 모색했다. 산업문명시대의 재래식 무기로 무장하고 있었던 한국군도 경쟁에서 도태될 수 있다는 위기감에서 1999년 4월 15일 국방부에 군사혁신기획단을 편성하고, 한국군이 지향해야할 군사혁신의 비전과 방향을 연구했다.

군사혁신기획단의 연구결과는 2003년『한국적 군사혁신의 비전과 방책』으로 발간되었고, 노무현 정부에서 입안한 '국방개혁 2020'의 일부로 포함되었다. 노무현 정부가 마련한 '국방개혁 2020'의 4대 중점은 ①국방의 문민화, ②현대전 양상에 부합된 군 구조 및 전력체계 구축, ③저비용·고효율의 국방관리체계로 혁신, ④시대 상황에 부응하는 병영문화의 개선이었다. 국방개혁 4대 중점 중에서 군사혁신 개념을 적용하여 추진하고 있는 ②'현대전 양상에 부합된 군 구조 및 전력체계 구축'은 한국군의 미래 군사력 건설과 직접적으로 연관된 국방개혁의 핵심부분에 해당한다.

'국방개혁 2020'은 자주적 전쟁억제능력을 조기에 확충하여 한반도 방위의 한국 주도를 지향했다. 노무현 정부는 '국방개혁 2020'의 지속적인 추진을 보장하기 위해 2006년 12월 이를 '국방개혁에 관한 법률'로 제정했다. 그러나 '국방개혁 2020'은 역대정부를 거치면서 수차례 수정되어 목표 연도였던 2020년은 이미 역사 속으로 사라졌지만, 자주적 전쟁억제능력 확보를 통한 한반도 방위의 한국 주도는 아직도 요원하다. 국방개혁의 목표 연도는 2030년으로 미루어진 가운데 북한의 핵무장으로 남북한의 군사력 균형은 북한에 유리하게 기울고 있다. 첨단 정보·과학군을 꿈꾸었으나, 첨단장비의 전력화는 지연되는 가운데 대규모 병력 감축과 부대 해체가 진행되고 있어 오히려 전력 공백이 우려되는 상황이다.[4] 또한 국방개혁과 함께 야심차게 추진했던 전작권 환수도 구체적인 일정이 가시화되지 않은 채 한·미간 갈등과 진보·보수간 갈등만 키우고 있다.

2020년이 지나가고 있는 시점에서 국방개혁이 부진한 원인을 명확히 규명하는 것은 국방개혁의 성공적인 추진을 위해 꼭 필요한 작업이다. 어떤 요소들이 국방개혁의 추진에 장애요인으로 작용했는지, 그리고 어떤 요소들을 체계적으로 관리했을 때 국방개혁에서 성공할 수 있는지 등을 밝혀야 개혁의 성공 가능성을 높일 수 있다. 이 책은 국방개혁의 일부로 추진하고 있는 한국의 군사혁신이 부진한 원인을 규명하고, 향후 한국이 지향해야할 군사혁신의 방향을 제시하는데 목적을 두고 기술하였다. 책의 구성은 크게 21세기 군사혁신 개관, 한국의 군사혁신 궤적, 한국의 군사혁신 성공을 위한 대안 모색 방안, 주요국가의 군사혁신 성공사례 분석, 그리고 한국의 미래 군사혁신 방향 순으로 구성하였다.

제1장(21세기의 군사혁신)에서는 21세기 군사혁신의 태동, 군사혁신의 정의, 군사혁신의 구성요소 등을 살펴보고, 21세기 군사혁신의 특징과 한계성에 대해 분석하였다. 제2장(한국의 군사혁신 궤적)에서는 한국군 군사혁신의 태동, 군사혁신과 국방개혁의 관계, 역대정부의 군사혁신 추진 등을 살펴보고, 군사혁신의 추진이 부진한 원인을 분석하였다. 제3장(한국 군사혁신의 대안 모색)에서는 선행연구 검토를 통해

---

4  '국방개혁 2.0'에 의거 2018년 61.8만 명이었던 상비 병력은 육군에서 11.8만 명을 2021년까지 단계적으로 감축하여(연 2.5~3만 명) 2022년을 기준으로 50만 명을 유지하게 된다. 병력 감축과 병행하여 전방지역을 담당하고 있는 다수의 군단 및 사단의 해체도 진행되고 있다.

기존 선행연구의 한계점을 제시하고, 관련 이론의 검토를 통해 군사혁신의 전략적 결정요인들을 도출하였으며 분석의 틀을 제시하였다.

제4장에서 제6장까지는 미국, 독일, 이스라엘의 군사혁신 성공사례를 제3장에서 도출한 군사혁신의 전략적 결정요인과 분석의 틀을 활용하여 분석하였다. 제4장(미국의 군사혁신 성공사례 분석)에서는 미국의 베트남 전쟁 이후 군사혁신 과정과 걸프 전쟁에서 나타난 군사혁신의 결과를 분석하고, 결정요인별 성공요인을 제시하였다. 제5장(독일의 군사혁신 성공사례 분석)에서는 독일의 제1차 세계대전 이후 군사혁신 노력과 제2차 세계대전 초기 프랑스 전역에서 나타난 군사혁신의 결과를 분석하고, 결정요인별 성공요인을 도출하였다. 제6장(이스라엘의 군사혁신 성공사례 분석)에서는 이스라엘이 건국 이후 추진한 군사혁신의 과정과 제3차 중동 전쟁에서 나타난 군사혁신의 결과를 분석하고, 결정요인별 성공요인을 제시하였다.

제7장(주요국가의 군사혁신 성공요인 논의)에서는 미국, 독일, 그리고 이스라엘의 군사혁신 성공요인을 검토하고 결정요인별로 성공요인을 비교 및 분석하였으며, 종합평가를 통해 결정요인을 일반화하고 교훈을 도출하였다. 제8장(한국의 미래 군사혁신 방향)에서는 결정요인을 활용하여 한국의 군사혁신 추진을 분석하고, 분석결과와 주요국가의 군사혁신 성공요인을 바탕으로 향후 한국이 지향해야 할 군사혁신의 방향을 제시하였다.

# 제1장

# 21세기 군사혁신

# 1

## 21세기 군사혁신의
## 태동과 발전

### (1) 21세기 군사혁신의 태동

미국을 중심으로 21세기 군사혁신 담론이 형성된 배경에는 세계적 석학들의 미래에 대한 통찰이 크게 영향을 미쳤다. 토플러Alvin Toffler는 『제3의 물결The Third Wave』에서 인류문명이 제1물결(농업혁명) 사회로부터 제2물결(산업혁명) 사회를 거쳐 제3물결(정보혁명) 사회로 발전해가고 있다고 진단했다. 토플러는 제3물결 사회의 주요 특징으로 지식·정보의 중시, 가치 창조의 중시, 대량생산체제의 붕괴와 제품의 다양화, 힘의 원천의 변화 등을 지적했다. 드러커Peter Drucker는 『자본주의 이후의 사회Post-Capitalist Society』에서 인류문명이 농업사회(지식의 폐쇄시대)로부터 산업사회(산업혁명)와 후기 자본주의사회(생산성혁명)를 거쳐 지식사회(경영혁명)로 발전해가고 있다고 진단했다. 드러커는 지식

사회의 주요특징으로 지식노동자의 증가, 조직의 정보화, 교육의 개방 및 공유, 사회의 다원화, 정보의 무국경화, 경제 질서의 세계화, 도시의 정보 중심지화 등을 제시했다. 그 밖에도 벨Daniel Bell은 지능화사회, 네이스비츠John Naisbitt는 정보화사회, 크레펠드Martin Van Creveld는 자동화시대가 될 것이라고 주장했다. 세계적 석학들이 예측한 21세기 미래사회는 표현만 다를 뿐 그 실체는 '정보·지식'이 중심이 되는 문명사회였다.

여기서 중요한 것은 문명사회가 정보·지식사회로 변화되면 전쟁의 패러다임도 이에 따라 변화된다는 것이다. 토플러는 『전쟁과 반전쟁War and Anti-War』에서 인류의 경제생활과 전쟁방식에는 불가분의 연관성이 있음을 지적했다. 그는 인류가 전쟁을 수행한 방식은 일하는 방식을 반영하여 왔으며, 새로운 문명이 기존 문명에 도전했을 때 전쟁수행방식과 수단에 혁명적인 변화가 발생했다고 주장했다. 정보사회에서는 정보가 부富를 창출하는데 가장 큰 역할을 하는 것처럼 전장에 대한 정보의 지배성이 전쟁의 승패를 좌우한다는 것이다. 즉 정보가 생산의 핵심 수단인 동시에 전장에서 파괴를 위한 핵심 수단이 된다는 주장이다.[1]

'정보·지식' 중심의 21세기 군사혁신은 소련에서 최초로 발아되었다. 1977년부터 1984년까지 소련군 총참모장으로 재직한 오가르코프Nikolai Ogarkov 원수는 소련의 재래식 군사력을 양적 중심에서 '정찰-타격 복합체RSC, Reconnaissance Strike Complex' 개념에 바탕을 둔 첨단전력으로의 개편을 구상했다. 오가르코프는 발전하는 군사기술을 활용하여 장거

---

1  Alvin & Heidi Toffler, *War and Anti-war: Survival at the Dawn of the 21st Century*(Boston, New York: Little, Brown & Company, 1993), pp. 3–5.

리 감시·정찰수단과 정밀타격수단을 지휘통제체계로 연결하는 '정찰-타격 복합체'를 구성할 경우, 표적을 직접 보면서 타격할 수 있게 되어 전투력 발휘를 극적으로 증폭시킬 수 있다고 주장했다. 즉 표적에 대한 '정보·지식'을 적보다 빠르게 활용할 수 있게 되어 전투력 창출효과를 배가하고 전장의 주도권을 장악할 수 있다는 것이다. 그러나 오가르코프의 주장은 소련의 경제적, 기술적 제약 등으로 실현되지 못하였고, 서방측에서도 이에 대해 크게 주목하지 않았다.

베트남 전쟁 패전 이후 미군은 새로운 싸우는 방법으로 공지전투 교리Air Land Battle Doctrine를 발전시켰다. 공지전투 교리에서 적지종심지역작전을[2] 강조함에 따라 미군은 종심감시체계, 종심통제체계, 그리고 종심타격체계를 집중적으로 개발했다. 종심감시체계로는 전술위성, 원격조정 무인비행체 등을 개발하였고, 종심통제체계로는 공중경보통제체계AWACS, Airborne Warning and Control System,[3] 합동감시 및 표적공격 레이더체계JSTARS, Joint Surveillance and Target Attack Radar System[4] 등을 개발하였으며, 종심타격체계로는 스텔스 전투기와 정밀유도무기 등을 개발했다. 미군의 이러한 종심작전능력은 1991년 걸프 전쟁에서 미국 주도의 다국적군이 승리하는 데 결정적으로 기여했다.

---

**2** 적지종심지역작전(敵地縱深地域作戰): 적 지역 종심에서 실시하는 작전으로 통상 정보 및 화력자산을 운용하여 적의 주전투력과 작전지속능력을 조기에 와해시켜 근접지역작전에 유리한 여건을 조성하기 위해 실시한다.

**3** 공중경보통제체계(AWACS): 레이더 및 통신장비, 항법보조장비 등을 탑재하고 공중감시 및 조기경보, 방공관제임무를 수행하는 항공기이다.

**4** 합동감시 및 표적공격 레이더체계(JSTARS): 미 육군과 공군이 함께 개발한 지상감시 및 전장관리를 임무로 하는 조기경보통제기이다. 보잉 707을 정찰기로 개조한 것으로서 1991년 걸프전의 사막의 폭풍작전에서 개발 중인 E-8A JSTARS가 운용되었다. 실험기였지만 49번 출격하여 500시간 이상 전투임무를 수행하며 탱크, 스커드 미사일 등 이동하는 이라크군을 정확하게 추적하였다. 250km 이상의 탐지거리를 가지고 있으며 600개의 이동 중인 목표물을 동시에 탐지할 수 있다.

걸프 전쟁을 목도한 군사 전문가들은 걸프전에서 정보·지식 중심의 새로운 전쟁패러다임 가능성을 발견하고 전훈 분석에 몰두했다. 미국의 전문가들은 걸프 전쟁 결과를 분석하는 과정에서 소련의 오가르코프 원수가 주장한 '정찰-타격 복합체' 개념을 새롭게 바라보게 되었고, 이를 기초로 미군의 군사능력을 획기적으로 개선하고자 하는 RMA<sup>Revolution in Military Affairs</sup> 개념을 발전시켰다. 사전적 의미로서 'RMA'의 가장 가까운 번역은 '군사분야혁명'이지만, 우리 국방부는 정치적 연관성으로 인해 부정적인 오해가 발생할 수 있다는 판단에서 '군사분야혁명' 대신 '군사혁신'이라는 용어를 사용하고 있다.

## (2) 군사혁신 개념의 발전

21세기 군사문제의 혁명적 변화를 설명하는 용어로는 군사기술혁명 MTR, Military Technical Revolution, 군사혁신RMA, Revolution in Military Affairs, 안보분야혁명RSA, Revolution in Security Affairs, 군사혁명MR, Military Revolution 등이 사용되고 있다. 군사혁신과 관련된 용어에 대해 다양한 견해와 주장들이 존재하고 있으나, 권태영·노훈은 『21세기 군사혁신과 미래전』에서 상대적인 관점에서 관련 용어들을 아래와 같이 정의했다.[5]

---

5 권태영·노훈, 『21세기 군사혁신과 미래전』(경기 파주: 법문사, 2008), pp. 53-54.

**〈표 1〉 군사혁신 관련 용어의 정의**

| | |
|---|---|
| ㉮**군사기술혁명**<br>**(MTR)** | ·정찰–타격복합체(Reconnaissance–Strike Complex)<br>* 기술·시스템 중심의 변혁 |
| ㉯**군사혁신**<br>**(RMA)** | ·㉮ + 작전운용 + 조직편성<br>* 기술·시스템 + 작전운용 + 조직편성의 동시·복합·조화적 변혁 |
| ㉰**안보분야혁명**<br>**(RSA)** | ·㉯ + 사회적 요소<br>* 군–사회의 동시·복합·조화적 변혁 |
| ㉱**군사혁명**<br>**(MR)** | ·㉮, ㉯, ㉰를 포괄<br>* 단, 혁명성·충격성 수준에 따라 ㉮, ㉯ 또는 ㉰로 차별화 가능 |

'군사기술혁명'은 소련의 총참모장이었던 오가르코프 원수가 주장한 '정찰-타격 복합체'에 그 연원을 두고 있다. 오가르코프는 첨단 과학기술을 이용하여 장거리 정찰체계와 정확도가 높은 장거리 정밀타격무기를 결합하면 전략적인 차원의 새로운 '정찰-타격 복합체'를 창출할 수 있다고 주장했다. 이 경우 신속히 표적을 발견하고 장거리에서 실시간으로 표적을 타격할 수 있게 됨으로써 비접적·비선형의 장거리전투 수행이 가능하게 되어 핵무기에 비견되는 혁명적인 위력을 발휘할 것으로 예상했다. 소련의 '정찰-타격 복합체' 개념은 소련에서 구현되지 못하고 대서양을 건너서 미국으로 넘어갔고, 미국의 전문가들은 '정찰-타격 복합체'가 군사기술 중심의 혁신에 중점을 두고 있는 점에 착안하여 '군사기술혁명'으로 명명했다.

그러나 시간이 경과하면서 미국의 전문가들은 '군사기술혁명'이 작전운용개념과 조직 편성에도 영향을 미칠 수밖에 없음을 고려하여 혁신의 영역을 군사기술, 작전운용개념, 조직 편성을 포함하는 '군사혁신'으로 확장했다. 이에 따라 1995년부터 미군은 '군사기술혁명'은 기술 중심적 개념으로, '군사혁신'은 작전운용개념과 조직 편성까지를 포함하는 개념으로 차별화하여 사용하고 있다.

　한 때 미국에서는 '안보분야혁명'이라는 보다 광의적인 용어가 등장했다. '안보분야혁명'은 군사문제는 정치, 경제, 기술, 산업, 심리, 문화 등과도 밀접히 연관되어 있기 때문에 보다 광의적인 관점에서 군사적 변화를 살펴보아야 한다는 주장이다.

# 2 / 군사혁신의 정의

　　미국 워싱턴 소재 전략 및 예산평가 연구소Center for Strategic and Budgetary
Assessment 소장이었던 크레피네비치Andrew Krepinevich는 군사혁신을 "새롭게
발전하고 있는 기술을 응용하여 일련의 군사체계를 개발하고, 이와 관
련된 창의적인 작전운용개념과 조직 편성을 상호 결합시킴으로써 전
투력 발휘의 극적인 향상을 가져와 전쟁의 성격과 그 수행방식을 근본
적으로 변화시키는 것"으로 정의했다.[6] 군사혁신에 있어서 중요한 것은
혁신의 '속도'가 아니라 혁신의 '크기'이다. 즉 군사적 발전이 과거의 연
장선상에서 진화적으로 이루어지는 것이 아니라 혁명적으로 이루어지
는 것을 의미한다. 진화적 발전은 기존의 체계 또는 구조 내에서 점진
적인 진보를 뜻하나, 혁명적 발전은 기존의 체계와 구조를 근본적으로

---

[6] Andrew F. Krepinevich, "Cavalry to Computer; The Pattern of Military Revolutions," *The National Interest*(Fall 1994), pp. 1–2.

파괴하고 재창조하는 것을 의미한다.

군사혁신을 군사혁신이 갖는 특성에 중점을 두고 보다 구체적으로 정의한 전문가는 미국 RAND 연구소의 헌들리[Richard O. Hundley]이다. 헌들리는 1990년대 초부터 활발히 진행되어온 군사혁신에 대한 각종 연구결과를 종합적으로 검토하여 1999년 『Past Revolutions Future Transformations』을 발간했다. 미 국방성 후원으로 진행된 이 연구는 과거부터 추진해온 군사혁신의 교훈을 미래의 군사변혁[MT, Military Transformation]에 반영하기 위한 목적에서 이루어졌다. 군사변혁은 과학 정보기술을 토대로 미래의 효과적인 군사력을 건설하기 위해 혁신과 개선을 아우르면서 본질적으로 변화를 조성해 나가는 활동으로 정의된다. 군사변혁은 점진적인 개선과 혁신적인 도약의 두 가지 의미를 모두 포함하고 있는데, 미군이 '혁신[revolution]'이라는 단어 대신 '변혁[transformation]'이라는 용어를 사용한 것은 '혁신'이라는 단어에서 오는 지나친 기대와 염려를 완화시키려는 의도를 반영한 것이다.

헌들리는 군사혁신의 특성을 규명하는데 중점을 두고 군사혁신을 새롭게 정의하면서 경영학에서 광범위하게 사용되고 있던 '핵심역량[core competency]' 개념을 도입했다. '핵심역량'은 미국 미시간대학교의 경영학 교수인 프라하라드[C. K. Prahalad]와 영국 런던 경영전문대학원의 하멜[Gary Hamel] 교수가 1990년 『Harvard Business Review』 5·6월호에 게재한 "The Core Competence of the Corporation" 논문에서 처음으로 사용되었다.

헌들리는 군사혁신을 군사작전의 본질과 군사작전 수행의 패러다임 전환을 포함하는 것으로서 ①전장에서 지배적인 역할자[a dominant player]의

하나 또는 그 이상의 '핵심역량'을 진부한 것으로 만들거나 무용지물로 만드는 것, ②또는 새로운 차원의 전쟁new dimension of warfare을 통해 하나 또는 그 이상의 '핵심역량'을 창조하는 것, 또는 ① + ② 모두를 군사혁신으로 정의했다.[7]

여기에서 '패러다임paradigm'은 한 영역의 군사작전에서 기본 작전형태로 일반적으로 '수용되고 있는 모델an accepted model'을 의미하며, 패러다임의 전환은 일반적으로 수용되고 있는 기본 작전형태의 모델이 새로운 형태의 모델로 변화되는 것을 의미한다. '지배적인 역할자'는 군사작전의 한 영역에서 '지배적인 역량a dominating set of capabilities을 보유하고 있는 군대'를 의미한다. 예를 들면, 제1차 세계대전 말기 함정전에서의 지배적인 역할자는 영국 해군이었고, 제2차 세계대전 말기 항공모함전의 지배적인 역할자는 미 해군이었으며, 오늘날 공대공 영역에서의 지배적인 역할자는 미 공군이다. '핵심역량'은 군사력을 형성하는데 기초가 되는 핵심 '기반능력a fundamental ability'을 의미한다. 예를 들면, 제1·2차 세계대전 중간기의 미 해군 수상함정의 핵심역량은 '20마일 이상의 거리에서 함포를 정확히 맞출 수 있는 사격능력'이었고, 오늘날 미 공군의 핵심역량은 '공중에서 이동표적을 정밀유도무기로 정확히 공격할 수 있는 능력'이다. '새로운 차원의 전쟁'은 전쟁이 발발하는 공간이 새롭게 확대되는 것으로서 육·해·공군의 3차원을 넘어 우주, 사이버 등으로 전쟁의 공간이 확대되는 것을 의미한다.

헌들리의 정의에 따르면, 군사적 발전이 당시 전장에서 지배적인 역

---

**7** Richard O. Hundley, *Past Revolutions Future Transformations*(Santa Monica CA: RAND, 1999), pp. 9–11.

할자의 핵심역량을 진부하게 만들지 못하거나 새로운 핵심역량을 창조하지 못하면, 그 것은 군사혁신이 아니다. 반면 군사적 발전이 당시 전장에서 지배적인 역할자의 핵심역량을 진부하게 만들거나 새로운 핵심역량을 창조하여 군사작전의 본질과 기존의 작전수행 패러다임을 바꿀 수 있다면, 그것은 군사혁신이라고 할 수 있다. 헌들리는 이러한 기준에 부합되는 군사혁신의 몇 가지 역사적 사례를 다음과 같이 제시했다.

**〈표 2〉 군사혁신의 역사적 사례**

| 군사혁신<br>(RMA) | 패러다임 전환 | 영향을 미친<br>핵심역량 | 영향을 받은<br>지배적인 역할자 |
|---|---|---|---|
| 기관총<br>(Machine gun) | ·지상전에서 전술적 수준의<br>새로운 모델을 창조 | ·개활지에서 밀집된<br>보병의 기동을 진부화 | ·모든 국가의 육군 |
| 항공모함전<br>(Carrier<br>Warfare) | ·해전에서 작전적·전술적<br>수준의 새로운 모델을 창조 | ·전투전단 함정의 정확한<br>함포사격을 진부화 | ·미국 및 영국의<br>해군 전투전단 |
| 전격전<br>(Blitzkrieg) | ·지상전에서 작전적·전술적<br>수준의 새로운 모델을 창조 | ·보병의 준비된 진지에서<br>고정방어를 진부화 | ·프랑스 육군 |
| ICBM | ·전쟁의 새로운 차원을 창조<br>(대륙 간 전쟁) | ·핵무기를 장거리 정확하게<br>이동 (새로운 핵심역량의 창조) | |

# 3

## 군사혁신의
## 구성요소

군사혁신을 연구하는 대부분의 전문가들은 성공적인 군사혁신의 구성요소로서 ①새로운 군사체계의 개발develop a new military system, ②새로운 운용교리의 발전develop a new doctrine, ③조직의 편성organizational adaptation을 수용하고 있다. 군사혁신의 구성요소를 이해하기 위해서는 군사혁신이 일어나는 과정을 이해하는 것이 중요하다.

헌들리는 군사혁신의 과정을 아래 그림과 설명했다.[8] 군사혁신은 새로운 기술new technology을 이용하여 기존에는 없었던 새로운 장치new device를 개발하고, 새로운 장치를 이용하여 전투력 발휘를 극적으로 향상시키거나 기존과는 다른 방식으로 임무를 수행할 수 있는 새로운 체계new system를 만든 후, 새로운 체계를 운용할 새로운 운용개념new operational

---

8  Hundley, *Past Revolutions Future Transformations*, pp. 22–24.

concept에 따라 새로운 교리와 조직 편성new doctrine and force structure을 발전시 킴으로써 새로운 군사력을 창출하는 것이다. 이러한 과정에서 해결되 지 않은 군사적 도전unmet military challenges은 각 단계에서 문제 해결을 위 한 창의성 발휘의 견인차 역할을 하게 된다. 군사혁신의 과정은 반드시 순서적으로 일어나지 않으며 어느 단계에서든 장애물에 봉착할 경우 군사혁신에 실패할 수 있다.

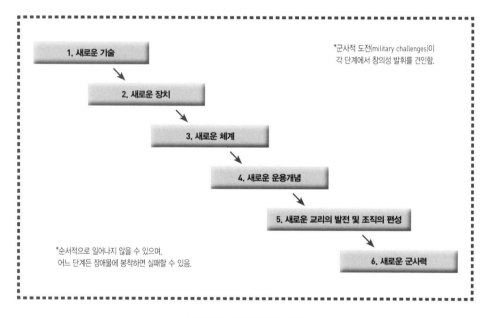

1. 새로운 기술

2. 새로운 장치

3. 새로운 체계

4. 새로운 운용개념

5. 새로운 교리의 발전 및 조직의 편성

6. 새로운 군사력

*군사적 도전(military challenges)이 각 단계에서 창의성 발휘를 견인함.

*순서적으로 일어나지 않을 수 있으며, 어느 단계든 장애물에 봉착하면 실패할 수 있음.

〈그림 1〉 군사혁신의 과정

군사혁신에서 가장 중요한 과정은 '새로운 체계의 개발,' '새로운 교 리의 발전,' 그리고 '조직의 편성'이다. 새로운 기술과 새로운 장치들이 개발되었더라도 이들을 군사적 목적으로 체계화하여 운용할 수 없다 면, 개별 기술 또는 장치로서 존재할 뿐 전투력 창출을 위한 수단으로 활용할 수 없다. 또한 '새로운 체계의 개발'이 이루어진 경우에도, 새로운 체계를 활용하여 전투력 창출을 극적으로 증폭시킬 수 있는 '새로운 교리의 발전'과 새로운 체계를 교리에 맞게 운용할 수 있는 '부대의 편성'이 뒷받침되지 못하면, 군사혁신으로 연결되기 어렵다. 영국이 최초로 전차를 개발하였지만 보병 지원 위주의 전차 운용교리 및 편성으로 전차의 특성을 제대로 활용하지 못했다. 반면 독일은 전격전 교리의 개발과 판저Panzer 사단의 편성으로 프랑스 전역에서 승리했다.

## (1) 새로운 군사체계의 개발

정보·지식사회에서 전쟁에 승리하기 위해서는 적보다 우위의 전장 정보·지식을 획득하고, 이를 바탕으로 적보다 빠른 결심 및 조치로 전장의 주도권을 장악할 수 있는 새로운 군사체계의 개발이 요구되었다. 전장에서 정보·지식의 지배성을 강화하기 위한 새로운 군사체계의 개발은 보이드John Boyd의 'OODA Loop'에 이론적 근거를 두고 있다. 보이드는 아래 그림과 같이 전투행위는 '관측observe → 판단orient → 결심decide → 행동act'으로 연결된 하나의 순환 고리loop로 이루어진다고 보았다.

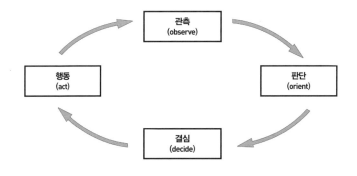

〈그림 2〉 보이드의 OODA Loop

보이드는 1950년대 초반 한국 전쟁에서 미국의 F-86과 소련의 MiG-15[9] 간의 전투결과를 분석하는 과정에서 'OODA Loop'를 발견했다. 한국 전쟁 기간 중 F-86 미군 조종사들은 소련의 MiG-15와의 교전에서 10:1의 승률을 보였다. 한국 전쟁 기간 동안 792대의 MiG-15가 격추된 반면, 미군 F-86의 손실은 78대에 불과했다. MiG-15에 비해 F-86이 유리한 점은 보다 넓은 시계와 유압계통의 반응이 빠른 장점을 가지고 있었다. 보이드의 연구 결과는 전투는 'OODA 주기'에 따라 이루어지며, 전투에서의 승리는 이 주기를 앞서나가는 측에 있고, F-86의 장점이 'OODA 주기'를 적보다 앞서나가는 요소로 작용한 것으로 분석되었다. 여기서 중요한 점은 'O → O → D → A'로 이루어지는 전투행위의 순서가 아니라 'OODA Loop'를 적보다 빠르게 순환시켜 적이 행동하기 전에 먼저 행동함으로써 적의 대응시간을 박탈하여 적을 혼란과 충격에 빠지게 할 수 있다는 것이다.

보이드의 이론에 기초한 정보·지식시대의 새로운 군사체계는 정찰-타격 복합체, 신시스템복합체계A New System of Systems, 네트워크중심전 등으로 진화, 발전되었다. 그리고 우리 사회가 제4차 산업혁명시대로 진입함에 따라 미군은 다층적인 네트워크와 인공지능을 활용하여 실시간으로 전투력을 조합하여 운용할 수 있는 모자이크전Mosaic Warfare 개념을 발전시키고 있다.

---

9   F-86(Sabre): 한국 전쟁 당시 미 공군의 주축기로서 소련의 MiG-15와의 공중전에서 유엔군이 제공권을 장악하게 한 것으로 유명하다. 1949년 미 공군에 처음으로 도입되었고 1994년 퇴역했다. 한국 전쟁 이후 F-86은 한국 공군에도 도입되었다. MiG-15: 소련이 1950년대 초반부터 운용한 제트 전투기로 우수한 상승력, 속도, 기동으로 매우 위협적인 기종이었다. MiG-15기 등장 당시 미국의 충격은 상당하여 이 기종에 대한 상세한 정보를 제공하거나 기체를 가져오는 사람이 있으면 10만 달러를 주겠다고 현상금을 내건 적도 있었다.

## 가. 정찰-타격 복합체

소련의 총참모장 오가르코프 원수는 1984년 미군의 공지전투 교리에 대응하기 위한 방안으로 정찰-타격 복합체의 발전을 주장했다. 미군은 베트남 전쟁 이후 유럽 지역에서 소련의 작전기동단OMG, Operational Maneuver Group이[10] 강력한 전선지역 돌파에 이어서 후속제대의 제파식 투입으로 종심 깊은 기동전을 실시할 것에 대비하여 공지전투 교리를 발전시켰다. 공지전투 교리의 핵심은 전선지역에서 적의 돌파를 차단함과 동시에 종심지역에 위치한 적의 후속제대를 집중적으로 타격하여 작전의 주도권을 장악하고, 적의 주력이 전선지역에 도달하기 전에 격멸하는 것이었다. 이를 위해 미국은 종심 감시·통제·타격체계를 집중적으로 발전시켰는데, 미국의 이러한 움직임은 소련군 수뇌부가 새로운 군사체계를 모색하는 자극제가 되었다.

오가르코프 원수는 발전하는 군사과학기술을 활용하여 장거리 감시·정찰수단과 장거리 정밀타격수단을 지휘통제체계로 연결할 경우, 전략적인 차원의 정찰-타격 복합체를 구축할 수 있다고 주장했다. 이러한 체계를 구축하면 원거리에서부터 표적을 발견하고 실시간으로 표적을 타격할 수 있게 됨으로써 전투력 발휘를 극적으로 증폭시킬 수 있다는 것이다. 즉 적보다 빠르게 'OODA Loop'를 순환시킴으로써 전투력 창출 효과를 배가하고 전장의 주도권을 장악할 수 있다는 주장이다.

---

10  작전기동단(OMG): 작전술 차원의 종심공격을 위해 편조된 고속기동부대를 지칭한다.

## 나. 신시스템복합체계

　미국의 전 합참차장 오웬스William A. Owens 제독은 오가르코프 원수의 정찰-타격 복합체를 재해석하여 보다 발전된 개념의 '신시스템복합체계'를 제시했다. 신시스템복합체계는 ①정보·감시·정찰ISR, Intelligence, Surveillance and Reconnaissance 자산, ②첨단 C4ICommand, Control, Communications, Computer and Intelligence 체계, ③정밀타격무기로 구성되는데, 중요한 것은 이들 3가지 요소를 상호 연계·결합시키면, 그림과 같이 중첩부분에서 새로운 전투능력이 창출되고, 이로 인해 시너지효과가 증폭된다는 주장이다.[11]

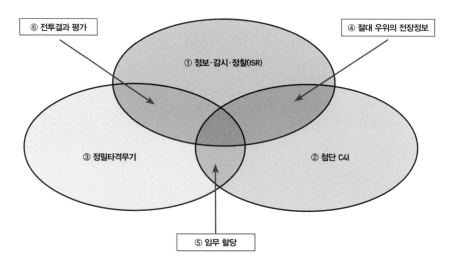

〈그림 3〉 신스템복합체계

---

11　William A. Owens, "The Emerging System of Systems," U. S. Naval Institute Proceeding, vol. 121, No. 5, 1995, pp. 36-39.

①정보·감시·정찰자산과 ②첨단 C4I체계를 결합하면 ④절대 우위의 전장정보dominant battle-space awareness를 획득할 수 있고, ②첨단 C4I체계와 ③정밀타격무기를 결합하면 ⑤임무(표적-타격수단)를 자동적으로 할당할 수 있으며, ①정보·감시·정찰자산과 ③정밀타격무기를 결합하면 ⑥정밀무기로 타격한 결과를 실시간으로 평가battle assessment할 수 있게 된다는 것이다. 이처럼 중첩부분에서 새롭게 창출되는 능력은 지휘관이 전투지휘에 직접 활용할 수 있는 정보·지식으로서 '④ → ⑤ → ⑥'으로 이어지는 일련의 전투행위 사이클을 반복할 경우, 과거에는 상상조차 할 수 없었던 전투력의 승수효과를 창출할 수 있다는 주장이다.

## 다. 네트워크중심전

네트워크중심전은 1998년 미 해군 저널에 "Network Centric Warfare: It's Origin and Future"라는 논문이 게재되면서 처음으로 등장했다. 이 글에서 세브로스키Arthur K. Cebrowski 미 해군 제독은 정보화 시대의 군사작전과 관련하여 새로운 사고방식의 필요성을 강조하며 전투력의 네트워크화를 강조했다. 지점支店들을 네트워크로 연결한 기업이 상품에 대한 정보의 공유를 통해 적기 배송, 재고 감소 등의 경영 효율을 달성하는 것처럼 전투력을 네트워크로 연결하여 정보를 공유함으로써 작전의 템포, 파괴력, 생존성을 증대시킬 수 있다는 주장이다.

네트워크중심개념은 정보공유는 잠재적 가치의 근원이라는 사고에 기반을 두고 있다. 미국 네트워크 장비업체인 3 Com의 설립자인 메트칼프Robert M. Metcalfe는 "네트워크의 가치는 그 네트워크에 접속된 노드 수의 제곱에 비례한다."고 주장했다. 즉 네트워크화는 단순히 구성요소를 연결하는 것보다 더 큰 효과를 창출할 수 있다는 것이다. 이러한 관점에서 세브로스키 제독은 기존의 플랫폼중심전PCW, Platform Centric Warfare을 네트워크중심전으로 전환할 것을 주장했다.

네트워크중심전을 구성하는 3대 체계는 각종 정보·감시·정찰자산으로 구성되는 ①센서격자망sensor grid, 다양한 정밀타격수단으로 구성되는 ②교전격자망engagement grid, 그리고 이들을 상호 연결시켜주는 ③지휘통제격자망C2 grid으로 이루어진다. 이 중에서 지휘통제격자망이 가장 중요한데, 지휘통제격자망은 센서격자망과 교전격자망을 연결하여 하나의 커다란 '센서–슈터sensors to shooters 복합체'인 '정보격자망information grid'를 형성하게 된다. 이렇게 함으로써 다양한 위협 표적들에 대해 아군의 가용한 타격수단들을 빠르게 할당하여 실시간 교전이 가능토록 하는 개념이다.[12]

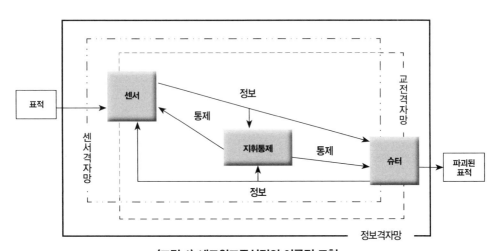

〈그림 4〉 네트워크중심전의 이론적 모형

---

12  권태영·노훈, 『21세기 군사혁신과 미래전』, p. 214.

미 국방군사변혁실Office of Force Transformation에서는 네트워크중심전을 "각종 감시체계, 결심권자, 그리고 각종 타격체계를 네트워크로 연결함으로써 상황의 공유, 지휘 속도의 증가, 높은 작전템포의 유지, 치명성의 강화, 생존성의 증대, 그리고 통합성의 달성을 통해 효과적으로 전투력을 창출하는 것"으로 정의했다.[13] 이와 같이 네트워크중심전을 정보의 공유를 통해 보다 효과적으로 전투력을 창출하는 체계로 정의함에 따라 전쟁수행 개념으로 보기 어렵다는 비판이 제기되었다. 즉 네트워크 중심 개념은 전쟁수행 개념이라기보다 정보의 공유를 위한 기반환경 조성에 가깝다는 평가로 미군은 네트워크중심전 대신 네트워크중심환경NCE, Network Centric Environments으로 용어를 사용하고 있다.

### 라. 모자이크전

모자이크전은 2017년부터 미 국방성 예하의 DARPA가 중심이 되어 발전시키고 있는 미래전 개념이다. 모자이크전에 대해 다양한 해석이 있으나, 모자이크전은 지휘관이 임무수행을 위해 지·해·공·우주·사이버 등 다양한 영역의 전투요소를 실시간으로 조합하여 전투하는 방식으로 정의할 수 있다. 기존의 네트워크중심전은 제 작전요소들이 정적으로 연결되어 강력한 단일체계를 형성한 반면, 모자이크전은 가용한 작전요소들을 실시간으로 조합하여 임무를 수행하는 동적인 특성을 가지고 있다.

---

13  Office of Force Transformation, *The Implementation of Network Centric Warfare*(Office of the Secretary of Defense, 2005), p. 4.

네트워크중심전은 적의 해킹이나 대위성작전anti-satellite operations 등으로 체계의 전체가 마비될 수 있는 취약성을 내포하고 있다. 그러나 모자이크전에서는 적의 위협으로부터 아군 체계의 적응성, 신속성, 회복탄력성을 보장하기 위해 C4ISR 자산 및 타격체계의 분산을 추구한다. 모자이크전에서는 모든 개별 플랫폼(체계)은 독립적인 컴퓨팅 및 통신 능력을 보유하고 전장정보의 생산자 겸 소비자로서 기능하며 분산된 상태에서 운용된다. 이러한 능력을 갖추게 되면, 일부조각이 없어져도 전체적인 그림의 형태가 유지되는 모자이크처럼, 특정 무기체계의 기능이 상실되어도 전반적인 전쟁수행능력을 유지할 수 있게 된다. 또한 적의 위협에 맞게 다양한 무기체계들을 실시간으로 조합하여 '효과망effect web'을 구성함으로써 기민하고 신속한 대응을 가능하게 한다.[14]

모자이크전은 '인간 지휘와 기계 통제human command and machine control'를 활용하여 '보다 소규모로 분산 운용되는 부대more disaggregated forces'를 '신속히 조합 및 재조합rapid composition and recomposition'하여 운용함으로써 아군에게는 적응성과 융통성을 보장하고, 적에게는 복잡성과 불확실성을 강요하는 결심중심전DCW, Decision-Centric Warfare을 지향한다.[15]

여기에서 '인간 지휘와 기계 통제'는 지휘관이 제4차 산업혁명의 핵심기술인 인공지능의 도움을 받아 전장상황에 맞게 최적의 전투력 조합과 전술을 선택하여 적과 교전하는 것을 의미한다. 지휘관이 전략,

**14** Tim Grayson, "Mosaic Warfare," Keynote speech delivered at the Mosaic Warfare and Multi-Domain Battle Seminar(DARPA Strategic Technology Office, Jul. 2018).

**15** Bryan Clark, Dan Patt & Harrison Schramm, *Mosaic Warfare: Exploiting Artificial Intelligence and Autonomous Systems to Implement Decision-Centric Operations*(Center for Strategic and Budgetary Assessments, 2020), pp. 27-40.

작전술, 상급 지휘관의 의도 등을 고려하여 작전계획을 수립하고 과업을 도출하면, 기계(인공지능)는 과업을 수행함에 있어서 최적의 부대조합과 사용할 전술을 추천하며, 지휘관은 추천된 방안의 적합성을 검토한 후 이를 적용하여 교전하는 방식이다. 이러한 방식의 지휘통제가 실시간으로 이루어짐으로써 적보다 빠른 결심으로 전장의 주도권을 장악하고, 전투력 운용의 융통성과 적응성을 제고하며, 적에게 불확실성을 강요할 수 있다.

'보다 소규모로 분산 운용되는 부대'는 자체의 탐지·타격·지휘능력을 모두 갖추고 다양한 기능을 수행하는 현재의 유인중심 대규모 부대를 1-2개의 단순한 기능만 수행하는 유·무인 혼합형의 소규모 부대로 재조직하는 것을 의미한다. 오늘날의 전투여단<sup>BCT, Brigade Combat Team</sup>, 항모전투단<sup>CSG, Carrier Strike Group</sup> 등은 자체 탐지·타격·지휘능력을 모두 갖추고 다양한 임무를 수행할 수 있는 부대이다. 그러나 이러한 부대들은 운용전술이 이미 노출되어 있고 적에게 대형표적을 제공하므로 적의 장거리 정밀타격에 매우 취약하다. 이러한 부대들 대신 기능이 단순하고 쉽게 조합이 가능한 다수의 소규모 유·무인복합부대를 편성하고 전장상황에 맞게 이들을 실시간으로 조합하여 운용하면, 적은 비용으로도 아군의 취약성은 감소시키면서 적에게는 불확실성을 증가시켜 적의 결심을 지연시킬 수 있다.

'신속한 조합 및 재조합'은 지휘관이 인공지능의 지원을 받아 소규모로 분산 운용되는 제 작전요소를 실시간으로 조합 및 재조합하여 최적의 전투력을 적에게 투사하는 것을 의미한다. 정형화된 킬 체인<sup>pre-defined kill chain</sup>을 사용하는 것이 아니라 보다 소규모로 분산 운용되는 부대들로 '킬 웹kill webs' 또는 '효과 웹effects webs'을 구성하고, 요망하는 목표 또는 효과 달성이 가능토록 연속적으로 전투력을 조합 및 재조합하여 투사하는 방식이다. 이러한 방식의 전투수행을 위해서는 인공지능을 활용한 결심 보좌가 보장되어야 하고, 지휘관계는 고정되어 있는 것이 아니라 수시로 변경이 가능해야 하며, 웹을 구성하는 부대들 간의 상호운용성이 전제되어야 한다.

모자이크전은 '결심중심전'을 지향한다. 결심중심전은 정보의 중요성이 날로 증대되는 미래의 전장에서 인공지능과 자율체계를 활용하여 아군의 정보 및 의사결정체계는 강화하고, 적의 정보 및 의사결정체계를 거부 및 방해함으로써 전쟁의 패러다임을 바꿀 수 있다는 전제에 기반을 두고 있다.[16] 모자이크전은 아래 그림과 같이 적의 '판단orient'을 거부·지연하고, 아군의 '결심decide'과 '행동act'은 강화하는데 중점을 두고 있다. 적의 '판단'을 거부·지연하는 방법으로는 소규모로 분산 운용되는 다수의 부대로 '킬 웹'을 구성하여 상황에 따라 조합, 재조합을 반복하는 방식으로 전투력을 운용함으로써 적의 효과적인 정보수집과 의사결정을 거부·지연한다. 아군의 정보 및 의사결정체계 강화는 지휘결심에 인공지능과 자율체계를 도입하여 적보다 빠른 결심과 행동으로 적을 혼란에 빠뜨리고 전장의 주도권을 장악하는 것을 말한다.

---

16  Clark, Patt & Schramm, *Mosaic Warfare*, pp. 21–24.

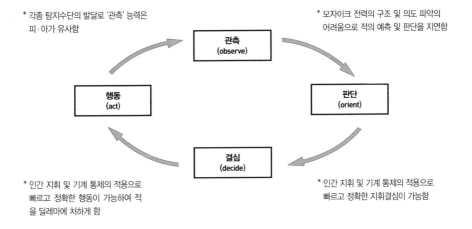

* 각종 탐지수단의 발달로 '관측' 능력은
  피·아가 유사함

* 모자이크 전력의 구조 및 의도 파악의
  어려움으로 적의 예측 및 판단을 지연함

* 인간 지휘 및 기계 통제의 적용으로
  빠르고 정확한 행동이 가능하여 적
  을 딜레마에 처하게 함

* 인간 지휘 및 기계 통제의 적용으로
  빠르고 정확한 지휘결심이 가능함

〈그림 5〉 모자이크전이 피·아 OODA Loop에 미치는 영향

## (2) 새로운 운용교리의 발전

새로운 군사체계의 발전과 더불어 다양한 미래전 이론들이 소개되고 있다. 새로운 군사이론의 중요한 특징은 새로운 군사체계가 제공하는 정보·지식의 우위를 바탕으로 적의 전략적·작전적·전술적[17] 중심COG, Center of Gravity을[18] 동시 병행적으로 공격하여 최소의 희생과 물리적 파괴로 최단기간 내에 전쟁의 목적을 달성하는 전쟁수행방식을 지향하고 있는 점이다.

정보·지식시대에 새롭게 등장한 미래전 이론으로는 5원 이론Five Ring Theory, 병렬전Parallel Warfare, 비선형전Non-Linear Warfare, 효과중심작전EBO, Effects-

---

**17** 전쟁의 수준(Level of War): 국가전략목표와 전술행동 간의 연계성을 명확하게 구분하기 위한 관념적 구분으로서 통상 전략적, 작전적, 전술적 3가지 수준으로 구분한다.

**18** 중심(重心, Center of Gravity): 힘과 균형의 근원으로서 한 부대의 행동의 자유나 유형전투력 또는 전투의지를 창출하는 근원을 의미한다.

Based Operation, 신속결정작전RDO, Rapid Decisive Operation 등이 있다. 아울러 우리 사회가 제4차 산업혁명시대로 진입함에 따라 미군은 다영역작전부대를 활용하여 영역을 교차하며 실시간 전투력의 조합을 통해 적의 결심 체계에 혼란을 유도하는 결심중심의 다영역작전MDO, Multi-Domain Operations 개념을 발전시키고 있다.

## 가. 5원 이론

와든John A. Warden Ⅲ은 미 공군의 미래전 이론으로 5원 이론을 주장했다. 와든은 모든 생명체와 조직은 5개의 핵심요소(지휘부, 핵심시스템, 하부구조, 시민, 전투 메커니즘)로 구성되어 있다는 점에 착안하여 5원 이론을 주장했다. 국가를 5원 체계 모형으로 표현하면 아래 그림과 같다.[19]

제 I 원: 지휘부(Leadership)
제 II 원: 핵심체계(Essential System)
제 III 원: 하부구조(Infrastructure)
제 IV 원: 시민(Population)
제 V 원: 군대(Field Military)

〈그림 6〉 국가시스템의 5원 체계 모형

---

19 권태영·노훈, 『21세기 군사혁신과 미래전』, pp. 178-182.

위의 그림에서 제Ⅰ원인 지휘부는 국가 전체의 시스템을 지휘하는 가장 핵심적인 중추조직이다. 제Ⅱ원인 핵심체계는 국가시스템의 구성요소들을 긴밀하게 묶어주는 동력에너지체계(전기, 석유, 식량)나 화폐·금융체계와 같은 것을 의미한다. 제Ⅲ원인 하부기반체계는 에너지, 식량, 원료, 제품 등을 생산 및 운송하는 기반시설로서 국가시스템을 작동시키는 기능을 수행한다. 제Ⅳ원인 시민은 전투원을 제외한 전체 국민을 의미하며, 제Ⅴ원인 군대는 야전에 배치되어 있는 전투부대 또는 전투원으로서 국가의 전체시스템을 보호하는 역할을 담당한다.

5원 체계 모형은 미래전을 이해하고 전쟁을 기획하는데 매우 유용한 관점을 제공해준다. 5원 체계 모형은 적을 유기체적인 시스템의 관점에서 파악함으로써 각원(체계)의 상대적 중요도를 식별하는데 유용한 기준을 제공하고 적의 중심을 쉽게 파악할 수 있도록 도와준다. 5원 체계 모형에서 전략적 수준의 중심은 제Ⅰ원(체계)이고, 작전적 수준의 중심은 제Ⅱ·Ⅲ원(체계)이며, 그리고 전술적 수준의 중심은 제Ⅳ·Ⅴ원(체계)이라고 할 수 있다.

과거 전쟁의 특징은 제Ⅴ원에서 제Ⅰ원으로 점진적인 접근을 통해 적의 전투력을 순차적으로 파괴함으로써 전쟁에서 승리할 수 있었다. 그러나 오늘날에는 첨단 과학기술의 발달로 제Ⅰ원으로 직접 전투력 투사가 가능해짐에 따라 적 전쟁지도부의 전쟁의지를 신속히 파괴함으로써 최소의 희생으로 전쟁을 조기에 종결하는 방향으로 전쟁수행 개념이 변화하고 있다. 더 나아가 장거리 정밀타격수단이 충분히 가용할 경우에는 5원 체계에 포함된 모든 전략적·작전적·전술적 중심들을 동시 병렬적으로 공격함으로써 순식간에 국가기능 전체를 마비시키는 형태로 전쟁수행개념이 진화하고 있다.

## 나. 병렬전

바넷[Jeffery R. Barnett]은 와든의 5원 이론을 바탕으로 병렬전 개념을 발전시켰다. 병렬전의 '병렬'은 전기회로에서 연유된 것으로 병렬회로에 여러 개의 전구를 연결하고 전원 스위치를 누르면, 연결된 모든 전구가 동시에 밝혀지는 원리를 적의 핵심표적 타격에 적용한 전쟁수행방식이다. 병렬전은 적의 전략적·작전적·전술적 중심을 구성하고 있는 핵심표적들을 동시에 공격함으로써 적이 방어·복구·재정비할 수 있는 시간적 여유를 박탈하고, 공황·마비효과를 창출하여 단기간 내 전쟁을 종결하는 전쟁수행방식이다.[20]

과거의 전쟁은 표적에 대한 불확실한 정보, 타격수단의 사거리 및 정확성 제한 등으로 적의 중심을 장기간에 걸쳐 순차적으로 공격하는 형태의 작전을 수행했다. 그러나 오늘날 감시·정찰능력의 획기적인 향상, 장거리 정밀타격수단의 발달, 지휘통제수단의 발전 등으로 적의 종심지역에 위치한 표적들에 대해서도 실시간으로 정확한 타격이 가능하게 되었다. 이에 따라 적의 전략적·작전적·전술적 중심을 구성하는 핵심표적들을 가용한 모든 수단들을 동원하여 동시적으로 공격하는 병렬전 개념이 태동하게 된 것이다. 병렬전의 목적은 적의 모든 표적을 파괴하는 것 자체가 목적이 아니라, 적에게 아군의 의지를 강요할 수 있도록 적의 핵심능력을 짧은 시간 내에 손상·와해시켜, 전략적 마

---

20  권태영·노훈, 『21세기 군사혁신과 미래전』, pp. 182–183.

비효과를 달성하는데 있다.

## 다. 비선형전

인류는 전쟁을 수행함에 있어서 상황에 따라 선형전과 비선형전을 적절하게 혼합하여 사용해 왔다. 소규모 정예부대로 신속한 기동이나 목표에 대한 직접적인 공격이 요구되는 경우에는 비선형전이 강조되었고, 대규모 군대로 협조된 전투력 발휘가 요구되는 경우에는 선형전이 강조되었다. 산업화시대에는 대규모 군대에 의한 선형전이 주류를 이루었으나, 과학기술의 발달과 더불어 기동력과 화력이 획기적으로 향상됨에 따라 점차 비선형전 요소가 증가하고 있다.[21]

오늘날 첨단 과학기술의 발달로 적 지역으로 종심 깊게 화력 및 기동력을 투사할 수 있게 됨에 따라 전쟁의 양상은 선형전에서 비선형전으로 급속히 변화되고 있다. 선형전에서는 전선, 전투지경선, 화력운용협조선[22] 등의 인위적인 전투구역이 2차원 지도 위에 설정되고, 이를 기준으로 전투부대들이 협조된 전투대형을 형성하여 적과 교전을 실시한다. 그러나 비선형전에서는 전·후방이 없고 다면·다점·다차원의 전선을 형성하게 된다. 미래에는 발달된 과학기술을 이용하여 전장에서 소규모로 분산 운용되는 부대를 네트워크로 연결함으로써 전장 가시화 및 정보공유, 병렬적인 작전수행이 가능하게 됨에 따라 비선형전

---

**21** 권태영·박휘락·박창권, "비대칭전/비선형전 교리발전연구," 『2006년 육군전투발전』(대전: 육군교육사령부, 2006), pp. 328–329.

**22** 전선(前線, FLOT: Froward Line of Own Troops): 우군의 최전방 배치선 또는 우군의 최전선 진지를 연하는 선을 지칭한다. 전투지경선(戰鬪地境線, Boundary): 예하부대의 작전책임지역을 지정하기 위해 지상에 설정한 통제선이다. 화력운용협조선(火力運用協調線, FSCL: Fire Support Coordination Line): 화력운용협조수단의 하나로서 가용한 모든 화력자산이

의 특성이 더욱 강화될 것으로 예상된다.[23]

## 라. 효과중심작전

미 공군의 뎁툴라David A. Deptula는 병렬전을 효과적으로 수행하는 방법으로 효과중심작전을 발전시켰다. 개전 초기 적의 전략적·작전적·전술적 중심을 형성하는 핵심표적들을 일거에 타격하여 적에게 마비효과를 강요하고, 전쟁의 주도권을 장악하기 위해서는 제한된 아군의 전투력을 가장 효과적으로 운용해야한다. 이를 위해 효과중심작전에서는 적의 전투력 발휘에 결정적인 역할을 담당하는 핵심체계를 식별하여 공격하되, 핵심체계를 완전히 파괴하는 것이 아니라 '효과적인 통제effective control'가 가능한 수준으로 타격한다. 이렇게 함으로써 아군의 전투력을 절약하여 적의 중심을 형성하는 핵심체계들을 최대한 동시 병행적으로 타격하는 전투력운용방식이다.[24]

'효과적인 통제'란 적 핵심체계의 특정부분에 특정효과를 달성하여 체계의 능력 발휘를 무력화, 불능화, 제한, 또는 감퇴시켜 적이 체계를 효과적으로 활용하지 못하게 하는 것이다. 적 방공작전체계의 경우, 모든 방공작전요소들을 개별적으로 공격하여 파괴하는 것보다 방공작전체계의 일부를 구성하는 전력망을 공격하여 전력을 차단하면, 군사력을 절약하면서 적 방공작전체계 전체를 무력화할 수 있다. 전쟁의 궁극

---

이 선 넘어 위치한 표적에 대해 신속한 사격이 가능하도록 허용한 선이다.

**23** 권태영·노훈, 『21세기 군사혁신과 미래전』, p. 186.

**24** David A. Deptula, *Effects-Based Operations: Change in the Nature of Warfare*, (Arlington Virginia: Aerospace Education Foundation, 2001), pp. 5-6.

적인 목적이 아군의 정치적 의지를 적에게 강요하는 것이므로 이와 같은 방식으로 적의 핵심체계를 동시적으로 공격하면, 국가기능 전체가 무력화되어 적은 비용으로도 전쟁의 목적을 달성할 수 있다.

이러한 효과중심접근은 기존의 목표중심접근object-based approach이나 의도중심접근intent-based approach보다 진일보한 전쟁수행개념이다. 목표중심접근은 모든 전투행위를 부여된 목표 달성에 집중하는 접근방법이고, 의도중심접근은 모든 전투행위를 지휘관의 의도 달성에 집중하는 접근방법이다. 이러한 접근방법에서는 각개 전투행위의 목적과 달성해야할 효과에 대한 구체적인 분석이 생략 또는 경시되었다. 이로 인해 과거의 전쟁은 대량살상·파괴의 섬멸전 또는 소모전 양상을 보였다. 그러나 효과중심작전 개념이 발전되면서 전장 및 전투력운용 개념이 크게 변화되고 있다. 전투력운용 개념이 파괴에서 효과 중심으로, 영토 점령에서 시스템 통제 중심으로, 군사력의 규모에서 영향력 중심으로, 그리고 개별 순차적 공격에서 동시 병렬적 공격 중심으로 급속히 전환되고 있다.[25]

## 마. 신속결정작전

신속결정작전은 미 합참이 미래전 이론을 포괄적으로 수용하여 미래의 합동작전 수행개념을 체계적으로 정립한 것이다. 신속결정작전에서 '신속rapid'은 적보다 상대적 또는 절대적으로 우월한 속도와 적시성으로 전역계획의[26] 목적을 달성하는 것을 의미한다. 이러한 신속성을

---

**25** 권태영·노훈, 『21세기 군사혁신과 미래전』, pp. 191–192.

**26** 전역계획(戰役計劃, Campaign Plan): 전략적 또는 작전적 목표를 달성하기 위해 부여된 시간과 공간 내에서 수행하는 일련의 연관된 주요작전을 '전역(戰役)'이라고 하며, 이를 성공적으로 수행하기 위한 계획을 전역계획이라고 지칭한다.

갖추기 위해서는 피·아에 대한 상세한 지식과 이해, 적보다 빠른 전역 계획 수립 및 적시적인 의사결정, 적응성 있는 합동 지휘통제체계의 구축, 전투력의 신속한 전방 전개, 맞춤형 전력 및 지원체계의 구축, 빠른 템포의 작전 실시 등이 전제되어야 한다. '결정적decisive'의 개념은 적의 전투의지 및 저항능력을 결정적으로 파괴하여 아군의 의지 수용을 강요하는 것을 의미한다. '결정적' 작전이 가능하기 위해서는 적의 중심, 핵심취약점, 핵심노드를 정확히 식별하고 압도적인 기동과 정밀교전으로 효과중심작전을 수행할 수 있는 능력을 구비해야한다. 미 합동전력사는 신속결정작전을 구성하는 주요 요소를 ①지식knowledge, ②지휘통제command and control, 그리고 ③작전operations으로 구분하고 아래와 같이 세부 구성요소를 제시했다.[27]

**〈표 3〉 신속결정작전 개념 구성요소**

| 지식<br>(Knowledge) | 지휘통제<br>(Command & Control) | 작전<br>(Operations) |
|---|---|---|
| • 작전종합평가<br>• 공통작전상황도<br>• 합동 정보·감시·정찰 | • 적응성 있는 합동 지휘통제<br>• 합동상호기획<br>• 유관기관협조<br>• 다국적군협조 | • 효과중심작전<br>   − 압도적 기동<br>   − 정밀교전<br>   − 정보작전<br>• 작전지원<br>   − 접근보장<br>   − 신속한 부대 전개<br>   − 민첩한 지속지원<br>   − 전 영역 방호 |

---

**27** U. S. Joint Forces Command, *A Concept for Rapid Decisive Operations*(RDO Whitepaper Version 2.0), pp. 9–16.

아울러 미 합동전력사는 신속결정작전 개념을 전통적 작전 개념과 대비하여 그 차이점을 아래와 같이 제시함으로써 미군이 지향하고자 하는 미래전의 모습을 가시화했다.[28] 신속결정작전은 미래 전쟁에서 미국이 압도적인 군사력을 이용하여 최소 희생으로 최단 시간 내에 전쟁을 결정적으로 종결하는 방안을 제시하고 있어 미래전의 모습이 어떻게 변화될 것인지에 대해 많은 시사점을 제공하고 있다.

<표 4> 전통적 작전과 신속결정작전의 차이점

| 구 분 | 전통적 작전 | 신속결정작전 |
|---|---|---|
| 기획/계획 | • 정적인 상황인식<br>• 점진적 기획/계획 | • 동적인 상황이해 및 정보의 활용<br>• 병행적 기획/계획 |
| 작전중점 | • 소모전 기반<br>• 적 병력 격멸 중심<br>• 지형 확보 중심 | • 효과 기반<br>• 적의 응집력 발휘 제한 중심<br>• 주도권 확보 중심 |
| 전투력 운용 | • 순차적 작전수행<br>• 선형적 전투력 운용<br>• 대칭적 전투력 운용<br>• 중복 회피에 중점 | • 동시적 작전수행<br>• 분산적 전투력 운용<br>• 비대칭적 전투력 운용<br>• 통합 달성에 중점 |

## 바. 다영역작전

9.11 사태 이후 미국이 테러와의 전쟁에 집중하고 있는 동안 중국, 러시아 등 수정주의 국가들이 급성장하면서 미국은 대규모 군사작전

---

28  U. S. Joint Forces Command, *A Concept for Rapid Decisive Operations*, p. 12.

상황을 가정한 새로운 작전수행개념이 필요하게 되었다. 다영역작전은 이러한 수정주의 국가들의 위협에 대응하기 위해 미 육군을 중심으로 발전시키고 있는 미래전 수행 개념이다. 미 육군교육사령부는 미래전 수행 개념을 정립하기 위해 2014년 10월 『*The U. S. Army Operating Concept: Win in a Complex World 2020-2040*』을 발간하고 세미나, 포럼 등을 통해 전문가들의 폭 넓은 의견을 수렴했다. 의견 수렴결과를 바탕으로 미 육군은 2017년 12월 『*Multi-Domain Battle: Evolution of Combined Arms for the 21st Century 2025-2040*』을 발간했다. 그 후 미 육군은 다영역전투 개념을 워게임, 연습 등을 통해 검증하고, 2018년 12월에는 보다 발전된 『*The U. S. Army in Multi-Domain Operations 2028*』을 팸플릿으로 발간하여 추가적인 의견을 수렴하고 있다.

2018년 12월 발간된 팸플릿 서문에서 밀리[Mark A. Milley] 미 육군참모총장은 미래에 잠재적 적대국들과의 경쟁에서 미군은 다층적 교착상태[multiple layers of stand-off]에 직면할 가능성이 높을 것으로 예상했다. 미국의 잠재적 적대국들이, 이라크와 아프가니스탄 등에서 미군의 작전을 세밀하게 관찰함으로써 미군의 작전방식을 잘 이해하고 있을 뿐만 아니라 인공지능, 로봇, 나노기술 등의 신기술을 활용할 수 있게 됨에 따라, 모든 영역에서 미국의 접근을 거부할 수 있는 다층적 교착상태가 현실화될 수 있다는 것이다.

다영역작전은 미 육군이 합동 전력의 일부로서 잠재적 적대국들과의 다층적 교착상태를 타개하는 일련의 방법을 제시하고 있다. '경쟁[compete] → 무력분쟁[armed conflict] → 경쟁으로의 회귀[re-compete]' 단계로 이루어지는 다영역작전의 핵심 개념은 무력분쟁 이전의 경쟁단계에서부터 모든 영역을 신속하고 지속적으로 통합하여 전쟁을 억제 및 예방하는 것이다. 전쟁의 억제 및 예방에 실패할 경우, 미 육군은 합동 전력의 일부로서 적의 반접근/지역거부A2/AD, Anti-Access/Area Denial 체계에[29] 침투하여 적의 체계를 와해하고, 전과확대를 통해 적의 체계·부대 등을 파괴함으로써 아군의 전략목표를 달성한다. 아군의 전략목표가 달성되면 성과를 공고히 하여 아군에게 보다 유리한 조건에서 경쟁으로 다시 회귀하는 개념이다.

미 육군은 다영역작전 개념을 구현하기 위한 조건으로 ①세밀하게 조율된 부대태세calibrated force posture 유지, ②다영역작전부대multi-domain formations, ③신속하고 지속적인 능력 통합convergence을 강조하고 있다.[30]

'세밀하게 조율된 부대태세 유지'는 적대국과의 경쟁 및 무력분쟁 단계에서 효과적인 억제를 달성하고 주도권 확보 및 원정군의 원활한 전개를 보장하기 위해 지역 차원에서 유지해야 할 미군의 능력과 태세를 의미한다. 이는 크림반도에서 러시아가 보여준 하이브리드전쟁과 같은 방식에 적시적인 대응을 위해 미군이 갖추어야할 능력과 태세이다. 부대태세는 전방주둔부대, 원정군, 전구차원의 감시 및 타격 자산, 국가급 수준의 사이버 및 우주 능력 등으로 구성된다.

'다영역작전부대'는 모든 영역에서 적에게 접근하여 다양하고 복합적인 딜레마를 적에게 강요할 수 있는 부대이다. 다영역작전부대는 독

---

29 반접근/지역거부(Anti-Access/Area Denial): 미사일, 센서, 유도기술 등을 활용하여 잠재적 적 전력의 작전지역 내 진입을 차단 및 지연하고, 작전지역 내 배치된 적 전력의 행동의 자유를 박탈하는 일련의 군사체계를 지칭한다.

30 U. S. Army Training and Doctrine Command, *The U. S. Army in Multi-Domain Operations 2028*(Pamphlet 525-

립적인 기동과 교차영역 화력 운용이 가능하고, 일정기간 군수지원 없이 독립작전 수행이 가능하며, 어느 곳에서든지 지휘체계와 연결하여 전 영역을 넘나들며 제병협동 및 합동작전이 가능한 능력을 갖춘 부대를 의미한다. 또한 다영역작전부대는 인간-기계의 공조, 인공지능, 고속데이터처리기술 등을 이용하여 정확하고 빠른 지휘결심으로 전장을 주도할 수 있는 부대를 말한다.

'신속하고 지속적인 능력 통합'은 적대국과 분쟁 시 모든 영역에서 신속하고 연속적인 능력의 통합을 통해 군사적 우위를 달성하는 것을 의미한다. 오늘날 미군은 간헐적인 통합episodic synchronization을 통해 군사적 우위를 달성하고 있지만, 적대국들의 도전으로 미군이 누렸던 군사적 우위가 점차 상실되고 있음에 따라, 미래에는 보다 신속하고 연속적인 능력의 통합이 필요하다는 주장이다. 이를 통해 개별 작전요소의 산술적 합보다 더 큰 시너지효과를 창출하고 다층적인 타격수단의 구비로 적의 적시적인 대응을 거부하는 개념이다.

미 육군의 다영역작전은 DARPA가 중심이 되어 발전시키고 있는 모자이크전과 많은 부분에서 유사점을 공유하고 있다. 모자이크전은 인간 지휘 및 기계 통제를 이용하여 소규모로 분산 운용되는 다수의 부대를 작전적인 필요에 따라 실시간으로 조합 및 재조합하여 운용함으로써 아군에게는 적응성과 융통성을 보장하되, 적에게는 복잡성과 불확실성을 강요하는 개념이다. 다영역작전도 전 영역을 넘나들 수 있는 능력과 생존성을 갖춘 다영역작전부대가 영역을 교차하며 빠르고 연

3-1, 2018. 12), pp. 17~23.

속적인 전투력의 통합을 통해 전투력 발휘의 시너지효과를 창출하고, 다층적인 타격수단을 구비함으로써 적의 적시적인 대응을 거부하는 개념이다. 미군은 제4차 산업혁명기술을 이용한 제3차 상쇄전략을 추진하면서 새로운 군사체계의 개발을 위해서는 모자이크전을, 새로운 운용교리의 발전을 위해서는 다영역작전을 동시 병행적으로 발전시키고 있는 것이다.

## (3) 조직의 편성

새로운 군사체계가 개발되고 새로운 운용교리가 정립되면, 이에 맞게 조직의 편성이 이루어져야 군사혁신을 완성할 수 있다. 군사혁신의 과정을 단계화하여 제시한 헌들리의 주장에 따르면, 조직의 변화는 군사혁신의 최종단계에 해당한다. 즉 군대가 새로운 군사체계와 교리를 수용하고 군 조직을 이에 부합되게 편성하여 군사혁신을 제도화하는 과정이라고 할 수 있다. 마지막 단계인 조직의 편성이 성공적으로 이루어지지 못하면 군사혁신에 성공할 수 없다.

영국군은 전차를 최초로 개발하고 새로운 운용교리를 바탕으로 수차례의 전투실험을 통해 기갑부대의 위력을 검증하였지만, 편성이 뒷받침되지 못해 군사혁신에 실패했다. 영국군은 제1차 세계대전 기간 중에 전차를 개발하여 1916년 솜<sup>Somme</sup> 전투에서 최초로 전차를 운용했다. 그 후 풀러<sup>J. F. C. Fuller</sup>, 리델하트<sup>B. H. Liddell Hart</sup> 등이 기갑부대의 운용교리를 발전시켰고, 1920년대 후반부터 1930년대 초반까지 전차 및 기계화 부대의 운용에 대해 수차례의 전투실험을 실시했다. 특히 1926년 솔즈베리<sup>Salisbury</sup> 평원에서 실시된 전투실험에서는 기갑부대가 적 방어진지를 돌파하여 25마일을 진격하는 등 기갑부대의 위력이 증명되었다. 그러나 개혁 지지자들이 기존의 부대구조를 완전히 대체할 수준으로 편성의 변화를 요구함에 따라 기존 조직 옹호자들의 강력한 반대에 부딪쳐 편성에 실패했다.[31]

미래전에 적합한 조직은 앞의 논의에서 제시한 새로운 군사체계의 발전과 미래전 이론을 수용할 수 있는 조직이어야 한다. 오늘날 대부분의 군대는 대량생산의 산업사회에 적합한 테일러식 조직을 보유하고 있다. 이러한 조직은 지나치게 둔중하고 기동성과 융통성이 부족하여 변화하는 전장 환경에 적시적인 대응이 어렵다. 테일러식 조직이 초기 산업사회에서는 획기적인 생산관리방식으로 칭송받았으나, 오늘날 산업현장에서 더 이상 적용이 어렵듯이 기존의 군대 조직은 미래전에 더 이상 적합하지 않은 조직일 가능성이 높다.[32]

병력구조 측면에서 미래전에 적합한 조직은 숙련된 전문가위주의 슬림화된 조직이다. 오늘날 미국, 영국, 프랑스 등 장비중심의 군 구조를 가지고 있는 국가들의 병력구조는 장기복무 전문 인력과 단기복무 인력의 구성비가 8 : 2 또는 7 : 3을 이루고 있다. 제4차 산업혁명기술의 군사 분야 적용이 점차 확대됨에 따라 미래 군 구조에서 장기복무 전문 인력의 구성 비율은 더욱 증가할 것으로 예상된다.

2015년 12월 CNAS^Center for a New American Security 주관 안보포럼에서 워크^Robert O. Work 부장관은 제3차 상쇄전략의 5대 핵심기술로 ①자율심

---

**31** Hundley, *Past Revolutions Future Transformations*, pp. 30–31.

**32** 육군본부 정책실, 「육군비전 2050」(충남 계룡: 육군본부, 2020), p. 159.

화학습체계autonomous deep learning system, ②인간-기계의 협업human-machine collaboration, ③인간운용의 보조assisted human operations, ④인간-기계 전투팀 human-machine combat team, ⑤네트워크 기반의 반자율화무기network-enabled semi-autonomous weapons를 제시했다. 이러한 5대 핵심기술이 성숙되면 인간의 역할은 상당 부분 기계가 대체할 것으로 예상된다. 따라서 미래의 병력구조는 기술적 운용능력을 구비한 전문 인력 중심의 슬림화된 병력구조로 개편이 더욱 가속화될 것으로 판단된다.

부대구조 측면에서는 임무와 상황에 따라 자유자재로 부대의 형태를 변화시킬 수 있는 유연한 조직이 요구된다. 미래 전장에서 전투력운용은 제 작전요소가 네트워크로 연결된 가운데 가용 전투력의 순차적 운용보다 동시적 운용, 선형적 운용보다 비선형적 운용, 대칭적 운용보다 비대칭적 운용의 가능성이 높다. 이러한 전투력운용이 가능하기 위해서는 유연한 부대구조의 유지가 전제되어야 한다. 미래의 부대구조는 분산된 상태에서 임무에 따라 필요한 전투력을 조합하여 활용할 수 있는 느슨한 행태의 조직이 요구되며, 이를 위해서는 모듈화 부대로 구성되는 레고형의 부대구조가 바람직하다.

모듈은 어느 특정 구조를 이루는 기본적인 단위로서 분리되고, 독립적이며, 교체될 수 있는 덩어리를 말한다. 모듈화 부대는 모듈처럼 단일의 독립된 특정 기능을 수행하는데 있어서 더 이상 쪼갤 수 없는 기본단위가 되는 부대이다. 모듈화 부대는 다른 부대와 구분되는 자신만의 고유의 역할과 기능을 수행하는 부대로서 외부의 지원 없이도 비교적 장기간 독립작전수행이 가능한 부대이다. 모듈화 부대는 한번 편성되면 쉽게 바뀌지 않으므로 구성원들 간의 유대 관계가 돈독하고, 오랫동안 함께 작전을 수행하므로 강한 팀워크를 형성할 수 있는 장점을 가지고 있다. 미래에는 이러한 모듈화 부대를 임무와 상황에 맞게 레고 형태로 조합하여 전투임무를 수행하는 유연한 형태의 부대구조가 요구된다.[33] 미군이 발전시키고 있는 모자이크전이나 다영역작전에서 요구하는 부대구조도 모듈화 부대를 지향하고 있다.

지휘구조 측면에서는 다층적 지휘구조를 단순화하여 지휘계선을 단축해야한다. 제 작전요소가 네트워크로 연결되고 공통작전상황도COP, Common Operational Picture를[34] 통해 상·하제대가 실시간으로 전장상황을 공유할 수 있는 미래의 전장 환경에서 지휘구조의 단축은 불가피할 것으로 예상된다. 오늘날 대부분의 군대 조직은 과거 산업화시대의 다층적 피라미드식 지휘구조를 보유하고 있다. 그러나 정보통신기술의 획기적인 발달로 정보공유가 실시간으로 이루어지고 인간 지휘 및 기계 통제의 개념이 가시화되면, 지휘구조의 단순화하는 불가피할 것이다.

결론적으로 미래전에 적합한 조직은 병력구조 측면에서 숙련된 전문가 위주의 슬림화된 조직이어야 하고, 부대구조 측면에서는 임무와 상황에 따라 자유자재로 부대의 형태를 변화시킬 수 있는 레고형 조직을 지향해야하며, 지휘구조 측면에서는 수직적 지휘계층을 단순화한 조직이어야 한다. 이를 통해 조직의 전문성, 유연성, 그리고 적응성을 구비했을 때 미래 전장에서 적합한 조직으로 기능할 수 있을 것이다.

---

**33** 육군본부 정책실, 「육군비전 2050」, p. 160.

**34** 공통작전상황도(COP: Common Operational Picture): 지휘통제본부 구성요원들이 공통적으로 알고 있어야 할 상황을 가시화하여 도시한 상황도이다.

# 4
# /
# 평가

## (1) 21세기 군사혁신의 특징

정보문명시대에서 시작된 21세기 군사혁신은 우리 사회가 제4차 산업혁명시대로 진입하면서 혁신의 폭과 깊이가 더욱 심화될 것으로 예상된다. 제4차 산업혁명은 속도, 범위, 그리고 깊이 면에서 제3차 산업혁명과 현격히 구분되지만, 제3차 산업혁명의 기반기술인 디지털 기술을 바탕으로 물리학, 생명공학 기술 등이 경계를 허물고 융합하는 기술혁명이다. 따라서 제4차 산업혁명은 제3차 산업혁명의 연장선상에서 진행되고 있다. 이러한 맥락에서 제4차 산업혁명시대의 군사혁신도 정보·지식 중심의 군사혁신에 제4차 산업혁명의 특성인 초연결·초지능화가 결합되는 형태로 진행될 가능성이 높다.[35] 앞의 논의를 바탕으로 21세기 군사혁신의 주요특징을 살펴보면 다음과 같다.

---

[35]  정춘일, "4차 산업혁명과 군사혁신 4.0," 『전략연구』 통권 제72호(2017), p. 198.

첫째, 정보·지식이 전쟁의 승패를 결정하는 핵심요소가 될 것이다. 정보문명사회에서 정보·지식이 가장 중요한 생산수단인 것처럼 정보·지식의 우위 여부가 전쟁의 승패를 결정하게 될 것이다. 오늘날 군사 선진국들은 항공·우주기술과 정보통신기술을 기반으로 전장공간에 대한 지배적인 인식능력의 확보를 위해 치열하게 경쟁하고 있으며, 이러한 노력은 앞으로 더욱 가속화될 것으로 예상된다. 미래에는 인공지능과 자율체계를 이용하여 아군의 정보·지식과 의사결정체계는 강화·보호하면서 적의 정보·지식과 의사결정체계는 거부·지연하는 노력이 경쟁적으로 이루어 질 것이다. 미군이 미래전에 대비하여 발전시키고 있는 모자이크전이나 다영역작전도 이러한 노력의 일환이라고 볼 수 있다.

둘째, 과학기술의 발달로 전장공간의 확장과 중첩이 더욱 심화될 것이다. 전장공간은 군사력이 운용되는 물리적인 공간을 의미한다. 오늘날 전장공간의 확장과 중첩은 크게 두 가지 방향에서 진행되고 있다. 첫 번째 방향은 육·해·공군의 감시·타격·지휘통제체계의 도달거리가 획기적으로 증가하면서 군별 전장공간이 확장되어 전장공간의 중첩 현상이 심화되고 있다. 여기에 추가하여 기존의 육·해·공 3차원 전장공간에 육·해·공군이 모두 연관되어 있는 우주 및 사이버 공간이 추가됨으로써 군별 전장공간의 구분을 더욱 어렵게 하고 있다. 두 번째는 합동성 강화 노력이 새로운 차원으로 진화하면서 군별 구분이 모호해지고 있다. 기존의 합동성 강화 개념은 육·해·공군의 고유 능력을 효율적으로 통합하고 취약점을 상호 보완함으로써 승수효과를 도모하는 것이었다. 그러나 미래의 합동성 강화는 부대의 편조가 자유로운 다영역작전부대가 영역을 교차하며 빠르고 연속적으로 전투력을 통합하여 교차영역 시너지효과를 창출하는 개념으로 진화하고 있다. 따라서 먼 미래에는 군별 구분이 무의미하게 될 가능성도 배제할 수 없다.

셋째, 미래에는 전쟁수준의 중첩 현상이 점차 심화될 것이다. 전통적으로 전쟁은 전략·작전·전술의 세 가지 수준에서 수행되는 것으로 설명되어 왔다. 그러나 감시·타격·지휘통제체계의 도달거리가 획기적으로 증가하고 장거리 정밀교전이 보편화되면서 전쟁수준의 중첩 현상이 심화되고 있다. 아래의 그림과 같이 나폴레옹 시대에는 한 번의 전술적인 승리가 다른 전장의 작전적인 승리로 연결되지 않았고, 전체 전쟁에도 직접적인 영향을 미치지 못했다. 그러나 제2차 세계대전 당시 독일의 전격전에서는 한 번의 전술적인 승리가 다른 전장에서 전술적인 승리나 차후작전의 승리에 유리하게 작용하였고, 상대국 전쟁계획의 일부를 변경토록 강요했다. 걸프 전쟁에서는 중첩 현상이 더욱 심화되어 다국적군의 전술적인 승리가 이라크군의 작전계획 변경을 강요하고, 후세인의 전쟁지도에도 직접적인 영향을 미친 것으로 알려졌다.[36] 미래에는 제4차 산업혁명기술의 영향으로 제대별 감시·정찰, 타격, 지휘통제 능력이 더욱 고도화되면서 전쟁수준의 중첩 현상도 더욱 심화될 것으로 예상된다.

---

**36** Henry C. Bartlett, "Force Planning, Military Revolutions and the Tyranny of Technology," *Strategic Review*, Vol. 24, 1996, p. 32.; 정춘일, "21세기의 새로운 군사 패러다임," 「전략연구」 (2000), pp. 179-180.

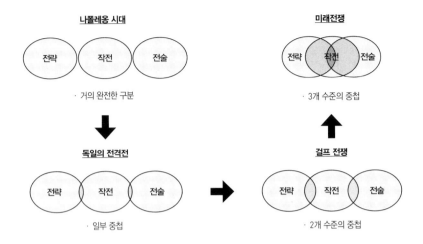

〈그림 7〉 전쟁수준의 중첩 추이

넷째, 미래에는 인공지능 기반의 자율무기체계 도입이 가속화될 것이다. 미래는 자율무기체계의 시대가 될 가능성이 높다. 자율무기체계의 발달이 가속화될수록 로봇이 인류역사 이래 전쟁행위의 주체로 인식되어온 인간을 점진적으로 대체해나갈 것으로 예상된다. 자율무기체계의 자율성은 인공지능과 밀접하게 관련되어 있는데, 자율무기체계의 자율적인 작동이 인공지능에 기반을 둔 알고리즘에 의해 이루어지기 때문이다. 인공지능 알고리즘의 이미지 인식능력은 이미 인간의 이미지 인식능력을 추월했다. 인공지능 알고리즘의 이미지 인식 오류가 2011년 25%에서 해마다 감소하여 2014-2015년 5.5-4% 수준으로 감소되었다. 인간의 이미지 인식 오류는 5% 정도인데, 인공지능이 인간의 인식 능력을 추월한 것이다. 인공지능의 발전은 아직까지 특정기능을 제한적으로 수행할 수 있는 수준에 머무르고 있어 인간의 역할을 부분적으로 대체하고 있지만, 범용인공지능artificial general intelligence이 현실

화되면 자율무기체계는 또 한 차례 혁명적 변화를 겪게 될 것으로 예
상된다.[37]

## (2) 21세기 군사혁신의 한계

정보문명시대에 시작된 21세기 군사혁신은 제4차 산업혁명을 견인
하는 ICBM + AI$^{IoT, Cloud, Big Data, Mobile + Artificial Intelligence}$ 기술이 결합되면서
진화를 거듭하고 있다. 그러나 기술주도형 군사혁신이 갖는 한계성도
여러 측면에서 노정되고 있다. 미국을 중심으로 발전된 21세기 군사혁
신이 갖는 한계성에는 다음과 같은 것들이 있다.

첫째, 과학기술 외적 요소에 의한 군사혁신에 대해 소홀히 할 가능성
이 있다. 근대 산업사회 이후 과학기술의 급격한 발달로 군사혁신의 대
부분은 기술주도형으로 이루어지고 있다. 특히 제4차 산업혁명기술의
군사적 접목이 날로 확대되고 있어 미래에는 기술주도형 군사혁신이
더욱 증가할 것으로 예상된다. 그러나 과학 기술력이 상대적으로 열세
한 국가의 경우에는 타 요소에 의한 군사혁신도 중요하게 고려해야한
다. 나폴레옹의 시민군제도, 독일군의 전격전, 모택동의 인민전쟁전략,
지압의 게릴라전술 등은 과학기술적 요소보다 조직 편성이나 전술적
운용을 통해 군사혁신에 성공한 사례들이다.

둘째, 과학기술이 갖는 한계성에 대한 대비가 필요하다. 클라우제비
츠는 전쟁의 본질을 '전쟁의 안개$^{fog of war}$', '전쟁의 마찰$^{friction of war}$', 그리

---

37  조현석, "인공지능, 자율무기체계와 미래 전쟁의 변환," 『21세기정치학회보』 제28집 1호(2018), pp. 117-118.

고 '전쟁에서의 우연chance in war'으로 표현했다.[38] 전쟁에서 '안개·마찰·우연'을 제거하기 위한 과학기술적 노력은 지속되겠지만, 완전한 제거는 불가능할 것으로 예상된다. 정보기술을 이용하여 적의 상황을 완전히 파악하고 있는 경우에도 적의 의도를 파악하는 것은 대단히 어렵다. 칸나에Cannae 전투에서 로마의 바로Varro는 한니발Hannibal의 배치와 대형을 정확히 파악하고 있었다. 그러나 한니발이 형성한 중앙이 볼록한 대형convex battle formation이 어떤 의미를 가지고 있는지에 대해서는 전혀 알지 못했다. 바로는 한니발의 배치와 대형을 완전히 파악하고서도 의도를 파악하지 못해 결과적으로는 섬멸 당했다.

셋째, 군사혁신을 정의함에 있어서 '핵심역량'의 개념을 지나치게 협의적으로 해석했다. 프라하라드와 하멜은 기업의 핵심역량을 큰 나무에 비유하여 설명했다. 나무의 몸통과 큰 줄기는 핵심생산품core products, 작은 가지는 사업단위business units, 잎·꽃·과일은 최종생산품end products으로 정의하고, 나무에 영양을 공급하고 지탱해주는 '뿌리root system'를 핵심역량으로 정의했다.[39] 헌들리가 군사혁신 정의에서 사용한 핵심역량은 경쟁력의 원천인 '뿌리'라고 하기보다 '최종생산품' 또는 '핵심생산품'에 가까워 핵심역량을 지나치게 협의적으로 해석한 경우로 볼 수 있다. 프라하라드와 하멜이 주장하는 핵심역량을 국가 또는 군대차원으로 확대하여 해석해보면, 국가 또는 군대차원의 핵심역량은 상대국과

**38** Dennis M. Drew & Donald M. Snow, *Making Twenty-First Century Strategy*, 권영근 역, 『21세기 전략기획』(서울: 한국국방연구원, 2010), pp. 332–338.

**39** C. K. Prahalad and Gary Hamel, "The Core Competence of the Corporation," *Harvard Business Review*(May–June 1990), p. 4.

의 경쟁에서 경쟁력의 원천이 되는 국가의 우수한 기술력, 우수한 인적 자원 등을 핵심역량으로 선정하는 것이 타당하다.

넷째, 강대국의 관점에서 군사혁신을 정의함에 따라 약소·중견국의 군사혁신을 위축시킬 개연성이 있다. 헌들리는 군사혁신을 전장에서 '지배적인 역할자'의 핵심역량을 진부화 또는 무용지물로 만드는 새로운 핵심역량을 창조하는 것으로 정의했다. 전장에서 '지배적인 역할자'는 곧 세계 최고의 군대를 의미하는 것으로서 이러한 정의는 세계 최고의 기술력과 군사력을 가진 강대국에 적합한 정의이다. 약소·중견국가에 적용할 군사혁신의 정의는 경쟁 상대국의 군대가 가지고 있는 핵심능력을 진부화 또는 무용지물로 만들 수 있는 상대적 수준의 전투력을 도약적으로 발전시키는 것으로 정의하는 것이 타당하다.

다섯째, 군사혁신을 가능하게 하는 상위의 전략적 결정요인에 대한 연구가 부족하다. 군사혁신을 연구하는 많은 전문가들은 군사혁신 성공의 구성요소로서 새로운 군사체계의 개발, 새로운 운용교리의 발전, 조직의 편성을 수용하고 있다. 그러나 기존의 이론으로는 무엇이 군사혁신을 촉발시키고 추동하는지에 대한 설명이 제한된다. 헌들리는 '해결되지 않은 군사적 도전'이 군사혁신이 진행되는 각 단계에서 창조성 발휘를 견인하는 것으로 주장했다. 그러나 이것만으로는 군사혁신의 동기를 충분히 설명하는 데 어려움이 있다.

# 제2장

# 한국의
# 군사혁신 궤적

# 1

# 한국적
# 군사혁신의 태동

## (1) 한국적 군사혁신의 비전과 방책

1991년 걸프 전쟁은 전쟁의 양상이 산업문명시대에서 정보문명시대로 전환되고 있음을 보여준 전쟁이었다. 걸프 전쟁에서 눈과 귀는 없고 둔중한 몸체와 짧은 팔다리를 가진 산업문명시대의 이라크 군대는 미국 중심의 다국적군이 자신의 급소만을 골라서 정밀타격으로 중추신경을 순식간에 마비시킬 것이라고는 상상하지 못했다. 정보문명시대 군대의 문턱에 있었던 미군은 전장에서 피·아의 상황을 손바닥의 손금 보듯이 샅샅이 파악하고, 토마호크와 같은 장거리 정밀유도무기로 이라크군의 전략적 중심을 정확하게 타격하여 순식간에 이라크군을 마비시켰다.

걸프 전쟁이 종료되었을 때 수많은 군사 전문가들이 경쟁적으로 교훈을 분석했고, 군사 선진국들은 분석된 교훈을 바탕으로 자국군의 군사혁신을 적극적으로 모색했다. 산업문명시대의 재래식 전력으로 무장하고 있었던 한국군도 정보문명시대에 적합한 새로운 무기체계, 전쟁수행개념, 조직 편성 등을 발전시키지 못하면, 경쟁에서 도태될 수 있다는 위기감에서 1999년 4월 15일 국방부에 군사혁신기획단을 설치했다. 군사혁신기획단의 임무는 정보문명시대에 한국군이 지향해야 할 군사혁신의 비전과 방향을 제시하는 것이었다.

군사혁신기획단은 그동안의 연구결과를 바탕으로 1999년 12월 한국군이 지향할 군사혁신의 기본방향을 담은 『정보문명시대 전쟁패러다임의 전환과 한국의 군사혁신 방향』을 발간했다. 그 후 영역별 연구를 계속하여 2003년에는 실행계획인 『한국적 군사혁신의 비전과 방책』을 발간하였는데, 여기에는 한국군의 군사혁신 기조, 5대 기본과업, 10대 중점추진과제 등이 구체적으로 포함되었다.

한국의 군사혁신은 미국에서 발전된 군사혁신 개념과 이론으로부터 많은 영향을 받았다. 군사혁신기획단은 크레피네비치의 군사혁신 정의를 수용하여 군사혁신을 "새롭게 발전하고 있는 군사기술을 이용하여 새로운 군사체계를 개발하고, 그에 상응하는 작전운용개념과 조직편성의 혁신을 조화롭게 추구함으로써 전투효과가 극적으로 증폭되는 현상"으로 정의했다. 새로운 군사체계의 개발 측면에서도 군사혁신기획단은 미국의 전 합참차장 오웬스 제독이 주장한 신시스템복합체계 개념을 그대로 수용했다.

그러나 군사혁신기획단은 『한국적 군사혁신의 비전과 방책』을 연구하면서 군사혁신의 보편적 개념과 이론은 수용하되, 한국의 안보환경에 적합한 실행계획을 발전시키는데 역량을 집중했다. 군사혁신기획단은 한국군의 군사혁신 기조를 다음과 같이 설정함으로써 한국군이 지향해야할 군사혁신의 비전과 방향을 제시했다.

"첫째, 군사혁신의 보편적 개념 및 원리를 한국의 국방환경과 여건에 부합시켜 구현한다. 둘째, 제한된 국방재원을 효율적으로 사용하여 작지만 강한 정보·지식 기반의 군사력을 창출한다. 셋째, 전력시스템 및 군사기술뿐만 아니라 그와 연계된 전장운영·조직편성·인력개발·운영체계 등을 시스템 개념에서 종합적으로 혁신시킨다. 넷째, 한반도 차원의 전장공간과 지리적 여건 및 경제·기술능력을 고려하여 '국지·미니mini형' 군사혁신을 추구한다. 다섯째, 상용 첨단기술의 '미 실현 잠재력'을 중요한 전쟁 억제력으로 고려하는 군사기술혁신을 구현한다. 여섯째, 범정부적 장기 비전·전략·계획과 적극적으로 연계시켜 국가 차원의 자원절약형 군사혁신 방책을 발전시킨다. 일곱째, 정보·지식사회의 민간 분야 잠재력을 최대한 활용하여 저비용·고효율의 군사혁신을 추구한다. 여덟째, 국방운영의 과감한 혁신을 통해 유지 소요를 최소화하여 군사혁신 소요를 지원한다."[40]

군사혁신 기조의 설정과 더불어 군사혁신기획단은 2025년경까지 정보·기술군 건설을 완성한다는 것을 목표로 아래 표와 같이 한국적 군사혁신의 5대 기본과업과 10대 중점추진과제를 선정했다.[41]

---

**40**  군사혁신기획단, 『한국적 군사혁신의 비전과 방책』(서울: 국방부, 2003), p. 56.; 정춘일, "4차 산업혁명과 군사혁신 4.0," p. 196.

**41**  군사혁신기획단, 『한국적 군사혁신의 비전과 방책』, p. 14.

## 〈표 5〉 한국적 군사혁신의 기본과업 및 중점추진과제

| 기본과업 | 중점추진과제 |
|---|---|
| 1. 정보·기술군 기본구조 설계 | ①적정 전력수준 및 병력규모 설계 |
| 2. 합동·통합 디지털전장운영 방책 개발 | ②합동성 강화 방책 설계 |
| 3. 정보·지식 기반 전력체계 건설 | ③국방·합동 C4ISR체계 구축<br>④정밀타격체계 구축<br>⑤정보전체계 발전<br>⑥첨단 핵심기술 실용화 방책 개발<br>⑦연구개발 및 방산구조 재설계 |
| 4. 고지식·고기능 인력 개발 | ⑧선진형 인력 기본구조 설계<br>⑨정예 국방인력 개발 방책 발전 |
| 5. 저비용·고효율 국방운영체제 발전 | ⑩정보화 국방운영 혁신 방책 발전 |

군사혁신기획단이 한국군의 군사혁신 방향을 구상하면서 봉착하게 된 가장 큰 어려움은 안보구도의 이중성으로 인한 접근전략의 선택이었다.[42] 당시 한국군의 딜레마는 북한의 군사위협에 대처함과 동시에 주변국의 잠재적 위협에 대응해야하는 안보구도의 이중성을 어떻게 극복할 것인가에 대한 고민이었다. 군사혁신기획단이 결론적으로 선택한 전략은 미래안보위협에 대비하기 위한 군사력 발전에 우선적인 목표를 두고, 북한의 위협은 미래안보위협에 대비하기 위해 발전시키는 군사력으로 대처하는 전략을 선택했다. 이러한 전략을 선택하게 된 배경은 탈냉전과 더불어 북한체제의 취약성이 증대됨에 따라 북한위협

---

[42] 군사혁신기획단, 『정보문명시대 전쟁패러다임의 전환과 한국의 군사혁신 방향』, pp. 50–56.

에 중점을 두고 군사력을 건설할 경우, 한반도가 통일된 후에는 군사력이 무용지물이 될 가능성이 높다고 인식했기 때문이다.

군사혁신기획단은 아래 그림과 같이 한국군의 미래 군사력 건설을 구상했다. 산업시대의 병력집약형 양적 전력구조를 정보화시대의 정보·지식집약형 질적 전력구조로 전환하고, 지상군 중심의 전력구조를 정보·지식 기반의 균형적 전력구조로 전환을 지향했다. 또한 단거리 전술적 감시·통제·타격시스템을 중·장거리의 전략적 감시·통제·타격시스템으로 전환을 추구했다. 이와 더불어 한국이 주변국에 비해 국력과 군사력에서 크게 열세인 점을 고려하여 대칭적 군사력을 발전시키는 것보다 상대의 급소를 찔러 마비시킬 수 있는 비대칭적 군사력 건설을 구상했다.

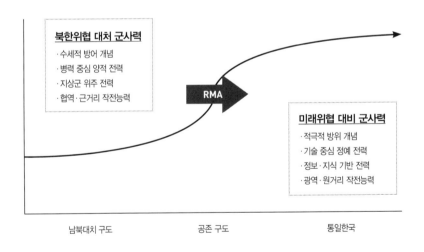

**〈그림 8〉 한국군의 군사력 발전 구상**

## (2) 한국적 군사혁신과 국방개혁의 관계

국방부 군사혁신기획단에서 3년간 연구한 한국적 군사혁신의 산물은 노무현 정부가 기획한 '국방개혁 2020'의 일부로 포함되었다. 노무현 정부가 마련한 '국방개혁 2020'의 4대 중점은 ①국방의 문민화, ②현대전 양상에 부합된 군 구조 및 전력체계 구축, ③저비용·고효율의 국방관리체계로 혁신, ④시대상황에 부응하는 병영문화의 개선이었다. 4대 중점 중에서 군사혁신과 직접적으로 관련되어 있는 부분은 '②현대전 양상에 부합된 군 구조 및 전력체계 구축'으로 한국군의 미래 군사력 건설과 관련된 국방개혁의 핵심부분에 해당한다.

군사혁신기획단에서 1999년 4월부터 3년간에 걸쳐 연구한 내용이 '국방개혁 2020'에 얼마나 반영되었는가에 대한 평가는 다양하다. 당시 군사혁신기획단장을 역임한 권태영은 그의 논문에서 다음과 같이 기술함으로써 군사혁신기획단이 연구한 산물들이 '국방개혁 2020'에 상당부분 반영되었음을 시사했다.

"사실 이번 개혁안(국방개혁 2020)은 그간 국방부와 합참이 발전시켜온 국방기본정책서, 한국적 군사혁신의 비전과 방책, 합동군사전략서, 중기국방계획서 등에 제시된 기본개념 및 정책방향과 맥을 같이하고 있다. 우리 군은 1990년대 중반부터 미국의 군사혁신 추진에 자극을 받아 미래 전략 환경 변화에 대비한 비전과 방책들을 본격적으로 연구, 기획해왔다. 국방부, 합참, 육, 해, 공, 그리고 해병대가 각기 나름대로 미래전의 비전을 개발하고, 그 구현 방책들을 마련해서 중장기 기획 및 계획문서에 반영해 왔던 것이다. 이런 시각에서 볼 때 이번 국방개혁안은 기존의 중장기 기획 및 계획을 그 후의 국내외 안보전략 환경 변화를 고려해서 보강, 발전시킨 것이라고 평가할 수 있다."[43]

반면, 조영길 전 국방장관은 그의 저서 『자주국방의 길』에서 '국방개혁 2020'에 대해 아래와 같이 평가했다.

"2005년 6월 초 국방부에 국방개혁위원회가 다시 구성되었다. 2년 전에 해체되었던 비편제조직이 되살아난 것이다. 그리고 얼마 지나지 않은 9월 초에 국방부와 합참은 개혁위원회의 연구결과를 청와대에 보고했다. 그것이 이른바 '국방개혁 2020'이었다.

불과 3개월도 안 되는 짧은 기간에 그 방대한 내용을 검토, 분석해서 종합적인 개혁안을 만들어냈다는 사실에 놀라움을 표시하는 사람들도 있었지만, 전후 사정을 아는 사람들의 눈에는 이상할 것도 없었다. 비록 '선진 정예국방'이니 '3군 균형 발전'이니 하는 상투적인 구호를 내세우고 일부 행정적인 개혁 아이디어로 겉포장을 하고는 있었지만, 그 핵심은 어디까지나 군 구조 개편이었고, 그 내용은 1998년 국민의 정부 초기에 제기되었던 국방개혁안의 복사판이나 다름이 없었다. 1년 가까이 군 내부에 극심한 갈등과 혼란을 야기하다가 결국 합참이 중심이 되어 폐기 처분했던 '일방적 군비 축소안'이 다시 살아난 것이었다."[44]

---

**43** 권태영, "21세기 한국적 군사혁신과 국방개혁 추진," 『전략연구』 제35호(2005), pp. 46-47.

**44** 조영길, 『자주국방의 길』(서울: 도서출판 플래닛미디어, 2019), p. 380.

위의 두 가지 서로 다른 주장은 '국방개혁 2020을' 바라보는 관점의 차이에서 비롯된 것으로 평가된다. 권태영 단장의 주장은 큰 맥락에서 '국방개혁 2020'의 방향이 한국군의 군사혁신 기본방향과 맥을 같이하고 있다는 주장이다. 반면 조영길 전 장관은 '국방개혁 2020'의 군 구조가 국민의 정부에서 통일 후를 대비하여 구상한 개혁안과 유사하다는 점을 강조하고 있다. 이러한 주장들을 종합해볼 때 한국적 군사혁신의 기본개념과 방향은 큰 맥락에서 '국방개혁 2020'에 포함되었지만, 한국적 군사혁신 개념을 적용한 구체적인 부대구조나 전력체계의 발전과 관련된 내용은 가용 시간의 제한으로 반영이 어려웠던 것으로 평가된다.

'국방개혁 2020의' 짧은 입안기간과 당시 제기되었던 국방개혁 관련 다양한 쟁점들로 인해 군사혁신에 관한 구체적인 논의는 제한되는 상황이었다. 당시 대두되었던 주요쟁점들로는 북한 군사위협에 대한 낙관적인 가정, 병력 감축의 타당성 및 감축 규모의 적절성, 국방 문민화, 3군 균형발전, 방위사업청 신설, 전시작전통제권 전환, 주한미군 감축 및 재배치, 개혁 소요재원의 적절성 및 조달 가능성, 국방개혁의 법제화 등이었다. 한국의 국방정책과 군사력 운용에 중대한 영향을 미칠 수 있는 쟁점들이 연속적으로 제기됨에 따라 군사혁신에 대한 구체적인 논의 여건은 제한되었다.

국방개혁 추진과정에서도 군사혁신은 크게 주목받지 못했다. 역대정부의 국방개혁과제가 국정수행과제들과 연계됨으로써 국방개혁의 중점이 정치적 관심과제에 치중하는 경향을 보였다. 예를 들면, 병역실명제 도입, 군납비리 척결, 군복무기간 단축, 병영문화 선진화, 국방 문민화, 여성 복무기회 확대 등이 중요성보다 국민적 관심도에 따라 국방개혁의 중요 이슈로 부각되었다. 이러한 현상의 누적으로 군사혁신에 대한 국민들과 정책결정자들의 관심은 점차 멀어졌고, 군사혁신 개념을 적용하여 국방개혁의 일부로 추진해온 군 구조 및 전력체계 구축도 전진과 퇴보를 반복하면서 부진을 면하지 못하고 있다.

# 2

## 역대정부의
## 군사혁신 추진

　한국군의 군사혁신 추진은 국방개혁의 일부로 추진하고 있는 '군 구조 및 전력체계 구축'을 의미한다. 국방부 군사혁신기획단이 2003년 발간한 『한국적 군사혁신의 비전과 방책』이 '국방개혁 2020'의 일부로 포함되어 추진되고 있는 점을 고려, 역대정부의 군사혁신 추진은 노무현 정부 이후 역대정부의 국방개혁 중에서 '군 구조 및 전력체계 구축' 추진에 중점을 두고 기술하였다.

### (1) 노무현 정부

　노무현 정부는 1990년대 후반부터 불기 시작한 세계적인 군사혁신 추세, 탈냉전상황, 9.11테러 이후 미국의 해외주둔기지 재배치계획GPR, Global Defense Posture Review 등 대외적인 국방환경 변화와 출산율 감소에 따른 장기적인 병력수급전망 등 대내적인 국방환경 변화를 고려하여 '국방개혁 2020'을 입법화하여 추진했다.

'국방개혁 2020'의 군 구조 및 전력체계 개혁의 핵심은 2006년부터 5년씩 3단계에 걸쳐 '첨단 정보·기술군'을 건설하는 것이었다.[45] 이를 위해 병력구조는 상비 병력을 68만에서 50만 명으로 축소하되, 간부의 비율을 40%로 상향 조정토록 했다. 병력 감축의 대부분은 육군으로 육군은 54만 8천 명에서 37만 명으로 감축토록 계획했다. 전력구조는 네트워크중심전 수행에 요구되는 정보·감시능력, 기동 및 정밀타격능력, 지휘통제능력 강화에 중점을 두고 육·해·공군의 전력을 첨단화하도록 구상했다. 지휘구조는 전시작전통제권 환수에 대비하여 합참 중심의 작전수행체계 구축을 위해 합참의 정보, 작전기획, 합동 전장관리 기능을 강화하는데 중점을 두었다. 부대구조는 육군의 경우, 군단을 10개에서 6개, 사단은 47개에서 20여개로 각각 축소하되, 단위부대 전투력 발휘의 완전성을 제고하고, 야전군사령부를 폐지하고 지상작전사령부를 창설하여 지휘계선을 단축토록 했다. 해군은 잠수함사령부와 항공사령부, 기동전단을 창설하되, 함대사령부-전투전대-전단의 3단계 지휘구조에서 전대를 폐지토록 했다. 공군은 작전사령부 예하에 북부사령부를 새로 창설하고 비행단은 9개 수준을 유지하며, 비행단-전대-대대의 3단계 지휘구조에서 중간제대인 전대를 폐지토록 했다.

노무현 정부가 2005년 9월 13일 '국방개혁 2020' 안을 발표하였을 때 개혁안은 우리 사회에 큰 충격을 주었다. 미래 위협변화에 대한 전망, 병력 감축의 목표, 국방 문민화 및 3군 균형발전 방향 등 개혁의 내용과 폭이 예상보다 크고 급진적으로 인식되어 개혁안에 대한 다양한

---

**45** 권태영·노훈, 『21세기 군사혁신의 명암과 우리군의 선택』(서울: 전광, 2009), pp. 139-141.

의견들이 표출되었다. 그 중에서 군 구조 및 전력체계 개혁과 관련한 핵심쟁점은 북한위협에 대한 가정의 적절성, 병력 감축의 타당성과 감축목표의 적절성, 예산 확보의 가능성 등이었다.

'국방개혁 2020'에서는 전제사항으로 북한의 위협은 점차 감소하고 주변국의 불특정·불확실 위협은 점차 증가할 것으로 예상했다. 즉 장기적으로 볼 때 위협의 중심이 '현존북한위협'에서 '미래주변잠재위협'으로 점차 전환될 것으로 가정한 것이다. 북한의 위협이 점진적으로 감소할 것이라고 가정한 배경에는 노무현 정부가 북한을 바라보는 시각과 대북포용정책이 자리하고 있었다. 노무현 정부는 북한을 교류협력의 대상으로 보고 김대중 정부의 대북화해협력정책을 계승했다. 김대중 정부의 대북정책이 '돈으로 평화를 싸는 것'으로 비판받자 노무현 정부는 '평화번영정책'을 추진했다. '평화번영정책'은 북한에 대한 지원으로 단순히 평화를 보장받는 것을 넘어 남북경제공동체 또는 남북공동번영이라는 보다 적극적인 경제적 호혜관계를 형성함으로써 공고한 평화체제 구축을 지향하는 진일보된 정책이었다.[46]

그러나 2006년 10월 9일 북한이 제1차 핵실험을 실시하자 가정의 적절성에 대한 의문이 제기되었고, 북한이 핵실험을 한 상황에서 대규모 병력 및 부대 감축은 군사대비태세를 심각하게 훼손하는 것으로 인식되어 군 내부와 보수층의 반발을 초래했다. 이와 더불어 노무현 정부가 자주국방을 강조하며 전시작전통제권을 2012년 4월 17일 환수하기로 결정함에 따라 한미동맹 약화를 우려하는 보수층의 반발은 더욱

---

**46** 김근식, 『대북포용정책의 진화를 위하여』(경기 파주: 한울, 2011), p. 56.

증폭되었다.

'국방개혁 2020' 추진을 위한 재원 확보 문제도 쟁점이 되었다. 국방부는 '국방개혁 2020' 안을 2005년 9월 13일 처음으로 발표하면서 2020년까지 국방개혁에 소요되는 비용을 총 683조원으로 제시했다. 소요예산에 대한 비판이 거세지자 국방부는 기획예산처, 한국국방연구원 등과 합동으로 개혁사업별 재원소요를 재검토하여 2005년 12월 법안과 함께 총 621조원의 소요예산을 국회에 제출했다.[47]

국방부는 아래의 표와 같이 개혁기간 동안 평균 경제성장률을 7.1%, 정부 재정증가율 역시 경제성장률과 동일한 7.1%, 그리고 국방비 평균 증가율은 6.2%로 추산했다. 기간별 국방비 증가율은 2006년부터 2010년까지는 평균 9.9%, 2011년부터 2015년까지는 평균 7.8%, 2016년부터 2020년까지는 평균 1%로 계획했다. '국방개혁 2020'의 핵심은 병력 감축이었고, 병력 감축을 상쇄할 목적으로 첨단 무기체계를 획득하여 전력지수를 강화하는 것이었다. 그러나 첨단 무기체계 획득을 위한 소요재원이 확보되지 못할 경우 개혁의 실행이 불투명해질 수도 있는 한계성을 내포하고 있었다.

---

47  국방부, "국방개혁 기본법안"(의안번호 3513: 2005년 12월 2일).

단위: 조

| 구분 | 계('06-'20) | '06-'10 | '11-'15 | '16-'20 |
|---|---|---|---|---|
| GDP<br>(경제성장률) | 22,422<br>(7.1%) | 5,085<br>(7.4%) | 7,215<br>(7.2%) | 10,122<br>(6.7%) |
| 정부재정<br>(증가율) | 3,701<br>(7.1%) | 835<br>(6.9%) | 1,185<br>(7.4%) | 1,681<br>(6.9%) |
| 국방비<br>(증가율)<br>(GDP 대비)<br>(정부재정 대비) | 621<br>(6.2%)<br>(2.8%)<br>(16.8%) | 139<br>(9.9%)<br>(2.7%)<br>(16.7%) | 216<br>(7.8%)<br>(3.0%)<br>(18.2%) | 266<br>(1.0%)<br>(2.65%)<br>(15.8%) |

## (2) 이명박 정부

이명박 정부 출범초기부터 계속된 북한의 위기 조성 행위와 2009년 5월 25일 제2차 핵실험 등으로 남북관계는 급격히 경색되었다. 또한 2009년 국제금융위기로 국가부채의 축소와 재정 건전성 확보가 정부의 최우선 과제로 대두됨에 따라 '국방개혁 2020'에서 요구하는 국방예산의 증가는 사실상 불가능했다. 이에 따라 이명박 정부는 기존 개혁과제들의 실현 가능성과 재정지원능력을 재검토하여 2009년 6월 '국방개혁 2009-2020'을 발표했다.

'국방개혁 2009-2020'은 현존하는 북한의 군사위협 대비에 중점을 둔 계획으로서 2020년까지 50만 명 규모로 축소토록 되어 있었던 병력규모는 51만 7천명으로 상향 조정되었고, 군단 및 사단 수는 점진적 축소로 조정되었다. 전력구조 측면에서는 당면한 북한의 군사위협 대응에 우선을 두고 한반도 외부로 군사력 투사에 소요되는 장거리 고고

도무인정찰기, 공중급유기 등의 도입이 연기되었다.[48]

2010년 3월 26일 북한의 천안함 폭침과[49] 11월 23일 연평도 포격도발은[50] 이명박 정부로 하여금 국방개혁 기본계획을 근본적으로 재검토토록 하는 기폭제가 되었다. 국방선진화위원회를 중심으로 2010년 말까지 73개의 개혁 중점과제가 도출되었고, 이를 국방부가 구체적인 실행계획으로 발전시켜 2011년 3월 7일 이명박 대통령의 최종재가를 득함으로써 '국방개혁 2011-2030'(일명 국방개혁 307계획)이 탄생했다.[51]

'국방개혁 2011-2030'의 핵심은 군사전략을 '적극적 억제proactive deterrence와 공세적 방위'로 전환하고, 양병과 용병으로 분리된 군 상부지휘구조를 단일화하여 합동성을 강화하는 것이었다. 군 상부지휘구조 개편은 관련 기관들의 첨예한 이해의 대립으로 개혁의 핵심쟁점으로 부각되었다. 군 상부지휘구조 개편의 핵심은 합참의장의 군령軍令 계선에서 벗어나 독립적으로 군정권軍政權을 행사하는 각 군 총장에게 군령권軍令權을 부여하여 그림과 같이 합참의장의 군령계선에 편입시키는 것이었다.

이명박 정부는 군 상부지휘구조 개편 계획을 담은 법률 개정안을 2011년 5월 24일 국무회의 의결을 거쳐 5월 25일 국회에 제출하였고,

---

48 김태효, "국방개혁 307계획: 지향점과 도전요인," 『한국정치외교사논총』 제34집 2호(2012), p. 361.

49 천안함 폭침: 2010년 3월 26일 오후 9시 22분경 북한 잠수함의 어뢰공격으로 백령도 해상에서 초계임무를 수행하던 천안함이 침몰되었다. 북한의 불법 기습공격으로 이창기 준위를 포함한 46명의 해군 용사들이 희생되었고, 구조과정에서 한주호 준위가 순직했다.

50 연평도 포격도발: 2010년 11월 23일 오후 2시 30분경 연평도 해병대의 포사격훈련을 빌미로 북한이 대연평도에 170여 발의 무차별 포격을 실시했다. 이로 인해 해병대원 2명을 포함하여 4명이 희생되고 19명의 중경상자가 발행하였으며, 각종 시설 및 가옥의 파괴로 재산 피해를 입었다.

51 김태효, "국방개혁 307계획: 지향점과 도전요인," pp. 362-364.

국회에서는 개정안을 5월 26일 국방위원회에 회부했다. 그 후 국방위원회 법률안심사소위원회에서는 개정안에 대해 몇 차례 논의를 진행하였다. 그러나 합참의장에게 과도한 권력의 집중으로 문민통제원칙을 위협할 가능성, 육군으로 편중의 심화로 3군 균형발전을 저해할 가능성, 지휘계선의 중복·혼선 우려 등으로 국방위원회의 심의가 이루어지지 못하고 제18대 국회 임기 종료와 더불어 2012년 5월 29일 자동 폐기되었다.[52]

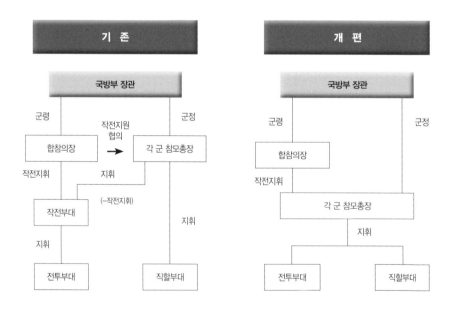

〈그림 9〉 군 상부지휘구조 개편안

---

52 김동한, 『국방개혁의 역사와 교훈』(서울: 북랩, 2014), pp. 212–217.

'국방개혁 2011-2030'이 좌절됨에 따라 이명박 정부는 2012년 8월 '국방개혁 2012-2030'을 발표했다. 여기에는 제18대 국회에서 무산된 군 상부지휘구조 개편 계획이 일부 수정되어 포함되었고, 북한의 비대칭전력 위협 증가와 전시작전통제권 전환시기의 조정 등 안보환경 변화 내용이 반영되었다. 이명박 정부는 군 상부지휘구조 개편 계획을 제19대 국회에서 재심의토록하기 위해 법률 개정안을 2012년 8월 15일 국무회의 의결을 거쳐 국회에 제출했다. 국회에 제출된 개정안은 9월 24일 국방위원회에 재상정되었지만, 대통령 선거를 앞둔 시점으로 심도 있는 논의가 제한되었다. 개정안은 19대 국회에서도 처리되지 못하고 이명박 정부의 임기 종료와 함께 그 운명을 같이 했다.

'국방개혁 2012-2030'에서는 북한의 핵·미사일, 장사정포 등 비대칭전력 위협이 지속적으로 증가하고 있는 것으로 평가하고 북한의 비대칭전력 위협 대비에 중점을 둔 전력증강을 추진했다. 특히 이명박 정부는 미국과 협상을 통해 북한의 핵·미사일 위협에 효과적으로 대응할 수 있도록 2012년 10월 7일 미사일 지침을 개정했다. 개정된 미사일 지침으로 한국군은 북한의 전 지역을 타격할 수 있는 사거리와 탄두중량을 확보함으로써 평시 도발 억제와 유사시 북한의 군사적 위협에 적극적으로 대응할 수 있는 기반을 마련했다.[53]

북한의 제2차 핵실험 등 핵·미사일 전력의 증강과 천안함 폭침 등 국지도발 위협의 증가는 전시작전통제권 전환시기에도 영향을 미쳤다.

---

**53** 개정된 미사일 지침에 따라 탄도미사일은 기존의 사거리 300km에서 800km로 확대되어 한반도 전역을 사정권에 두게 되었고, trade-off의 적용에 따라 사거리 550km일 경우 최소한 1,000kg 이상의 탄두중량을 가진 미사일을 보유할 수 있게 되었다.

이명박 대통령과 미국의 오바마 대통령은 2010년 6월 26일 케나다 토론토 정상회담에서 전시작전통제권 전환일정을 2012년 4월 17일에서 2015년 12월 1일로 연기하는데 합의했다.

### (3) 박근혜 정부

북한이 2013년 2월 12일 제3차 핵실험에 성공함으로써 사실상 핵 보유국이 된 점은 박근혜 정부의 국가안보전략에 중대한 영향을 미쳤다. 박근혜 정부는 2014년 7월에 발간한『희망의 새 시대 국가안보전략』에서 "북한의 상시적인 군사위협과 도발은 우리가 직면한 일차적 안보위협이다. 정부는 북한에 의한 모든 종류의 군사적 위협으로부터 영토와 주권을 수호하고 국민의 안전을 보장하기 위해 전 방위 군사대비태세를 완비해 나갈 것이다."라고 천명함으로써 북한을 당면한 최우선 위협으로 평가했다.

〈표 7〉 제3차 핵실험 후 북한의 조선중앙통신이 전한 '핵실험 성공 발표문' 전문

우리 국방과학부문에서는 주체102(2013)년 2월 12일 북부지하핵시험장에서 제3차 지하핵 시험을 성공적으로 진행하였다. 핵시험은 우리 공화국의 합법적인 평화적위성발사권리를 란폭하게 침해한 미국의 포악무도한 적대행위에 대처하여 나라의 안전과 자주권을 수호하기 위한 실제적대응조치의 일환으로 진행되었다. 이전과 달리 폭발력이 크면서도 소형화, 경량화된 원자탄을 사용하여 높은 수준에서 안전하고 완벽하게 진행된 이번 핵시험은 주위생태환경에 그 어떤 부정적영향도 주지 않았다는 것이 확인되었다. 원자탄의 작용특성들과 폭발위력 등 모든 측정결과들이 설계값과 완전히 일치됨으로써 다종화된 우리 핵억제력의 우수한 성능이 물리적으로 과시되었다. 이번 핵시험은 우주를 정복한 그 정신, 그 기백으로 강성국가건설에 한사람같이 떨쳐나선 우리 군대와 인민의 투쟁을 힘있게 고무추동하고 조선반도와 지역의 평화와 안정을 보장하는 데서 중대한 계기로 될 것이다.

박근혜 정부의 북한에 대한 위협 인식과 핵·미사일 개발에 대한 평가는 박근혜 정부의 국방개혁 기본계획인 '국방개혁 2014-2030'에 심대한 영향을 미쳤다. '국방개혁 2014-2030'의 핵심은 북한의 비대칭, 국지도발 및 전면전 위협에 전 방위적으로 대응 가능한 능력을 구비하는 것이었다. 이를 위해 박근혜 정부는 군사전략을 보다 공세적으로 변경했다. 군사전략은 이명박 정부의 '적극적 억제proactive deterrence와 공세적 방위'에서 '능동적 억제active deterrence와 공세적 방위'로 수정되었다.

'적극적 억제'는 북한이 도발할 수 없도록 의지와 능력의 우세를 달성하여 적의 도발을 억제하고, 적이 도발 시에는 단호한 응징으로 위기 상황을 조기에 종결함으로써 확전을 방지하는 개념이다. 반면 '능동적 억제'는 '적극적 억제' 개념에 추가하여 북한의 핵·미사일 도발을 포함한 전면전 위협을 효과적으로 억제하기 위해 '선제적 대응'까지를 포함하는 개념이다. 여기서 '선제적 대응'은 군사적·비군사적 모든 조치를 포함하는 것으로서 전면전 도발 징후가 명백하고 임박한 경우, 국제법이 허용하는 자위권 범위 내에서 모든 수단을 강구한다는 의미를 내포하고 있다.

박근혜 정부에서는 '능동적 억제전략'을 구현하기 위한 수단으로서 북한의 핵·미사일 공격징후가 명백한 경우, 이를 발사 전에 무력화시킬 수 있도록 '킬 체인Kill Chain' 개념을 도입했다. 킬 체인과 더불어 박근혜 정부는 발사된 미사일을 효과적으로 요격할 수 있는 '한국형 미사일 방어체계KAMD, Korea Air and Missile Defense'와 북한이 핵무기를 사용할 경우 대량보복을 위한 '대량응징보복KMPR, Korea Massive Punishment and Retaliation' 개념을 발전시켜, 이를 '한국형 3축 체제'로 명명하고, 그 역량을 확보하는데 국방개혁의 초점을 맞추었다.

북한의 핵·미사일 개발은 전시작전통제권 전환에도 영향을 미쳤다. 2014년 10월 23일 제46차 한미안보협의회의SCM, Security Consultative Meeting 에서 한민구 국방장관과 헤이글 미 국방장관은 '조건에 기초한 전작권 전환'에 합의했다.[54]

## (4) 문재인 정부

2017년 5월 문재인 정부가 출범한 이후에도 북한은 핵·미사일 도발을 지속하며 긴장을 고조시켰다. 2017년 9월 3일 제6차 핵실험과 11월 29일 화성-15형 시험발사에 성공한 김정은은 2017년 12월 12일 제8차 군수공업대회 연설에서 '핵 무력 완성'을 선언했다. 북한의 지속된 핵·미사일 도발로 긴장이 고조된 상황에서도 문재인 정부는 북한과의 대화를 지속적으로 시도한 결과, 2018년 2월 북한의 평창 동계올림픽 참가, 2018년 4월·5월 남북정상회담, 2018년 6월 북미정상회담이 개최되면서 한반도에 새로운 안보환경이 조성되었다. 이에 따라 문재인 정부는 '국방개혁 2020'의 기본정신을 계승한 '국방개혁 2.0'을 2018년 7월 완성했다.

문재인 정부는 '국방개혁 2.0'이 '국방개혁 2020'의 기본정신을 계승한 가운데 변화된 상황을 반영한 실행계획이라는 의미에서 '국방개혁 2020'을 '국방개혁 1.0'으로, 새로운 계획을 '국방개혁 2.0'으로 명명했

---

54  한미가 합의한 3가지 전작권 전환조건은 ①한국군의 한미연합방위 주도를 위한 핵심군사능력 확보, ②북핵·미사일 위협에 대한 한국군의 초기 필수대응능력 구비, ③전작권 전환에 부합하는 안정적인 한반도 및 지역 안보환경이다.

다. 문재인 정부는 '국방개혁 2.0'의 3대 목표를 ①전 방위 안보위협 대응, ②첨단 과학기술 기반의 군 정예화, ③선진화된 국가에 걸맞은 군대 육성에 두고 다음과 같이 군 구조 및 전력체계를 개편토록 했다.[55]

지휘구조는 전시작전통제권 환수를 위한 필수능력을 조기에 확보하여 우리 군이 주도하는 지휘구조로 전환하고, 육·해·공군의 균형발전과 합동성을 실질적으로 강화하는데 중점을 두고 개편토록 했다. 한미 연합군사령부의 지휘체계는 현재와 같이 유지하되, 전시작전통제권 환수와 연계하여 연합군사령관을 한국 측이, 부사령관을 미국 측이 맡는 것으로 구상했다. 또한 육·해·공군의 균형발전과 실질적인 합동성 강화를 위해 합참 및 국방부 직할부대의 주요결정권자[56]를 육·해·공군 동일한 비율로 편성하고, 같은 자리에 동일 군을 연속해서 보직할 수 없도록 했다.

부대구조는 전 방위 위협에 신속히 대응할 수 있는 부대구조로 전환하기 위해 육군은 병력 감축과 연계하여 부대구조를 축소 개편하되, 제4차 산업혁명기술을 활용한 병력절감형 부대구조로 발전을 구상했다. 해군은 수상·수중·항공 등 입체적인 전력운용 및 전략기동능력 구비를 위해 기동전단과 항공전단을 확대 개편하고, 해병대의 상륙작전능력 제고를 위해 해병사단의 정보·기동·화력능력을 보강토록 했다. 공군은 원거리 작전 및 우주작전 역량 강화를 위해 정보·감시·정찰자산의 전력화와 연계하여 정찰비행단을 창설토록 했다.

---

55  국방부, 『2018 국방백서』(서울: 국방정책실, 2018), p. 38.; "국방개혁 2.0," 『국방일보』, 2018년 7월 30일.
56  주요결정권자: 특정 군의 전담이 필요한 필수직위(지상·해상·공중 작전 및 전력 직위)를 제외한 합참의 모든 장군·대령공통직위와 국직부대의 장성급 지휘관을 말한다.

전력구조는 전 방위 다양한 위협에 탄력적으로 대응할 수 있는 전력과 전시작전통제권 환수를 위한 필수능력을 우선적으로 확보토록 했다. 이를 위해 현존하는 북한의 군사위협에 대응하기 위한 3축 체제 전력은 정상적으로 전력화하고, 군 정찰위성 등 첨단 정보·감시·정찰전력을 최우선적으로 확보하며, 원거리 정밀타격능력을 강화하는 등 전략적 억제력을 지속적으로 증강토록 했다.

병력구조는 2018년 현재 61.8만 명인 상비 병력을 육군에서 11.8만 명을 단계적으로 감축하여 2022년까지 50만 명(육군 36.5만 명)을 유지토록 했다. 상비병력 감축에 따른 전투력 손실을 방지하기 위해 민간 인력의 비중을 현재의 5%에서 10%로 확대토록 했다. 이렇게 증원된 민간 인력은 전문성과 영속성을 필요로 하는 비전투분야의 군인직위를 대체하고, 군인은 전투부대로 전환토록 했다. 예비군 규모는 275만 명으로 유지하되, 동원예비군은 현재의 130만 명에서 95만 명으로 축소하고 동원기간도 4년에서 3년으로 단축토록 했다.

# 3
## /
# 평가

노무현 정부는 '국방개혁 2020'의 지속적인 추진을 보장하기 위해 2006년 12월 28일 이를 '국방개혁에 관한 법률(약칭: 국방개혁법)'로 제정했다. 그러나 '국방개혁 2020'은 역대정부를 거치면서 수차례 수정되었고, 재원의 부족으로 개혁의 목표 연도가 2020년에서 2030년으로 조정되는 등 추진이 매우 부진한 실정이다. 국방개혁의 입안 단계에서부터 군 구조 및 전력체계 개혁과 관련하여 지속적으로 쟁점이 되어온 사항은 북한위협에 대한 인식의 차이, 개혁재원의 부족, 군 지도부의 개혁에 대한 태도 등으로 세부 내용을 살펴보면 다음과 같다.

첫째, 북한위협에 대한 진보와 보수의 인식 차이로 개혁추진에 많은 혼선이 초래되었다. 대북포용정책을 추진한 노무현 정부는 '국방개혁 2020'에서 "북한의 위협은 점차 감소하고 주변국의 불특정·불확실 위협은 점차 증가할 가능성이 높다."라고 전제하고, 병력위주의 대규모 재래식 전력을 첨단 과학·기술군으로 개혁을 추진했다. 그러나 보수정권인 이명박·박근혜 정부는 북한의 위협이 오히려 증가하는 것으로 인식하고, 대북 즉응대비태세 유지에 우선순위를 둠으로써 '국방개혁 2020'에 명시된 병력 및 부대의 감축을 중단 또는 연기했다. 이어서 집권한 진보정권인 문재인 정부는 북한의 핵·미사일 위협이 더욱 증가하였음에도 대북포용정책을 추진하며 북한의 위협이 감소할 것으로 전망하고, '국방개혁 2020'의 기본정신과 기조를 계승한 '국방개혁 2.0'을 추진하고 있다. 이처럼 정권의 성향에 따른 북한위협에 대한 인식과 대북정책의 차이로 개혁 추진에 많은 혼선이 초래되었다.

둘째, 개혁예산 확보의 어려움으로 목표 연도가 2020년에서 2030년으로 조정되는 등 계획된 개혁의 추진이 제한되었다. '국방개혁 2020'의 목표였던 '정보·기술 중심의 질적 구조'로 부대구조의 전환을 위해서는 2006-2015년 회계기간 중 연평균 8.8%의 국방예산 증가율을 보장해야했다.[57] 개혁 시행 초기의 국방예산 증가율은 2007년 8.8%, 2008년 8.8%, 2009년 8.7%로 비교적 안정적인 예산지원이 이루어졌다. 그러나 2009년 국제금융위기 이후 국방예산 증가율은 급격히 떨어졌다. 국가부채의 축소와 재정 건전성 확보가 정부의 최우선 과제로 대두됨에 따라 국방예산 증가율은 2010년 2.0%, 2011년 6.2%, 2012년 5.0%, 2013년 4.7%, 2014년 3.5% 등으로 저조했다.

개혁재원 확보가 어렵게 되자 이명박 정부는 개혁 목표 연도를 2020년에서 2030년으로 조정하고, 병복무기간 동결을 통해 병력 감축 및

---

[57] 국방부는 국회에 제출한 '국방개혁 기본법안'에서 기간별 국방비 증가율을 2006년부터 2010년까지는 평균 9.9%, 2010년부터 2015년까지는 평균 7.8%, 2015년부터 2020년까지는 평균 1% 증가하는 것으로 계획했다. 따라서 2006년부터 2015년까지의 국방예산 평균 증가율은 8.8%가 된다.

부대 해체시기를 조정했다. 그러나 문재인 정부에서는 '국방개혁 2.0'을 추진하면서 첨단전력이 확보되지 않은 상태에서 병복무기간단축 공약을 시행함으로써 전력의 공백과 더불어 즉응 전투력 발휘가 제한되는 상황이 초래되고 있다. 전력화 목표 연도는 2030년으로 변화가 없는 가운데 병복무기간단축이 2021년 12월이면 완료되어[58] 전력 공백이 발생할 개연성이 높다. 또한 동시·통합적으로 이루어져야할 군구조 개편이 첨단전력의 전력화는 지연되는 가운데 병력 감축, 부대 해체 및 통합, 지휘체계 조정 등이 진행됨으로써 즉응전투력 발휘를 어렵게 하고 있다.

셋째, 법률로써 국방개혁을 강제하는 외부적 개혁 모델의 도입과 빈번한 군 지도부의 교체로 군 지도부의 자발적인 리더십 발휘가 제한되었다. 노무현 대통령은 2004년 12월 14일 제55회 국무회의에서, 프랑스가 국방개혁에 관한 사항을 법제화하여 추진하고 있는 점에 착안하여, 국방개혁의 지속성과 안정성을 보장하기 위해 '국방개혁 2020'을 법제화할 것을 지시했다. 대규모 병력 및 부대 감축에 대해 부정적인 입장을 견지하고 있었던 군 지도부는 법제화가 곧 실행의 강제를 의미하는 것으로 인식하고 개혁 추진에 소극적인 태도를 보였다.

아울러 빈번한 군 지도부의 교체도 국방개혁의 효율적인 추진을 어렵게 했다. 5년 단위로 정부가 교체되면서 국방부장관, 각 군 총장을 포함한 군 고위직의 대규모 인사가 단행되었고, 이념적 성향을 달리하

---

**58** 문재인 정부는 '국방개혁 2.0'에 병복무기간단축을 포함하였다. 2018년 10월 1일부터 2주 단위로 1일씩 복무기간을 줄여서 2021년 12월까지 육군 18개월, 해군 20개월, 공군 22개월로 복무기간단축을 완료할 예정이다. 국방부, "국방개혁 2.0," 『국방일보』, 2018년 7월 30일.

는 정부로 정권교체가 이루어진 시기에는 군 인사의 폭은 더욱 컸다. 또한 군 인사권을 행사하는 대통령의 국방개혁에 대한 기조가 정권의 성향에 따라 수시로 변경되면서 실행을 담당한 군 지도부가 주도적으로 리더십을 발휘할 수 있는 여건이 마련되지 못했다.

한국군은 군사혁신 개념을 도입하여 국방개혁의 일부로 군 구조 및 전력체계 개혁을 추진하고 있다. 그러나 군사혁신 성공의 구성요소로는 군 구조 및 전력체계 개혁이 부진한 이유를 효과적으로 설명하는데 한계가 있다. 군사혁신을 연구하는 대부분의 전문가들은 군사혁신 성공의 구성요소로서 ①새로운 군사체계의 개발, ②새로운 운용교리의 발전, ③조직의 편성을 수용하고 있다. 그러나 이러한 3가지 요소들은 한국군의 군 구조 및 전력체계 구축 과정에서 쟁점이 되어온 요소들과는 큰 차이를 보이고 있다.

군 구조 및 전력체계 구축과정에서 지속적으로 쟁점이 되어온 ①북한위협에 대한 평가, ②개혁재원의 확보, ③개혁에 대한 군 지도부의 태도 등은 군사혁신의 추진을 가능하게 하는 보다 상위의 요소들에 해당한다. 반면 군사혁신 전문가들이 주장하는 군사혁신 성공의 구성요소는 이러한 구성요소들이 충족되었을 때 실제 군사혁신이 일어나는 현상을 설명하고 있다. 따라서 한국이 군사혁신에서 성공하기 위해서는 먼저 군사혁신의 추진을 가능하게 하는 상위의 요소들이 무엇인지를 찾아내고, 이러한 요소들을 우선적으로 충족시키는 노력이 무엇보다 중요하다.

| 제3장 |

# 한국적 군사혁신의 대안모색

# 1 / 선행연구 검토

## (1) 군사혁신 관련 선행연구

군사혁신과 관련한 국내 기존 연구의 대부분은 미국 등 선진국이 경험한 과학기술 중심의 군사혁신에 대한 소개와 한국군이 지향해야할 방향을 제시하는 정책제안 형태가 주류를 이루고 있다. 또한 대부분의 연구는 군사혁신의 성공을 결정하는 구성요소로서 ①새로운 군사체계의 개발, ②새로운 운용교리의 발전, ③조직의 편성을 수용하며, 이러한 요소들을 조화롭게 발전시켜 군사혁신을 효과적으로 달성하는 방향을 제시하는데 중점을 두고 있다. 군사혁신 관련 기존의 연구들 중에서 군사혁신의 추진을 가능하게 하는 상위의 지배적인 요소들을 식별하고자하는 연구로는 다음의 연구들이 있다.

박휘락은 2007년 『군사논단』 제49호에 게재된 "지도자 주도의 국방개혁 모형: 럼스펠드 장관의 변혁" 논문에서 개혁을 ①상황에 의한 주도 모형과 ②지도자에 의한 주도 모형으로 구분하고, 미군의 성공적인 군사변혁을 지도자 주도 모형으로 설명했다. 상황이 주도하는 모형은 상황이 변화함에 따라 특정한 방향으로의 개혁이 불가피해지는 경우이다. 전쟁, 위기, 국제정치 상황의 급변, 국방 예산의 삭감 등 특별한 상황 변화가 발생하면, 그러한 상황에 적응할 수 있는 방향으로 조직과 체제가 변화된다는 모형이다. 반면 지도자 주도 모형은 개혁 추진세력들이 시대적 변화와 그에 따른 요구사항을 사전에 예측하고 바람직한 최종상태를[59] 설정한 다음, 그에 부합하도록 군대를 변화시켜 나가는 모형이다. 박휘락은 미군의 성공적인 군사변혁은 상황과 지도자의 결합에 의해 이루어졌지만, 럼스펠드<sup>Donald H. Rumsfeld</sup> 장관을 비롯한 군 수뇌부의 주도성이 결정적인 역할을 한 것으로 분석했다.

이병구는 2014년 『군사논단』 제91호에 게재된 "이라크 전쟁 중 미군의 군사혁신" 논문에서 ①내부적 군사혁신이론과 ②외부적 군사혁신이론을 활용하여 이라크 전쟁 기간 중에 이루어진 대반란전[60] 교리 혁신사례를 분석했다. 내부적 군사혁신이론은 군사혁신의 동력을 군 내부에서 찾는 이론적인 시각이다. 군이 변화하는 외부의 환경에 대응하거나 외부의 환경을 주도적으로 조성하기 위해 군의 조직, 교리, 무기체계 등을 스스로 변혁시켜 나간다는 주장이다. 반면 외부적 군사혁신이론은 군 조직이 가지고 있는 근본적인 타성 혹은 관성으로 인해 군사혁신은 군 내부에서 발생하기보다 외부적 개입이라는 전제조건이 있을 때 가능하다는 주장이다. 이병구는 이라크 전쟁 후반에 일어난 미

---

**59** 최종상태(最終狀態, End State): 임무를 완수하고 작전목적이 달성되었을 때 나타나야할 구체적인 요망상태를 의미한다.

**60** 대반란전(對反亂戰, Counter Insurgency): 정부를 전복시킬 목적으로 전복활동 또는 무력행사를 자행하는 적대세력을 군사적, 비군사적 활동을 통해 격멸하는 것을 말한다.

군의 교리적 군사혁신은 군 내부의 소수 개혁세력의 지원을 받은 민간 지도자에 의해 이루어진 것으로 평가했다.

김종하·김재엽은 『군사혁신(RMA)과 한국군』의 개요 부분인 "군사혁신이란 무엇인가?"에서 군사혁신의 조건으로 ①불리한 군사·안보적 환경, ②혁신을 위한 차별화된 능력, ③지도력과 정책적 의지를 제시했다. '불리한 군사·안보적 환경'은 적대적 의도를 가진 강대국과 국경을 접하고 있거나 지정학적 위치로 인해 동맹국의 지원이 제한되는 등 국가가 처한 불리한 환경이 군사혁신을 촉발하는 요인이 될 수 있다는 것이다. '혁신을 위한 차별화된 능력'은 군사혁신의 수단으로 상대국에 대해 비대칭적 우위를 제공하는 능력을 활용했을 때 성공 가능성이 높다는 것을 의미한다. '지도력과 정책적 의지'는 군사혁신을 이끌어가는 리더십으로 지도자가 강한 의지를 가지고 군사혁신을 추진했을 때 성공 가능성이 높다는 것을 뜻한다.

군사혁신을 연구하는 다수의 국외 전문가들도 군사혁신의 동기와 관련하여 많은 관심을 표명해왔다. 헌들리는 군사혁신이 이루어지기 위해서는 군사혁신의 초기 단계에서 기술적 발전과 더불어 하나 또는 그 이상의 '해결되지 않은 군사적 도전'이 존재해야 군사혁신을 위한 개념적 도약이 가능하다고 주장했다.[61] 제1, 2차 세계대전 중간기의 군사혁신을 연구한 머레이William Murray는 대부분의 군사혁신 성공사례에서는 문제가 해결될 경우 국가전략 달성을 촉진시켜주는 '특정형태의 군

---

**61** Hundley, *Past Revolutions Future Transformations*, p. 21.

사문제'가 존재하고 있었다고 분석했다.[62] 이스라엘의 군사혁신을 연구

한 코헨Eliot A. Cohen 등도 이스라엘 군사혁신의 성공은 '극명한 필요성stark

necessity'에 기인한다고 주장했다.[63]

<표 8> 군사혁신의 결정요인 관련 연구

| 구 분 | 군사혁신의 결정요인 |
|---|---|
| 국방개혁의 모형<br>(박휘락, 2007) | ①상황에 의한 주도 모형<br>②지도자에 의한 주도 모형 |
| 군사혁신의 유형<br>(이병구, 2014) | ①내부적 군사혁신<br>②외부적 군사혁신 |
| 군사혁신의 조건<br>(김종화 · 김재엽, 2008) | ①불리한 군사 · 안보적 환경<br>②혁신을 위한 차별화된 능력<br>③지도력과 정책적 의지 |
| 국외 전문가 | ①해결되지 않은 군사적 도전(헌들리)<br>②특정형태의 군사문제(머레이)<br>③극명한 필요성(코헨 등) |

여기에서 전문가들이 공통적으로 제시한 군사혁신의 결정요인을 종

합해보면, ①상황 및 환경, ②지도자 및 지도력, ③차별화된 능력, ④군

사적 도전 및 군사적 필요성으로 정리할 수 있다.

---

**62** Williamson Murray & Allan R. Millett, eds., *Military Innovation in the Inter War Period*, 허남성 · 권영근 역, 『제1,
2차 세계대전 사이의 군사혁신』(서울: 국방대학교, 2002), p. 135.

**63** Eliot A. Cohen, Michael J. Eisenstadt, & Andrew J. Bacevich, '*Knives, Tanks, and Missiles*': Israel's Security
*Revolution*(Washington DC: the Washington Institute for Near East Policy, 1998), p. 51.

## (2) 국방개혁 관련 선행연구

국방개혁법에 따라 국방부는 5년 단위로 국방개혁 기본계획을 수립하고 2-3년 단위로 기본계획을 수정토록 되어 있어 국방개혁에 관한 연구들은 적지 않다. 이들 연구의 대부분은 국방개혁의 핵심 부분인 군구조 및 전력체계 개혁과 관련된 연구들로서 크게 대별하면, 외국 국방개혁의 시사점을 연구한 논문, 역대정부의 국방개혁을 연구한 논문, 한국의 대표적인 국방개혁 사례를 비교한 논문, 국방개혁의 정책결정 과정에 관한 논문 등으로 구분할 수 있다. 이들 연구 중에서 군사혁신의 추진을 가능하게 하는 상위의 요인들을 식별하는데 참고할 수 있는 연구로는 다음과 같은 논문들이 있다.

노훈은 2013년 『전략연구』 제57호에 게재한 "국방개혁 기본계획 2012-2030 진단과 향후 국방개혁 전략" 논문에서 국방개혁과 관련하여 지속되고 있는 가장 큰 논란거리로 ①개혁재원의 확보, ②북한 군사위협에 대한 전망, ③병력 감축의 필요성에 대한 논란을 지적했다. 노훈은 이 세 가지 사항에 대한 정부의 의지에 따라 국방개혁의 주안점이 달라질 것으로 전망했다.

조기형은 2014년 한반도선진화재단 주관 세미나에서 "국방개혁 자성, 개혁 추진 동력을 살리자!" 논문에서 역대정부 국방개혁의 과제로서 ①국정수행과제와 연계한 정치적 의제에 치중, ②군 수뇌부의 현실안주적 성향 및 개혁 기세의 부족, ③북한위협에 대한 인식의 차이에서 오는 군 구조 및 편성 개혁의 혼선, ④예산 소요의 미 충족, ⑤국민적 합의 및 홍보의 부족을 지적하고, 이들의 개선을 통해 개혁의 추동력을 가속화할 것을 강조했다.

홍규덕은 2016년 『전략연구』 제68호에 게재한 "국방개혁 추진, 이대로 좋은가?" 논문에서 국방개혁의 추진이 부진한 이유로 ①5년 단임 대통령제의 한계성, ②추진 예산의 부족, ③추진 주체와 체계의 부적절을 지적했다.

　노훈·조관호는 2017년 한국전략문제연구소 『창설 30주년 기념 논문집』에 게재한 "국방개혁의 향후 방향과 과업" 논문에서, 2006년부터 2016년까지 국방개혁의 추진을 평가하면서, 국방개혁의 성과가 제한적인 이유로 ①위협 인식의 변화, ②예산의 부족, ③계획의 미흡 및 개혁에 대한 저항을 지적했다.

**〈표 9〉 국방개혁 추진이 부진한 원인을 연구한 논문**

| 구 분 | 국방개혁이 부진한 원인 |
|---|---|
| 국방개혁 2012–2030 평가<br>(노훈, 2013) | ①개혁재원의 확보<br>②북한 군사위협에 대한 전망<br>③병력 감축의 필요성 |
| 역대 정부의 국방개혁 평가<br>(조기형, 2014) | ①국정수행과제와 연계한 정치적 의제에 치중<br>②군 수뇌부의 현실안주적 성향 및 개혁 기세의 부족<br>③북한위협에 대한 인식의 차이에서 오는 군 구조 및 편성 개혁의 혼선<br>④예산 소요의 미 충족<br>⑤국민적 합의 및 홍보의 부족 |
| 국방개혁 평가<br>(홍규덕, 2016) | ①5년 단임 대통령제의 한계<br>②추진 예산의 부족<br>③추진 주체와 체계의 부적절 |
| 2006–2016년 국방개혁 평가<br>(노훈·조관호, 2017) | ①위협 인식의 변화<br>②예산의 부족<br>③계획의 미흡 및 개혁에 대한 저항 |

여기에서 전문가들이 공통적으로 지적하고 있는 국방개혁의 부진 요인을 종합해보면, ①북한위협에 대한 인식의 차이, ②개혁재원의 부족, ③군 지도부의 개혁 리더십 부족으로 정리할 수 있다.

# 2
## 군사혁신의 결정요인 도출을 위한 이론적 논의

### (1) 군사혁신의 결정요인 도출

군사혁신의 추진을 가능하게 하는 상위의 결정요인들을 식별하는 목적은 군사혁신을 성공적으로 추진하기 위해 전쟁 지도자 수준에서 관심을 가져야할 요인들을 식별하고, 이들을 체계적으로 관리함으로써 군사혁신을 성공적으로 이끌어 나가는데 있다. 현대전에서 전쟁의 수준은 전략적, 작전적, 그리고 전술적 수준으로 구분하고 있는데, 전쟁 지도자가 달성하려는 전쟁의 의도 및 의지에 직접적으로 영향을 미치는 군사행동은 전략적 수준에 해당한다. 따라서 본 연구에서는 군사혁신을 추진함에 있어서 전쟁 지도자가 관심을 가지고 관리해야할 결정요인을 군사혁신의 '전략적 결정요인'으로 정의하였다.

선행연구 검토에서 도출된 요인들 중에서 군사혁신의 전략적 결정요인으로 고려할 수 있는 요인들을 정리하면 아래 표와 같다.

**〈표 10〉군사혁신의 전략적 결정요인으로 검토 가능한 요인**

| 구 분 | 검토 가능한 요인 |
|---|---|
| 군사혁신 관련 선행연구 | ①상황 및 환경<br>②지도자 및 지도력<br>③차별화된 능력<br>④군사적 도전 및 군사적 필요성 |
| 국방개혁 관련 선행연구 | ㉮북한위협에 대한 인식 차이<br>㉯개혁재원의 부족<br>㉰군 지도부의 개혁 리더십 부족 |

군사혁신 관련 선행연구의 ①번 '상황 및 환경'과 ④번 '군사적 도전 및 군사적 필요성,' 그리고 국방개혁 관련 선행연구의 ㉮번 '북한위협에 대한 인식의 차이'는 모두 동일한 특성의 요인으로서 내·외부적인 환경 또는 군사적 도전에서 오는 '위기의식(감)'이 군사혁신을 촉발하고 추동하는 요인이 될 수 있음을 의미한다.

군사혁신 관련 선행연구의 ②번 '지도자 및 지도력'과 국방개혁 관련 선행연구의 ㉰번 '군 지도부의 개혁 리더십 부족'도 동일한 특성의 요인으로서 군사혁신을 추진함에 있어서 '군 지도부의 리더십'이 중요함을 나타낸다.

군사혁신 관련 선행연구의 ③번 '차별화된 능력'과 국방개혁 관련 선행연구의 ㉯번 '개혁재원의 부족'은 군사혁신의 수단이 되는 '자원'을 의미하는 것으로서 군사혁신을 추진함에 있어서 국가나 군의 '핵심역량'을 잘 활용해야 함을 의미한다.

이를 종합하여 본 연구에서는 군사혁신의 전략적 결정요인으로 첫째, '위기의식(감),' 둘째, '국가 또는 군의 핵심역량,' 셋째, '군 지도부의 변혁적 리더십'을 선정하고, 경영혁신 이론들 중에서 결정요인을 가장 잘 설명할 수 있는 이론을 활용하여 각각의 결정요인에 대한 적합성을 검토하였다.

## (2) 군사혁신의 결정요인에 대한 이론적 검토

군사혁신의 전략적 결정요인을 검증하기 위한 이론적 논거로는 경영혁신이론을 활용하였다. 경영혁신이론을 활용한 이유는 "인류가 전쟁을 수행하는 방식은 일하는 방식을 반영하여왔다."는 토플러의 주장처럼 '전쟁의 방식'과 '삶의 방식'이 불가분의 관계에 있기 때문이다.

'전쟁 방식'의 혁신을 추구하는 군사혁신도 '삶의 방식'을 혁신하기 위한 경영혁신RBA, Revolution in Business Affairs에서 유래되었다. 1997년 미 국방부는 4개년 국방검토보고서QDR, Quadrennial Defense Review를 작성하면서 민간의 우수한 경영혁신 사례를 국방 분야에 적용하기 위해 군사혁신 용어를 처음으로 사용했다. 정보·지식시대의 대표적 군사이론인 네트워크중심전도 네트워크를 이용한 정보의 공유로 생산, 판매, 재고 관리의 효율화를 도모한 기업의 경영방식에서 착안한 이론이다. 역으로 군사이론이 경영이론에 영향을 미친 경우도 쉽게 찾을 수 있다. 보이드의 OODA Loop는 군사이론으로 발전되었지만, 오늘날 기업과 공공 분야의 의사결정모델로 광범위하게 활용되고 있다.

군사적 목적의 연구에서 경영혁신이론을 활용하는 것은 군사학 연구를 풍성하게 하고 군사혁신에 대한 새로운 시각을 제공할 수 있을 것으로 기대된다. 경영혁신이론을 활용할 경우 예상되는 이점은, 첫째, 군사혁신을 설명하는 이론의 제한성을 극복할 수 있다. 특정 국가의 군사혁신 내용은 대부분 비밀로 분류되어 대외 공개가 통제된다. 공개된 자료의 제한은 다양한 연구를 어렵게 하고, 이로 인해 활용할 수 있는 이론이 제한되는 문제점을 내재하고 있다. 경영혁신이론을 활용할 경우 이러한 제한성을 부분적으로나마 해소할 수 있다. 둘째, 다양한 실제 상황에서 검증된 이론을 활용할 수 있다. 군사혁신이론의 타당성을 실제로 검증하는 것은 한정된 주권국가의 수(數)와 군사력이 갖는 치명성으로 인해 실전에서 검증 기회가 극히 제한된다. 그러나 경영혁신이론의 검증은 기업의 수(數)가 주권국가의 수(數)보다 상대적으로 많고 성과 측정이 비교적 용이하여 다양한 실제 상황에서 검증된 이론을 활용할 수 있다.

## 가. 경영혁신 8단계 모델

기업의 경영혁신에 있어서 '위기의식(감)'의 중요성을 강조하는 대표적인 전문가는 하버드대학교 경영대학원의 코터(John P. Kotter) 교수이다. 코터는 경영혁신에 실패 또는 성공한 130여개 회사를 분석하여 '경영혁신 8단계' 모델을 정립했다. 코터가 정립한 경영혁신 8단계 모델은 제1단계 위기감 조성, 제2단계 변화선도팀 구성, 제3단계 비전 및 전략의 개발, 제4단계 새로운 비전의 전파, 제5단계 권한의 위임, 제6단계 단기적 성공사례 만들기, 제7단계 혁신의 가속화, 그리고 제8단계 기업문화로 승화로 이루어진다.[64]

---

[64] John P. Kotter, *Leading Change*, 한정곤 역, 『기업이 원하는 변화의 리더』(경기 파주: 김영사, 2009), pp. 50–51.

코터는 경영혁신의 출발이며 가장 어렵고 중요한 단계가 제1단계 '위기감 조성'으로 위기감이 없으면 혁신을 시작할 수 없고, 위기감이 지속적으로 유지되지 못했을 때 혁신에 실패할 가능성이 높다고 주장했다. 기업의 혁신관리와 관련하여 코터가 가장 많이 받았던 질문도 "조직이 혁신을 시도하면서 범하는 가장 큰 실수는 무엇인가?"였다. 이러한 질문을 받을 때마다 그는 "위기감의 부족"이라고 대답했고,[65] 2008년에는 이를 주제로 『위기감을 높여라*A Sense of Urgency*』를 저술했다.

세계적 초일류기업인 삼성의 '위기론'도 유명하다. 최고경영자였던 이건희 회장은 1993년 6월 17일 프랑크푸르트 '신 경영 선언'에서 "마누라와 자식만 빼고 다 바꿔라."라고 강조하며 삼성의 경영혁신을 주도했다. 이건희 회장은 경영진들에게 위기의식을 강조하기 위해 '메기론'을 자주 언급하였는데, 미꾸라지가 있는 물속에 메기를 풀어 놓으면 미꾸라지들이 생존하기 위해 더 열심히 헤엄을 쳐 오히려 건강해진다는 주장이다. 2000년부터 2008년까지 삼성전자 부회장으로 재직한 윤종용은 그의 저서 『경영과 혁신: 초일류로 가는 생각』에서 위기의식을 경영자가 갖추어야할 첫 번째 자질로 꼽았다. 윤 부회장은 "경영자는 내일이라도 당장 우리 조직이 망할 수 있다는 위기의식을 가지고 늘 긴장해야 한다."라고 강조하며 "윗사람부터 위기의식을 가지고 솔선수범하지 않으면 조직은 절대로 위기의식을 가질 수 없다."고 주장했다.[66]

위기의식(감)을 사전적으로는 "위기가 닥쳐오고 있다는 불안한 느

---

**65**  John P. Kotter, *A Sense of Urgency*, 유영만·류현 역, 『존 코터의 위기감을 높여라』(경기 파주: 김영사, 2009), p. 7.

**66**  윤종용, 『경영과 혁신: 초일류로 가는 생각』(서울: 삼성전자, 2007), p. 166.

낌"으로 정의하고 있다. 위기의식(감)을 느꼈을 때 사람들의 반응은 다양하게 나타난다. 일반적으로 사람들은 자신이 처한 상황을 주의 깊게 살펴보고, 이에 대응하기 위한 적극적인 방안을 사전에 강구하여 위기를 극복하려고 한다. 그러나 위기의식(감)이 스스로 극복할 수 없을 만큼 큰 경우에는 위기의 원인을 다른 사람의 탓으로 돌리면서 자신이 처한 상황에서 도피하거나 자포자기 형태의 행동을 보이기도 한다.

코터는 위기감의 유형을 '그릇된 위기감'과 '진정한 위기감'으로 구분했다. '그릇된 위기감'은 조직이 무사안일주의에 빠졌다고 생각하는 최고경영자들이 조성하는 위기감이다. 대책회의를 한다며 무리하게 회의를 준비시키고, 회의 하나가 끝나기가 무섭게 또 다른 회의를 소집하는 형태로 최고경영자가 조직을 분주하게 만드는 것이다. 이러한 태도는 혁신관리에 도움이 되기보다 오히려 불안감과 내부 분열을 부추기고 조직 구성원들의 에너지를 허비시킴으로써 조직 전체의 능률을 저하시킨다. 반면 '진정한 위기감'은 위기와 함께 공존하는 기회를 포착하기 위해 당장 행동에 나서서 목표를 성취하고자하는 위기감이다.[67]

군사혁신에 성공하기 위해서는 군사혁신을 촉발하고 온갖 난관 속에서도 군사혁신의 추동력을 유지할 수 있는 위기의식(감)이 필요하다. 단순히 적대적 의도를 가진 국가가 인접하여 존재하는 것만으로는 군사혁신이 시작될 수도, 성공할 수도 없다. 직면 또는 예상되는 위협이나 군사적 도전이 기존의 방법으로 대응하기에는 한계가 있다는 위기의식(감)이 팽배했을 때 군사혁신이 촉발될 수 있고, 그러한 위기의식(감)이

---

**67** 유영만·류현 역, 「존 코터의 위기감을 높여라」, pp. 24-31.

지속적으로 유지되었을 때 군사혁신의 추동력을 유지할 수 있다.

한 국가 또는 군대의 군사혁신을 성공적으로 이끌 수 있는 위기의식(감)은 어느 정도일까? 미국의 노히터라인[Donald E. Nuechterlein] 교수는 국익의 강도를 4개 등급으로 구분하여 생존 이익[survival interests], 사활적 이익[vital interests], 주요 이익[major interests], 그리고 변방 이익[peripheral interests]으로 정의했다.[68] 한 국가 또는 군대가 군사혁신에서 성공하기 위해서는 국익보호를 위해 군사력의 사용이 정당화되는 '사활적 이익' 이상이 위협받는 상황에서 군사지도자들이 진정한 위기의식(감)을 느꼈을 때 성공할 가능성이 높다.

## 나. 핵심역량 이론

핵심역량을 처음으로 사용한 프라하라드와 하멜 교수는 기업 경쟁력의 원천으로 핵심역량을 강조했다. 핵심역량은 '잘 하는 것'을 넘어 경쟁상대에 대해 명백한 우위를 제공하는 '차별화된 능력'으로서 특정 조직이 혁신주도형 단계로 성장하기 위해 꼭 필요한 내부적 역량이다.[69]

핵심역량 이론은 기업 경쟁력의 열쇠를 외부적 요소에서 찾을 것이 아니라 내부로부터 찾아야 한다는 자원준거이론[resource-based theory]에 바탕을 두고 있다. 1990년대 이후 기업 경영의 불확실성이 심화되면서

---

**68** '생존 이익'은 공격 또는 공격의 위협으로 인해 국가의 물리적 존재가 위협받을 당시 존재하는 이익이다. '사활적 이익'은 해당 국익을 보호할 목적으로 군사력을 포함한 강력한 수단을 강구하지 않을 경우 국가가 심각한 피해를 입게 되는 상황을 의미한다. '주요 이익'은 국가의 정치, 경제, 사회복지에 부정적인 영향을 받을 가능성은 있지만, 이 같은 결과를 모면할 목적으로 군사력의 사용은 과도하다고 생각되는 상황을 의미한다. '변방 이익'은 일부 국익과 관련이 있지만 전반적으로 해당 결과에 의해 특별히 영향을 받지 않거나, 이 같은 영향이 무시될 수 있는 수준을 의미한다. 권영근 역, 『21세기 전략기획』, pp. 82-87.

**69** 김종하·김재엽, 『군사혁신(RMA)과 한국군』(서울: 북코리아, 2008), pp. 22-23.

산업조직론[theory of industrial organization]에 근거한 기업의 경쟁력 분석이 비판을 받게 되었다. 산업조직론의 관점은 특정기업이 속해 있는 산업의 구조적 특성, 정부의 산업정책 등과 같이 기업을 둘러싸고 있는 환경적 요인이 기업의 경쟁력을 결정한다는 이론이다. 반면 자원준거이론은 기업의 성공은 외부적 환경요인보다 기업이 보유하고 있는 내부의 특수한 자원에 의해 결정된다는 주장이다. 자원준거관점은 동일한 산업에 속한 기업이라도 기업마다 환경 변화에 대응하는 방식이 다른데, 그 것은 기업이 보유한 핵심역량이 저마다 다르기 때문이다. 개별기업의 특이성에 중점을 둔 자원준거이론은 기업을 유·무형자원의 독특한 집합체로 파악하여 개별기업이 경쟁우위를 확보하기 위해서는 차별적 역량을 갖추어야 한다는 이론이다.[70]

프라하라드와 하멜은 기업 경쟁력의 원천인 핵심역량을 큰 나무에 비유하여 설명했다. 기업을 큰 나무라고 가정했을 때 나무의 몸통과 큰 줄기는 기업이 생산하는 핵심생산품이고, 작은 가지는 기업의 사업단위이며, 잎·꽃·과일은 기업의 최종생산품에 해당한다. 이러한 나무에 영양을 공급하여 생명을 유지시켜주고 안정적으로 나무를 지탱해주는 역할을 하는 '뿌리'가 바로 '핵심역량'이다. 프라하라드와 하멜은 핵심역량을 식별할 때 기업이 생산하는 최종생산품에만 집중할 경우, 기업의 핵심역량을 제대로 식별하지 못하는 우[愚]를 범할 수 있다고 강조했다.[71]

---

**70**  김정권, "지속적 경쟁우위 확보를 위한 핵심역량의 역할," 『MARKETING』 제39권 제이호(2005), pp. 41–42.

**71**  Prahalad & Hamel, "The Core Competence of the Corporation," p. 4.

프라하라드와 하멜은 기업의 핵심역량이 되기 위한 요건으로 세 가지 조건을 제시했다. 첫째, 핵심역량은 기업에 다양하고 광범위한 잠재적 시장진출 기회를 제공해야한다. 둘째, 핵심역량은 최종생산품을 사용하는 고객에게 차별화된 이익ᵃ significant contribution을 제공해야한다. 셋째, 핵심역량은 경쟁기업들이 쉽게 모방할 수 없어야 한다. 그 후 바니Jay Barney는 핵심역량을 식별하기 위한 구체적인 기법으로 'VRIO 분석'을 도입했다. 기업의 핵심역량이 되기 위해서는 고객에게 차별적인 가치value를 제공할 수 있고, 대상 자원이나 역량이 희소하여 외부 시장에서 쉽게 획득할 수 없으며rarity, 경쟁사가 모방하기 어렵고inimitability, 조직 내부의 다른 자원이나 역량과도 잘 조화organization가 이루어지는 특성을 가지고 있어야 한다.[72]

조직의 핵심역량을 정확히 찾아내는 것은 쉽지 않은데, 그 이유는 핵심역량이 비교의 대상과 기준에 따라 달라지는 상대적인 특성을 가지고 있기 때문이다. 또한 핵심역량은 유형자원이나 명시적인 지식보다 무형자원이나 암묵적인 지식에 기반을 두고 있는 경우가 많으므로 정확히 찾아내는 것이 어렵다. 핵심역량을 제대로 찾아내기 위해서는 분석 대상을 명확히 설정하는 것이 중요하며 분석대상은 국가, 그룹, 기업, 사업 등 다양한 관점에서 설정할 수 있다.

군사혁신에 성공하기 위해서는 국가나 군의 핵심역량을 잘 활용해야 한다. 국력과 군사력을 구성하는 다양한 요소들을 군사혁신의 수단으로 활용할 수 있지만, 적대국가에 대해 명백한 우위를 제공하는 국가나

---

72  장성근. "고객이 알아주는 핵심역량 기업 미래 이끈다." 「LG Business Insight」(2015), p. 3.

군차원의 '차별화된 능력'을 식별하고, 이를 활용하여 군사혁신을 추진했을 때 성공 가능성을 높일 수 있다. 김종하·김재엽은 국가나 군차원에서 군사혁신에 활용할 수 있는 핵심역량으로 첫째, 고성능 무기·장비를 개발할 수 있는 첨단 군사기술 및 개발능력, 둘째, 자국군의 군사적 약점을 최소화하고 강점을 극대화하는 전략전술을 구상할 수 있는 창의적인 인적자원, 셋째, 자국의 국력·군사력의 양적 열세를 극복할 수 있는 효과적인 동원체제 등을 제시했다.[73]

## 다. 변혁적 리더십 이론

1980년대 이후 조직의 변화와 혁신에 가장 많이 사용되고 있는 리더십은 변혁적 리더십transformational leadership이다. 변혁적 리더십은 정치적 영역의 리더십을 주로 연구한 번즈James MacGregor Burns가 1978년 그의 저서 『Leadership』에서 처음으로 사용하였고, 베스Bernard M. Bass가 이를 일반조직으로 확대하고 이론적 체계를 보완함으로써 널리 알려진 이론이다. 기업, 정부, 공공기관 등 다양한 조직에 적용할 수 있는 변혁적 리더십을 경영혁신이론으로 지칭한 것에 대해 이견이 있을 수 있다. 변혁적 리더십을 경영혁신이론으로 지칭한 것은 변혁적 리더십이 번즈의 정치적 리더십 연구에서 출발하였지만, 이론을 체계화한 베스가 기업조직에서 리더들이 어떻게 변화를 주도할 수 있는지를 제시하면서 널리 알려진 이론인 점을 고려하였다. 또한 오늘날 변혁적 리더십의 적용 및 연구가 가장 활발하게 일어나고 있는 분야가 경영혁신 분야

---

**73** 김종하·김재엽, 『군사혁신(RMA)과 한국군』, p. 29.

임을 고려하였다. 변혁적 리더십의 국내 연구동향 분석에 따르면, 2007년부터 2016년까지 10년간 학술지에 게재된 변혁적 리더십 관련 논문은 총 335편이고, 이 중 기업 종사자를 연구대상으로 하는 논문이 180편(53.7%)으로 가장 많은 부분을 차지하고 있다.[74]

번즈는 리더십 연구에서 가장 심각한 문제점은 리더십 연구와 팔로어십 연구가 서로 분리되어 이루어지고 있는데 있다고 주장했다. 연구가 서로 분리됨으로써 리더십 연구에서는 엘리트주의적 경향을, 팔로어십 연구에서는 반 엘리트주의적 경향을 띠게 됨에 따라 리더와 팔로어 간에 대립적 관계가 형성되었다는 것이다. 번즈는 이러한 문제점을 해소하기 위해 리더와 팔로어의 역할을 개념적으로 통합하는 새로운 리더십으로 변혁적 리더십을 제시했다. 변혁적 리더십은 리더가 팔로어들의 내면에 내재되어 있는 잠재적 동기를 살펴 팔로어들을 전인격적으로 사로잡는 리더십이다. 변혁적 리더십에서 지도자와 팔로어의 관계는 서로 자극하고 성장해나가는 상생의 관계를 의미한다.[75]

변혁적 리더십은 기존의 거래적 리더십transactional leadership이 노력에 대해 보상하는 거래적인 관계에 초점을 두고 있다는 비판에서 출발했다. 변혁적 리더십은 거래적인 교환 관계를 넘어서 그 상위의 욕구인 공동의 목표를 향해 나아갈 수 있도록 동기를 부여하여 조직의 변화를 이끌어나가는 리더십이다. 번즈는 '바꾸다change'와 '변혁시키다transform'의 의미 차이를 이용하여 거래적 리더십과 변혁적 리더십을 설명했다. '바

---

74 함병우·고근영·전주성, "변혁적 리더십의 연구동향 분석: 최근 10년(2007–2016)간 국내 학술지 중심으로," 『한국콘텐츠학회논문지』 제17권 제8호(2017), p. 496.

75 James MacGregor Burns, *Leadership*, 한국리더십연구회 역, 『리더십 강의』(서울: 미래인력연구센터, 2000), pp. 27–29.

꾸다'는 어떤 것을 다른 것으로 대체하는 것, 주고받는 것, 자리를 맞바꾸는 것 등을 의미하는 단어로서 번즈는 거래적 리더십을 '바꾸다'의 특성을 가진 리더십이라고 정의했다. 반면 '변혁시키다'는 보다 심층적인 변화의 의미로서, 마차 공장이 자동차 공장으로 탈바꿈하는 것처럼, 외형이나 내적 특성에 근본적인 변화가 일어나도록 하는 리더십이 변혁적 리더십이라고 주장했다.[76]

변혁적 리더십은 단기보다 장기적 관점에서, 효율성보다 효과성에 중점을 두고, 조직 구성원의 기본욕구를 뛰어넘어 신념과 가치를 고무함으로써 성과를 이루어내는 리더십이다. 베스는 변혁적 리더십을 구성하는 요소로서 ①이상적 영향력idealized influence, ②영감적인 동기부여inspirational motivation, ③지적 자극intellectual stimulation, ④개별적 고려individualized consideration를 제시했다.[77]

'이상적 영향력'은 변혁적 리더십의 가장 핵심적인 구성요소로서 구성원들이 리더를 믿고 따르며 리더가 제시하는 비전을 달성하기 위해 몰입하게 하는 특별한 능력이다. 리더는 구성원들에게 새로운 비전을 제시하고 사명감과 자긍심을 고취하며, 매우 높은 도덕적 기준에 따라 솔선수범함으로써 구성원들로부터 존경을 받고, 구성원들은 리더를 닮으려고 노력한다.

'영감적인 동기부여'는 구성원들로 하여금 열정을 불러일으켜 업무

---

**76** James MacGregor Burns, *Transforming Leadership*, 조중빈 역, 『역사를 바꾸는 리더십』(서울: 한국방송통신대학교 출판부, 2006), pp. 35–36.

**77** 박계홍·김종술, 『변화와 혁신을 위한 리더십』(경기 파주: 학현사, 2013), pp. 142–144.; 강정애 등, 『리더십론』(서울: 시그마프레스, 2010), pp. 148–149.

에 매진하도록 하는 리더의 행동이다. 리더는 조직의 비전, 전략 등을 명료하면서도 상징적·압축적인 형태로 표현하여 구성원들의 영감적인 동기를 불러일으키고 조직의 환경과 문화도 이에 맞게 조성한다.

'지적 자극'은 구성원들로 하여금 과거의 관습과 방식에 대해 의문을 갖게 하고 비전이나 전략의 구현을 위해 새로운 방식의 접근을 장려하는 리더의 행동이다. 리더는 구성원들이 현재 가지고 있는 신념과 가치관의 타당성에 대해 문제의식을 갖도록 자극하고 현상의 분석과 대안의 모색에 있어서도 새로운 시각을 장려한다.

'개별적인 고려'는 리더가 구성원들의 개별적인 욕구와 희망에 대해 관심을 표명하고 배려함으로써 구성원들의 동기 수준을 높인다. 즉 리더는 구성원들의 욕구와 희망에 따라 의사결정에 참여시키거나 도전적인 업무를 부여하여 잠재력 개발을 자극하고 성장을 지원한다.

위기의식(감)과 핵심역량만으로는 군사혁신에서 성공하기 어렵다. 군사혁신에 성공하기 위해서는 군사지도자의 리더십이 중요하다. 직면 또는 예상되는 위협이나 군사적 도전을 군사혁신을 위한 위기의식(감)으로 전환하고, 피·아의 강·약점 분석을 통해 핵심역량을 발굴하며, 군사혁신의 비전과 전략을 제시하여 구성원들의 자발적인 동기를 유발하는 등 군사혁신을 이끌어나갈 수 있는 변혁적 리더십이 필요하다.

# 3 / 대안적 접근의 모색

앞 절에서 경영혁신이론을 활용하여 군사혁신의 전략적 결정요인들을 검토한 결과, 각각의 결정요인은 모두 결정요인으로서 적합한 것으로 판단된다. 따라서 군사혁신의 성공여부를 결정하는 독립변수로 첫째, 군 지도부의 위기의식(감), 둘째, 국가 또는 군차원의 핵심역량, 셋째, 군 지도부의 변혁적 리더십을 선정하였다.

대안적 접근의 모색은 2개 단계로 구분하여 먼저 제1단계에서는 선정된 3가지 독립변수를 활용하여 주요국가의 군사혁신 성공사례를 분석함으로써 독립변수의 적실성을 검증하고, 국가별 군사혁신의 교훈을 도출하였다. 제2단계에서는 검증된 독립변수를 활용하여 한국의 군사혁신을 분석함으로써 문제점을 식별하고, 식별된 한국 군사혁신의 문제점과 군사혁신에 성공한 국가들의 교훈을 기초로 한국의 미래 군사혁신 방향을 제시하였다.

## (1) 군사혁신 성공사례 선정

군사혁신 성공사례로는 20세기 중·후반에 이루어진 대표적인 군사혁신 성공사례인 미군의 베트남 전쟁 이후 군사혁신 사례, 독일군의 제1차 세계대전 이후 군사혁신 사례, 그리고 이스라엘군의 독립 전쟁 이후 군사혁신 사례를 분석 대상으로 선정하였다.

미국의 베트남 전쟁 패배는 미국사회에 엄청난 충격을 안겨주었고 미국 국민들의 군대에 대한 불신은 극에 달했다. 미국의 군사지도자들은 패전의 책임을 정치지도자들에게 전가하며 국민적 비난을 모면하기보다 패전의 위기의식(감)을 군사혁신의 원동력으로 활용했다. 20여 년간의 군사혁신을 통해 미군은 걸프 전쟁에서 정보·지식 중심의 새로운 전쟁 패러다임을 선보이며 승리했다. 베트남 전쟁 이후 미군의 군사혁신 동기와 과정, 걸프 전쟁에서 나타난 군사혁신의 결과, 영향 등을 분석하였다.

제1차 세계대전에서 패배한 독일은 연합국의 강요에 의해 가혹하고 모욕적인 베르사유 조약을 수용해야했다. 베르사유 조약은 독일을 전범국가로 규정하고 영토의 할양, 전쟁배상금의 지불, 군비제한조치 등을 강요했다. 각종 군비제한조치에도 불구하고 독일군은 '간부육군 Leaders Army' 건설과 '전격전' 교리의 개발로 제2차 세계대전 초기의 프랑스 전역에서 괄목할만한 승리를 거두었다. 제1차 세계대전 이후 독일군이 군사혁신을 추진하게 된 배경과 과정, 그리고 프랑스 전역에서 나타난 군사혁신 결과 등을 분석하였다. 독일군의 군사혁신 사례분석에는 상대국이었던 프랑스군의 실패사례도 상호비교 차원에서 부분적으로 포함하였다.

이스라엘은 거대한 '아랍海'로 둘러싸인 작은 섬에 비유되는 국가이다. 1948년 5월 14일 이스라엘이 독립을 선포하자 불과 8시간 만에 아랍 국가들의 선전포고가 이루어졌고, 14개월 동안 이집트, 요르단, 시리아, 레바논, 이라크 등 아랍 5개국과 독립 전쟁(제1차 중동 전쟁)을 치러야했다. 독립 전쟁 이후에도 계속된 이스라엘과 아랍 국가들 간의 국지적 분쟁과 갈등은 이스라엘의 생존을 지속적으로 위협했다. 이스라엘은 인접 아랍 국가들의 위협에 굴복하기보다 이를 원동력으로 활용하여 군사혁신을 추진했고, 제3차 중동 전쟁에서 '신전격전'으로 경이적인 승리를 거두었다. 이스라엘이 건국 이후 국가 생존을 위해 군사혁신을 추진하게 된 배경과 과정을 분석하고, 제3차 중동 전쟁에서 나타난 군사혁신의 결과, 성격 등을 분석하였다.

이상의 3가지 사례를 분석의 대상으로 선정한 이유는 20세기라는 시간적 유사성과 더불어 3가지 사례 모두 군사혁신을 통해 전쟁에서 괄목할만한 승리를 창출한 점을 고려하였다. 또한 군사혁신의 성공요소가 다양하게 나타날 수 있는 점을 고려하여 과학기술적 요소가 중요시된 군사혁신 사례뿐만 아니라 전술교리, 정신전력 등이 강조된 혁신 사례도 포함함으로써 도출될 군사혁신 결정요인의 보편성을 제고하였다.

## (2) 분석의 틀

분석의 틀은 아래 그림과 같다.

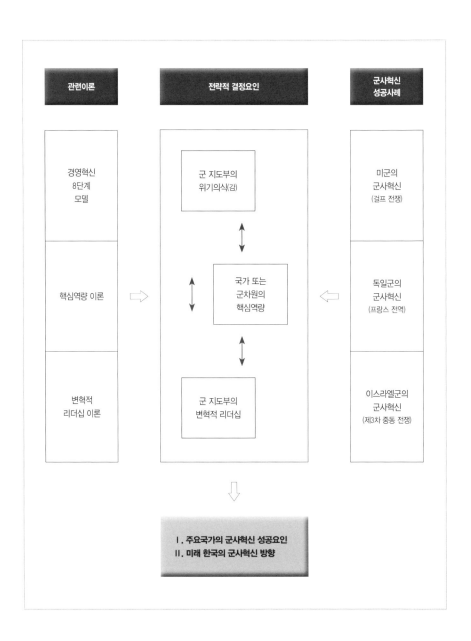

| 관련이론 | 전략적 결정요인 | 군사혁신 성공사례 |
|---|---|---|
| 경영혁신 8단계 모델 | 군 지도부의 위기의식(감) | 미군의 군사혁신 (걸프 전쟁) |
| 핵심역량 이론 | 국가 또는 군차원의 핵심역량 | 독일군의 군사혁신 (프랑스 전역) |
| 변혁적 리더십 이론 | 군 지도부의 변혁적 리더십 | 이스라엘군의 군사혁신 (제3차 중동 전쟁) |

Ⅰ. 주요국가의 군사혁신 성공요인
Ⅱ. 미래 한국의 군사혁신 방향

〈그림 10〉 분석의 틀

| 제4장 |

# 미국의 군사혁신 성공사례 분석

# 1

# 미군의 베트남 전쟁 이후
# 군사혁신 노력

　베트남 전쟁 직후 미군 내에서 개혁이 가장 절실했던 군대는 육군이었다. 베트남 전쟁에서 어려운 전투임무의 대부분은 육군이 수행했다. 임무수행과정에서 육군은 많은 모순된 상황에 직면했다. 그러나 해·공군은 육군처럼 빈번하게 모순된 상황과 직면하지는 않았다. 공군은 표적이 주어지면 주어진 표적에 폭격 임무를 수행하면 되었다. 해군작전은 항공전역을 지원하는 항공모함작전 위주로 진행되었고, 해군 특수부대는 연안지역에서 정찰 및 특수작전을 수행했다. 해병대가 직면한 상황은 육군과 유사하였지만, 해병대는 비교적 잘 준비된 상태에서 베트남 전쟁에 투입되어 개혁에 대한 절실함은 육군과 비교했을 때 크지 않았다.

　이러한 점을 고려하여 미군의 베트남 전쟁 이후 군사혁신은 미 육군에 중점을 두고 기술하되, 전체적인 이해를 돕기 위해 해·공군의 주요 내용도 포함하였다. 베트남 전쟁 이후 미군의 군사혁신은 크게 2개 단계로 구분할 수 있다. 제1단계는 베트남 전쟁 직후부터 1970년대 후반까지로 새로운 교리를 개발하고, 편성 및 교육훈련제도를 정비하는 등 미 육군이 본격적으로 개혁에 착수한 시기이다. 제2단계는 1970년대 후반부터 걸프 전쟁 개전 전까지로 제2차 상쇄전략이 시행되고, 합동성[78] 강화를 위한 골드워터-니콜스법Goldwater-Nichols Act이 제정되는 등 미군의 군사혁신이 가시화된 시기이다.

## (1) 제1단계 베트남 전쟁 직후 미군의 군사혁신

1972년 베트남 전쟁에서 돌아온 미군 지도자들은 대규모 감군, 예산 삭감, 대국민 신뢰 추락 등에 직면하여 어떻게 미군을 재건할 것인가에 대해 고민했다. 1973년 발발한 제4차 중동 전쟁은[79] 미군 지도자들에게 군사혁신에 대해 많은 영감을 주었다. 제4차 중동 전쟁을 목격한 미군 지도자들은 현대전의 성격이 변하고 있음을 인식했다. 미군 지도자들은 무기체계의 사거리, 정확성, 치명성이 획기적으로 증가하여 개전 초기에 전쟁의 승패가 결정되고, 전쟁 발발 후 동원을 통한 전쟁수행은 거의 불가능하므로 평시에 준비된 상태로 전쟁을 수행할 수밖에 없음을 인식하게 되었다.

미 육군의 개혁은 1972년 참모총장으로 취임한 에이브람스Creighton W. Abrams Jr. 장군이 1973년 훈련 및 교리사령부TRADOC, Training and Doctrine

---

**78** 합동성(合同性, Jointness): 육·해·공군의 노력을 효율적으로 통합하여 전장에서 상승효과 달성이 가능하도록 하는 능력 또는 특성을 말한다.

**79** 제4차 중동 전쟁(1973. 10. 6. ~ 24.): 욤 키푸르(Yom Kippur) 전쟁 또는 10월 전쟁으로 불리며 아랍 측(이집트, 시리아)의 선제 기습공격으로 이스라엘이 일시적으로 위기에 처했으나, 반격작전으로 승리한 전쟁이다. 18일간의 전투에서 쌍방은 전차 2,500-3,000대, 항공기 600대 이상을 상실함으로써 현대전의 치명성과 파괴성을 상징적으로 보여준 전쟁이었다.

Command를 새롭게 창설하면서 시작되었다. 새로 창설된 훈련 및 교리사령부의 임무는 새로운 '싸우는 방법'을 개발하고, 그에 맞게 간부들을 재교육하고 부대를 훈련시키며, 새로 획득할 무기와 장비의 소요를 제기하는 것이었다.

초대사령관으로 임명된 드푸이William DePuy 장군이 가장 먼저 착수한 것은 '싸우는 방법'의 근본적인 변화를 모색하는 교리의 발전이었다. 베트남 전쟁 당시 장병들에게 가장 혼란스러웠던 것은 교리가 지속적으로 변경되는 것이었다. 군사적 현실과 정치적 압력이 충돌하면서 '어떻게 싸울 것인가'에 대한 혼란스러운 지시가 끊임없이 쏟아졌다. 미군은 새로운 군사기술과 전술교리를 적용하여 전쟁을 수행하였지만, 전장에서 병사들의 전투행동이 국가적인 논쟁거리가 되면서, 정치적 압력으로 전투방식을 수시로 변경해야만 했다.[80]

베트남 전쟁에서와 같은 상황이 반복되지 않기 위해서는 우선 장병들이 신뢰할 수 있는 교리를 정립해야했다. 드푸이 장군은 새로운 교리를 담은 야전교범FM, Field Manual이[81] 미 육군의 미래를 설계하는 교과서라 생각하고 실전 경험이 많은 장군들이 직접 교범을 쓰도록 했다. 많은 저항이 있었지만 본인도 직접 교범 집필에 참가하면서 어려움을 극복했다. 1976년 발간된 야전교범 100-5(작전)는 군사혁신의 신호탄이 되었다. 새로운 교범에 대한 논쟁이 미 육군 내부에서는 물론 외부

---

**80** James F. Dunnigan & Raymond Macedonia, *Getting It Right: American Military Reforms After Vietnam and Into the 21st Century*(Lincoln: Writers Club Press, 2001), p. 72.

**81** 야전교범(野戰敎範, Field Manual): 작전수행에 관한 기본적인 원리와 원칙, 준칙, 전술, 전기, 절차 등이 포함된 군사교리 문헌이다.

에서도 봇물 터지듯 터져 나왔다. 군사혁신에 대한 담론이 군 내·외부에서 형성되었고, 이는 장병들의 지적 자극으로 이어져 싸우는 방법과 관련하여 다양한 아이디어들이 제시되었다. 능동적 방어active defense, 공지전투air-land battle, 최초전투에서 승리win first battle, 현재 상태로 투입come as you are, 종심공격deep attack, 도약적 감시bounding overwatch 등이 이때 제기되었다.[82]

장교 보수교육에서도 혁신적인 변화가 일어났다. 1973년 중동 전쟁의 교훈을 바탕으로 모든 장교 교육과정은 즉시 전투에 투입할 수 있는 능력 구비에 중점을 두고 개편되었다. 위관장교들을 위해 제병협동 참모학교CASSS, Combined Arms and Services Staff School가 신설되었다. 모든 위관 장교들은 복무 9년차에 이 과정에 입교하여 대대 및 여단급의 참모업무와 본인의 병과·특기가 아닌 타병과·특기에 편제되어 있는 다양한 무기·장비의 운용에 대해 교육을 받았다. 영관 장교들의 보수교육을 담당해온 지휘 및 참모대학CGSC, Command and General Staff College의 교육도 여단 및 사단급 제대의 직무교육에 초점을 맞추어 졸업과 동시에 임무수행 능력을 갖추도록 했다. 고급 장교의 전문성 교육을 담당해온 육군대학원AWC, Army War College은 작전적 수준의 전쟁 기획과 워게임 교육에 중점을 두고 새롭게 개편되었다.

베트남 전쟁 이전의 미 육군은 교육훈련보다 장비 및 물자의 관리 유지에 중점을 두고 부대를 운영했다. 지휘관들의 가장 큰 골칫거리는 불시에 상급부대 검열관들이 차량 정비고와 무기고를 기습적으로 검열

---

82  Dunnigan & Macedonia, *Getting It Right*, p. 190.

하는 것이었다. 교육훈련은 적당히 하고 지나갈 수 있었지만, 정비검열에서 실패하면 지휘관 경력에 큰 문제가 되었다.[83] 또한 베트남 전쟁 기간 동안 미 육군의 교육훈련은 보병위주의 근접전투에 함몰되어 있었고, 훈련방식도 시간중심의 통제방법을 적용하고 있었다. 지정된 시간에 계획된 훈련을 마치면, 실제 능력이나 수준과는 관계없이 훈련을 충분히 받은 것으로 가정하고 다음 단계 훈련으로 넘어갔다.

부대훈련의 혁신은 훈련 및 교리사령부의 훈련부장 고어만[Paul Gorman] 장군이 1975년 개인 및 부대훈련에 성과위주훈련을[84] 도입하면서 시작되었다. 이 방법은 다음 단계로 넘어가기 전에 개인 및 부대는 해당 과업을 완벽히 수행할 수 있어야 하고, 실패할 경우에는 경력에 치명적인 불이익이 주어졌다. 성과위주훈련의 도입으로 미 육군은 걸프 전쟁에서 뛰어난 전투력을 발휘할 수 있었다.

FM 100-5(작전)에서 제시된 새로운 '싸우는 방법'을 구현하기 위해 편성 부분에서도 많은 변화가 이루어졌다. 1974년 3월 미 육군은 현역 병력이 감축되었음에도 오히려 사단을 13개에서 16개로 확장했다. 미 육군은 사단에 편성된 현역을 감축하여 새로운 사단을 창설하고, 총전력[total forces] 개념을 적용하여 부족한 사단의 전투력은 주방위군과 예비군을 현역과 혼합 편성하여 보완했다. 또한 사단에 편성된 주방위군과 예비군의 교육훈련을 강화함으로써 이들이 유사시 동원이 되었을 때

---

**83**  Harry Summers Jr., *On Strategy II A Critical Analysis of the Gulf War*, 권재상 · 김종민 역, 『미국의 걸프전 전략』(서울: 자작아카데미, 1996), p. 168.

**84**  성과위주훈련(成果僞主訓練, Performance Oriented Training): 명확한 훈련목표를 설정하고 훈련 진행 간 평가를 통해 합격, 불합격 여부를 확인하여 성과가 달성되면 다음 단계로 진행하는 훈련방법이다.

사단의 전투력 발휘가 가능토록 했다.[85]

## (2) 제2단계 제2차 상쇄전략의 추진과 합동성 강화

1970년대에 이르러 소련의 핵전력 증강으로 미·소간 핵전력이 대등한 수준nuclear parity에 이르고, 소련이 재래식 전력의 대규모 현대화를 추진함에 따라 미국은 재래식 전력의 수적 열세를 기술적 우위로 상쇄할 필요성을 느끼게 되었다. 브라운Harold Brown 당시 국방장관은 1978년 2월 의회에 제출한 연례 보고서에서 미국의 가장 중요한 위협으로 중부 유럽에 배치된 소련의 재래식 전력을 적시하고, 이를 상쇄하기 위한 국방프로그램과 예산 증액의 필요성을 강조했다. 제2차 상쇄전략에서 미국이 중점적으로 추진한 군사기술은 정보감시정찰체계, 전장관리체계, 정밀타격체계, 스텔스 기술이 적용된 비행기, 우주자산의 전술적 활용(정보감시정찰, 통신, 정밀항법 등) 등이었다.[86]

제2차 상쇄전략의 추진과 더불어 미 육군은 재래식 전력을 보다 공세적으로 운용하기 위해 1976년 판 FM 100-5(작전)를 보완한 공지전투 교리Air Land Battle Doctrine를 1982년 새롭게 발간했다. 새롭게 발간된 공지전투 교리는 소련군의 공격을 전선지역에서 방어하는 것뿐만 아니라 전투를 적 영토의 깊숙한 종심지역까지 확대하여 후속제대를 동시에 타격함으로써 조기에 전쟁의 주도권을 장악하는 공세적인 기동전을 지향했다. 미 육군은 공지전투 교리를 지원하기 위해 종심 감시·통

---

**85** 이종호, "군사혁신의 전략적 성공요인으로 본 국방개혁의 방향: 주요선진국 사례와 한국의 국방개혁," 충남대학교 군사학박사(2011), p. 54.

**86** 김종열, "미국의 제3차 국방과학기술 상쇄전략에 대한 분석," 「융합보안논문지」 제16권 제3호(2016), p. 31.

제·타격체계를 집중적으로 발전시켰다. 종심감시체계로는 전술위성, 원격조정무인비행체, 원격표적획득체계 등을 개발하였고, 종심통제체계로는 C3I, 전술사격지휘망TACFIRE, Tactical Fire Direction System 등을 발전시켰으며, 종심타격체계로는 M1전차, AH-64 공격헬기, 다련장로켓MLRS, Multiple-Launched Rocket System, 지상발사 크루즈미사일GLCM, Ground Launched Cruise Missile 등을 개발했다.[87]

미 공군에서는 베트남 전쟁에서 대부분의 전투기 피해가 적의 밀집된 대공방어망에 의해 발생된 점에 착안하여 1970년대부터 정밀유도폭격시스템과 스텔스 전투기 개발에 착수했다. F-117 스텔스 전투기가 1980년대 초반에 운용 배치되었고, 1990년대 초반 전력화를 목표로 스텔스 기술을 이용한 B-2 폭격기가 개발되었다. 아울러 미 공군은 장거리레이더를 탑재한 공중경보통제체계AWACS를 1980년대 초반 전력화함으로써 공중에서 운용되는 피·아의 모든 비행체를 감시 및 통제할 수 있게 되었다. AWACS의 성공을 바탕으로 미군은 지상부대를 추적, 공격, 통제할 수 있는 합동감시 및 표적공격 레이더체계JSTARS를 개발하여 전력화했다.[88]

과학기술을 활용한 제2차 상쇄전략은 교육훈련에서도 혁신적인 변화를 촉발시켰다. 미 해군은 베트남전에서 해군 조종사들의 저조한 적 비행기 격추율이 실전적인 공대공 전투훈련의 부족에 있음을 확인하고, 1969년 Top Gun 프로그램을 도입했다. Top Gun 프로그램은 훈련비

---

**87** 권태영·노훈, 『21세기 군사혁신과 미래전』, p. 168.

**88** Dunnigan & Macedonia, *Getting It Right*, pp. 271-276.

행 내용을 전자시스템으로 기록하고, 기록된 내용을 활용하여 교육생들에게 구체적인 피드백을 제공하는 시스템이었다. Top Gun 프로그램이 시행된 이후 1969년부터 1972년까지 적 항공기 격추율은 1 : 2.1에서 1 : 12로 급격히 상승되었다. 미 공군은 해군의 Top Gun 프로그램을 참고하여 1975년 보다 향상된 Red Fag 프로그램을 도입했다.[89]

미 육군은 미 공군의 Red Fag 프로그램을 참고하여 1980년 국립훈련센터[NTC, National Training Center]를 캘리포니아에 설치했다. 국립훈련센터에서는 상용 레이저 태그 기술을 활용하여 군사통합레이저교전체계[MILES, Military Integrated Laser Engagement System]를 개발했다.[90] MILES는 실탄을 사용하지 않고도 실전과 같은 훈련효과를 달성할 수 있는 체계로서 여단급 이하의 소부대 훈련방식을 획기적으로 변화시켰다. 국립훈련센터의 효과가 증명되자 미군은 1987년 합동준비태세훈련센터[JRTC, Joint Readiness Training Center]를 설립하고 경보병부대, 공중강습부대, 공정부대, 유격부대 등 특수부대의 실전적인 훈련을 지원했다.

미 해군에서 시작된 전술제대의 지휘관 및 참모 훈련을 위한 컴퓨터모의훈련이 전 미군에 확산되었다. 베트남 전쟁 이후 미 해군대학원[NWC, Naval War College]에서는 고급지휘관들의 전문성 향상을 위한 함대준비태세프로그램[Fleet Readiness Program]을 운영했다. 1979년 미 육군은 이를 참고하여 육군대학원에 전술제대준비태세프로그램[TCRP, Tactical Command

---

**89** Dunnigan & Macedonia, *Getting It Right*, pp. 260–271.

**90** 군사통합레이저교전체계(MILES: Military Integrated Laser Engagement System): 레이저 태그 기술을 이용한 교전체계로서, 사람 또는 장비에 부착된 센서에 모의총으로 적외선을 발사하여 센서를 맞추면, 발사된 적외선의 정확도에 따라 피해의 정도를 표시해줌으로써 탄약의 사용 없이도 실전과 같은 훈련이 가능한 교전체계이다.

Readiness Program을 개설했다. 1986년에는 합동전센터Joint Warfare Center가 신설되어 전투사령관들의 작전계획 검증을 위한 워게임을 제공하였고, 사단·군단급 지휘관 및 참모 훈련을 위해 전투지휘훈련BCTP, Battle Command Training Program이 도입되었다.[91]

미 육군은 1983년 군사작전 분야의 최고전문가를 육성하기 위해 고급군사연구과정SAMS, School of Advanced Military Studies을 지휘 및 참모대학에 신설했다. 고급군사연구과정에서는 매년 지휘 및 참모대학을 수료한 장교들 중에서 전술과 작전분야에서 탁월한 능력을 보인 50-60명을 선발하여 1년간 전쟁술에 대한 심화과정을 제공했다. 이 과정을 수료한 장교들은 의무적으로 사단 또는 군단급 제대의 참모장교로 보직되었고, 이들이 각종 전역 기획 및 작전계획 수립을 주도했다. 미 육군의 SAMS 과정을 참고하여 미 해병대와 공군에서도 이와 유사한 과정을 개설하였는데, 이러한 과정의 도입으로 미군의 전쟁 및 전역 기획, 작전실시 수준이 크게 향상되었다.[92]

1980년대 초반 미군 내에 형성되었던 또 다른 담론은 합동성 강화와 관련된 논의였다. 합동성 강화와 관련된 담론은 1982년 1월 미 하원 군사위원회House Armed Services Committee에서 존스David C. Johns 당시 합참의장이 합동참모회의 개혁의 필요성을 주장하면서 촉발되었다. 하원 군사위원회 발언에 이어 존스 장군은 1982년 3월 『Armed Forces Journal International』에 합동참모회의 개혁 필요성에 대한 논문을

---

**91** Dunnigan & Macedonia, *Getting It Right*, pp. 403–410.

**92** Dunnigan & Macedonia, *Getting It Right*, pp. 408–409.

기고했다. 1982년 4월에는 육군참모총장 메이어<sup>Edward Meyer</sup> 장군이 동일 저널에 기고한 글에서 합동참모회의 개혁 필요성에는 동의하면서도 존스 장군과는 상이한 접근방식을 제안했다. 합동참모회의 개혁에 관한 논쟁이 지속됨에 따라 미 하원의 군사위원회 조사소위원회 Investigation Subcommittee에서는 합동참모회의 개혁 문제를 검토할 목적으로 1982년 4월부터 약 4개월 동안 청문회를 개최했다. 청문회 결과를 기초로 니콜스<sup>William Flynt Nichols</sup> 하원의원이 제출한 법안이 1983년 10월 하원을 통과하였으나, 상원의 거부로 무산되었다.[93]

1983년 10월 그레나다에서 실시한 합동작전<sup>Operation Urgent Fury</sup>에서[94] 합동성 측면에서 여러 가지 문제점들이 부각됨에 따라 니콜스 의원의 법안이 재 부상했다. 또한 새롭게 선출된 상원 군사위원장인 골드워터 Barry Goldwater 의원이 합동참모회의 개혁을 적극적으로 지지함에 따라 상원에서도 별도의 합동참모회의 개혁안을 마련했다. 1986년 4월부터 9월까지 상·하원은 최종협의를 통해 '골드워터-니콜스 법안'을 성안하였고 동년 9월 16일 상원을, 9월 17일 하원을 각각 통과하고 10월 1일 대통령이 법안에 서명함으로써 발효되었다.

미 의회는 골드워터-니콜스 법을 통해 미 합참의장에게 대통령과 국방장관에게 군사문제에 대해 조언하는 역할을 부여하고 통합군사령관의 작전지휘 권한을 대폭 강화했다. 또한 작전계획을 수립하는데 있어

---

**93** Gordon Nathaniel Lederman, *Reorganizing the Joint Chiefs of Staff: The Goldwater – Nichols Act of 1986*, 김동기·권영근 역, 『합동성 강화 미 국방개혁의 역사』(서울: 연경문화사, 2015), pp. 133-160.

**94** 그레나다 침공작전(Operation Urgent Fury): 미군이 1983년 10월 25일 공산화 방지를 위해 카리브 해의 작은 섬나라인 그레나다를 기습 점령한 사건이다. 이 작전에서 미군은 통합지휘관을 임명하지 않고 해병대는 섬의 북쪽을, 육군은 섬의 남쪽을 각각 점령토록 함으로써 합동작전에서 많은 문제점을 노출시켰다.

서 민간의 참여를 보장하고 합참의장에게 합동교리 개발의 책임과 권한을 부여하는 등 미군의 합동성를 획기적으로 강화시켰다.[95]

---

**95** 김동기·권영근 역, 「합동성 강화 미 국방개혁의 역사」, pp. 187-206.

# 2 / 걸프 전쟁에서 나타난 미군의 군사혁신

## (1) 걸프 전쟁 경과

걸프 전쟁은 1990년 8월 2일 이라크의 쿠웨이트 침공이 발단이 되어 2단계로 진행되었다. 제1단계 사막의 방패작전은 1990년 8월 2일부터 1991년 1월 16일까지로 이 기간 동안 다국적군은 해상봉쇄작전으로 이라크의 확전을 억제하면서 지상군의 병력·장비·물자를 전개했다. 제2단계 사막의 폭풍작전은 미국 중심의 다국적군이 쿠웨이트 해방을 목적으로 1991년 1월 17일 이라크 공습과 함께 개시되었고, 이라크가 1991년 2월 26일 유엔 안보리결의를 받아들여 쿠웨이트에서 철수함으로써 종료되었다.

본 연구가 걸프 전쟁에서 나타난 미군의 군사혁신을 분석하는 것임을 고려하여 전쟁의 경과는 제2단계 사막의 폭풍작전에 중점을 두고 분석하였다. 1990년 10월부터 미 중부군사령관 슈워츠코프[H. Norman Schwarzkopf] 장군은 쿠웨이트 탈환을 위한 작전계획을 준비했다. 사막의 폭풍작전은 1, 2, 3단계 작전에서 공군 전력으로 이라크군을 무력화한 후 마지막 4단계 작전에서 공세적인 지상 작전으로 전쟁을 종결토록 계획되었다. 이는 개전 초기 공군력을 최대한 활용함으로써 지상군의 병력 손실을 최소화하려는 슈워츠코프 장군의 전쟁철학이 반영된 계획이었다.[96]

제1단계: 전략항공작전
제2단계: 쿠웨이트 전구[97] 내 제공권 장악
제3단계: 지상 작전을 위한 여건조성작전
제4단계: 지상공세작전

이라크군의 방어 전략은 사우디-쿠웨이트 국경선을 따라 강력한 방어진지를 구축하는 것이었다. 제1선은 보병위주로 방어진지를 편성하고, 제2선은 강력한 기갑 및 기계화 부대를 배치하였으며, 제3선에는 최정예부대인 공화국수비대를 배치했다. 제1선 방어지대 전방에는 다국적군의 진격을 저지하기 위해 약 50만개의 지뢰를 매설하고, 그 후방에는 기름호를 구축하여 화공작전을 실시할 수 있도록 준비했다.

사막의 폭풍작전은 1991년 1월 17일 03:00 다국적 공군의 이라크

---

**96** 육군사관학교 전사학과, 『세계전쟁사』(서울: 황금알, 2012), pp. 532-544.; 합동군사대학교, 『세계전쟁사(하)』(합동교육 참고 12-2-1, 2012), pp. 10-303-111 - 10-303-166.

**97** 전구(戰區, Theater): 단일의 군사전략목표 달성을 위해 지상, 해양, 공중작전이 실시되는 지리적 영역을 지칭한다.

에 대한 전략폭격으로 개시되었다. 다국적군의 항공작전은 4개 단계로 실시되었는데, 제1단계 작전은 이라크에 대한 전략폭격 단계로서 이라크의 전쟁지휘체계 및 주요기간시설을 마비시키는 것을 목표로 했다. 제2단계 작전은 쿠웨이트 내의 이라크 공군 및 방공조직을 무력화하는 단계로서 비행장, 대공방어체계, 조기경보레이더를 포함한 적의 방공망을 제거하는 것이었다. 제3단계 작전은 쿠웨이트 내의 이라크 지상군에 대한 직접 공격 단계로 공화국수비대 등 이라크군을 쿠웨이트 내에 고립시키고, 이들의 전투력을 저하시켰다. 제4단계 작전은 이라크군을 쿠웨이트에서 축출하기 위해 지상 공격작전을 공중에서 근접 지원하는 것이었다.

제1·2단계 항공작전을 통해 다국적 공군은 제공권을 장악하고 핵심 전략시설의 파괴로 이라크의 전쟁수행능력을 상당부분 박탈했다. 이라크 공군기들이 다국적 공군기들을 저지하기 위해 출격하였으나, 다국적군의 상대가 되지 못했다. 다국적 공군은 이라크 공군과의 초기 공중전에서 단 한대의 손실도 없이 35대의 이라크 공군기와 6대의 헬기를 격추시켰다. 이후 이라크 공군은 적극적인 작전을 전개하기보다 전투기를 지상 대피소로 대피시키거나 이란으로 대피시키는 등 소극적으로 대응했다. 1, 2단계 항공작전을 통해 제공권을 확보하고 적의 핵심 전략시설을 파괴한 다국적 공군은 제3단계 작전으로 전환하여 이라크군의 기갑, 포병부대 등 지상군 전투력을 무력화하는데 집중했다. 지상작전이 개시되기 전까지 계속된 다국적군의 공중 공격으로 이라크 지상군의 전투력은 50% 수준으로 감소된 것으로 추정되었다.

다국적 공군에 의한 공격이 진행되는 동안 지상군은 공격대형을 갖추기 위해 전개작전을 실시했다. 슈워츠코프 대장은 이 작전을 'Hail Mary Play'로 명명하였는데, 주노력방향을 서부전선에 두어 이라크군의 허를 찌르기 위해 부대를 서쪽으로 재배치하는 작전이었다. 대규모 병력이 적진지 전방에서 측면으로 이동하는 것은 고도의 기동성과 은밀성이 요구됨에 따라 슈워츠코프 장군은 양공 및 양동작전을[98] 활발히 전개하며 이라크군의 주의를 분산시켰다.

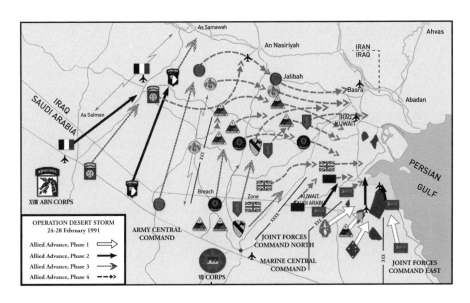

**사막의 폭풍작전 요도**

---

**98** 양공(陽攻, Feint)은 적을 기만하기 위해 실시하는 제한된 목표에 대한 군사행동을 의미한다. 양동(陽動, Demonstration)은 실제 전투가 실시되지 않는 지역에서 무력시위를 통해 적을 기만하는 군사행동이다. 양공은 적과 접촉하여 공격을 실시하지만, 양동은 적과 직접적인 접촉 없이 공격하는 것처럼 연출하는 것이 상이한 점이다.

지상공격부대는 5개의 주요부대로 편성되었다. 전선의 서측으로부터 걸프 해안에 이르기까지 제18공정군단, 제7군단, 북부합동전력사령부, 해병중부사령부, 동부합동전력사령부 순으로 배치되었다. 이에 대응하는 이라크군은 총 43개 사단 50만 명의 병력을 쿠웨이트 내부에 집중 배치했다. 이라크군은 다국적군의 효과적인 기만작전으로 다국적군의 주공방향을 감지하지 못한 상태에서 쿠웨이트 방어에 주력하고 있었다. 다국적군의 공중 공격으로 이라크군 전방부대의 전투력은 50% 이하로 감소되었고, 보급로의 차단으로 충분한 보급이 제한되었으며, 사기는 크게 저하되었다.

다국적군은 1991년 2월 24일 04:00에 지상 작전을 개시했다. 다국적군의 지상 작전 개념은 해상에서 미 해병상륙부대가 양동 및 기만작전을 실시하는 동안 조공인 동부지역 부대들이 먼저 공격하고, 제18공정군단과 제7군단은 이라크군의 후방으로 대규모 우회기동을[99] 실시하는 것이었다. 페르시아 만의 해군과 해병부대들이 효과적인 기만작전으로 10여개의 이라크 사단을 해안지역에 고착하는 동안 조공인 동부지역 부대들은 쿠웨이트의 남부 국경선을 돌파했다. 이어서 제18공정군단과 주공인 제7군단은 이라크군을 포위 격멸하기 위해 이라크 영토 내부로 대규모 우회기동을 실시했다. 제18공정군단은 서측에서 유프라테스 강 방향으로 돌파하여 바그다드로 통하는 8번 고속도로상의 이라크군 병참선과 퇴로를 차단하기 위해 공격했다. 주공인 제7군단은

---

99  우회기동(迂廻機動, Turning Movement): 적 방어진지를 회피하여 지상이나 공중으로 돌아서 기동하는 공격 기동형태로서 적이 준비한 방어진지에서 전투를 하지 않고, 공자가 원하는 시간과 장소에서 전투를 위해 사용한다.

제18공정군단의 남쪽에서 병행 공격하여 이라크군의 전략예비인 공화국수비대를 포위 격멸토록 했다.

지상공격 3일차인 2월 26일, 제18공정군단이 계획된 작전목표를 점령하여 이라크군의 병참선을 차단하고 외곽 포위망을 형성하자 이라크군은 급속히 와해되기 시작했다. 4일차인 2월 27일, 내곽 포위를 담당한 제7군단이 유프라테스 강까지 진격하여 내부 포위망을 완성하고 쿠웨이트시가 탈환되자 부시 대통령은 쿠웨이트의 해방을 선언했다. 다음날인 2월 28일, 부시 대통령이 다국적군에게 전투중지 명령을 하달함에 따라 43일간의 걸프 전쟁은 종료되었다.

### (2) 걸프 전쟁에서 나타난 미군의 군사혁신 결과

1991년 걸프 전쟁은 이라크의 후세인이 쿠웨이트를 무력으로 복속시킨 것에 대한 국제사회의 응징차원에서 이루어졌다. 당시 미군은 1970년대 소련의 작전기동단에 대응하기 위해 발전시킨 공지전투 교리를 바탕으로 다국적군의 완승을 주도했다. 걸프 전쟁은 첨단 센서체계, 지휘통제체계, 그리고 정밀유도무기가 결합된 정보·지식 중심의 새로운 전쟁패러다임을 보여준 전쟁이었다. 걸프 전쟁에서 나타난 미군의 군사혁신 내용을 정리하면 다음과 같다.

첫째, 미군은 첨단 과학기술의 결정체인 항공·우주전력을 적극적으로 활용하여 최소의 희생으로 결정적으로 승리했다. 다국적군은 총 43일의 작전기간 중 39일 동안 항공·우주전력을 이용하여 이라크군을 파괴·무력화함으로써 단 100시간의 지상 작전으로 전쟁을 종결했다. 지상 작전의 결과는 매우 인상적이었다. 지상 작전 100시간 만에 중부사령관의 작전목표였던 쿠웨이트에서 이라크군 축출, 쿠웨이트 해방, 공화국수비대 격멸 등 모든 목표가 달성되었다. 그리고 이 전쟁에서 입은 양측의 전투피해는 아래 표와 같이 현격한 차이를 보였다.[100]

〈표 11〉 걸프 전쟁 피해 현황

| 구 분 | 전사 | 사단 손실 | 전 차 | 야 포 | 장갑차 | 전투기 |
|-------|------|-----------|-------|-------|--------|--------|
| 이라크 | 100,000명 | 42개 사단 | 3,700대 | 2,600문 | 2,400대 | 130대 |
| 다국적군 | 225명 | · | 8대 | · | · | 39대 |

또한 미군은 첨단 항공·우주기술을 활용하여 예하부대의 지상 작전에 필요한 통신·정찰·타격·항법 등을 제공했다. 미군은 인공위성을 이용하여 고도의 통신보안을 유지하는 가운데 전구戰區 내·외의 전략 및 전술 통신을 운용하고, 위성항법장치GPS, Global Positioning System를 이용하여 공격할 표적을 정확하게 식별하고 정밀유도무기로 공격하였으며, 사막에서 부대의 이동과 조난된 부대의 구조에도 이를 활용했다.

둘째, 미군은 걸프 전쟁에서 정보·지식 중심의 새로운 전쟁패러다임을 제시했다. 이라크군의 전투력은 양적 규모면에서 다국적군 못지않게 막강했다. 그러나 사거리가 짧고 각종 탐지체계와 지휘체계의 질적 수준은 매우 낮았다. 그에 반해 미군은 바그다드 시내의 자동차 번호판

---

100  합동군사대학교, 『세계전쟁사(하)』(합동교육참고 12-2-1, 2012), p. 10-303~166.

을 선명하게 식별할 수 있을 정도의 정밀한 탐지체계를 보유하고 있었고, 정밀유도무기와 전장정보를 신속히 전파할 수 있는 지휘통제체계를 보유함으로써 표적을 직접 관측하면서 정밀하게 타격할 수 있었다. 걸프전에서 다국적군은 6,520톤의 정밀유도폭탄을 사용하였고, 그 중 80-90%가 목표에 명중했다. 아래 표와 같이 제2차 세계대전, 베트남 전쟁과 비교했을 때 걸프 전쟁은 명중률에서 현격한 차이를 보였다.[101]

〈표 12〉 주요전쟁 명중률 비교

| 구 분 | 표적 1개 파괴에 소요된 출격 횟수 | 표적 1개 파괴에 소요된 폭탄 수 | 정확도(CEP) |
|---|---|---|---|
| 제2차 세계대전(B-17) | 4,500 회 | 9,000 발 | 1,000 ft |
| 베트남 전쟁(F-105) | 95 회 | 190 발 | 695 ft |
| 걸프 전쟁(F-117) | 1 회 | 1 발 | 17 ft |

셋째, 미군은 병렬전으로 이라크에 대해 전략적 마비를 달성했다. 병렬전은 적의 전략적·작전적·전술적 중심을 거의 동시적으로 공격하는 전쟁수행방식이다. 과거의 전쟁은 순차적 공격으로 상대방의 방어선을 돌파하려는 노력에 대해 돌파를 저지하려는 대응 노력으로 이루

---

**101** 해군본부, 『걸프 전쟁 분석』(해군본부, 1992), p. 68.

어졌다. 따라서 피·아의 전투행위나 피해의 대부분도 전선지역을 중심으로 발생했다. 그러나 병렬공격으로 진행된 걸프 전쟁의 양상은 전혀 달랐다. 이라크의 핵심 국가·군사체계가 단시간 내에 치명적인 공격을 받아 방어와 복구가 불가능한 상황이 초래되었다.

다국적군은 개전 24시간 이내에 이라크의 148개 전략표적을 동시에 공격했고, 그 중에서 90개의 표적은 1시간 이내에 파괴되었다. 이러한 결과는 제2차 세계대전 당시 연합국 공군이 독일의 전략표적 124개를 2년에 걸쳐 공격한 것과 비교했을 때 엄청난 차이가 있었다. 독일은 연합군의 폭격을 받고 복구할 수 있는 시간적 여유가 있었지만, 걸프 전쟁에서 이라크는 148개 전략표적이 24시간 이내에 폭격 당하자 국가기능이 급속히 마비되어 정비·복구는 엄두도 낼 수 없는 상황에 처하게 되었다.[102]

앞에서 살펴본바와 같이 걸프 전쟁에서 미군은 정보·지식 중심의 새로운 전쟁패러다임을 선보이며 이라크군을 압도했다. 미군의 이러한 발전은 베트남 전쟁 패전에서 비롯된 위기의식(감)을 바탕으로 우수한 과학기술을 활용하여 적극적으로 군사혁신을 추진했기 때문에 가능하였다.

---

**102** 권태영·노훈, 『21세기 군사혁신과 미래전』, p. 106.

# 3
## 미군의 군사혁신 성공요인 분석

### (1) 군 지도부의 위기의식(감)

미군에게 1970년대는 매우 역설적인 기간이었다. 1970년대는 미군 역사상 전투력이 최저점에 있었던 시기임과 동시에 미군이 세계 최강의 전투집단으로 부상한 시기였다. 베트남 전쟁에서 미국의 패배는 미국 사회에 큰 충격을 안겨주었고 국민들은 '어린아이 살해자baby killers' 라고 비아냥거리며 군대를 불신했다. 베트남 전쟁이 끝나갈 무렵 미군 헬기가 사이공에서 미국인들을 철수시키던 그 유명한 텔레비전 화면은 오랫동안 군인들의 가슴에 분노와 슬픔으로 기억되었다. 군 내부에서는 자성의 목소리가 터져 나왔고, 이러한 자성의 목소리는 군사혁신을 통해 세계 최강의 전투집단으로 거듭나는 결정적인 동기가 되었다. 1970년대 초반 미군 지도부가 가졌던 위기의식(감)은 다음과 같다.

첫째, 베트남 전쟁 이후 미군의 대규모 병력 감축에 따른 위기의식 (감)이었다. 미 육군은 베트남 전쟁 막바지였던 1968년 160만 명에 가까운 병력을 유지했다. 그러나 아래 표와 같이 미 육군의 병력은 지속적으로 감축되어 1974년에는 1968년의 1/2 규모인 80만 명 수준으로 병력 규모가 축소되었다.[103]

〈표 13〉 미 육군 병력 변화 (단위: 천명)

| 1968년 | 1969년 | 1970년 | 1971년 | 1972년 | 1973년 | 1974년 |
|--------|--------|--------|--------|--------|--------|--------|
| 1,570 | 1,512 | 1,323 | 1,124 | 811 | 801 | 783 |

대규모 병력의 급격한 감축으로 미 육군은 전투준비태세 유지가 어려웠고 다양한 부작용으로 전투력 발휘에 심각한 문제를 초래했다. 대규모 감군에 따라 전투기량과 전장리더십이 뛰어난 많은 장교들이 군대를 떠났다. 초급장교들은 3년의 의무복무기간 중 남은 기간에 관계없이 복무 해제되었다. 20년 이상 복무로 연금 수혜의 대상인 장교들에게는 자발적인 전역을 권유했고, 20년이 안 된 장교들의 전역을 유인하기 위해 특별 장려수당이 지급되었다. 병력 감축과 부대 해체에 따른 장교들의 빈번한 소속부대 변경은 부대의 응집력을 약화시켰고, 진급적체로 인한 외부로의 인재유출은 군의 사기를 크게 떨어뜨렸다.

---

103  Dunnigan & Macedonia, *Getting It Right*, pp. 103–115.

대규모 병력 감축과 베트남 전쟁의 후유증으로 미 육군의 중추를 형성하고 있던 하사관단이 와해되었다. 제2차 세계대전과 한국 전쟁 당시 입대한 경험 많은 하사관들이 20년 이상 복무로 연금 혜택을 받게 되자 대부분 군을 떠났다. 30년 이상 복무한 하사관들도 베트남 전쟁의 악몽에서 벗어나기 위해 스스로 전역을 선택했다. 이들 하사관들은 모든 것을 직접 경험해본 베테랑들로서 전장에서 '무엇은 되고, 무엇은 안 되는지'를 잘 알고 있는 유능한 전투원들이었다.

둘째, 소련과의 군비경쟁에서 뒤처지고 있다는 인식에서 오는 위기의식(감)이었다. 1960년대 초반까지 소련은 제2차 세계대전 당시 확장되었던 부대를 해체하고 국방예산을 삭감하는 등 군비축소정책을 추진했다. 그러나 1964년 군부의 지지를 업고 등장한 브레즈네프가 대규모 군비증강정책을 추진하면서 1970년대에 들어 미·소의 핵전력은 대등한 수준nuclear parity에 이르게 되었고, 재래식 전력은 아래 표와 같이 수적인 측면에서 소련이 미국에 비해 현격한 우위를 점하게 되었다.[104]

〈표 14〉 미·소 지상군 전력 비교

| 구 분 | 지상군(명) | | | 전차(대) | | |
|---|---|---|---|---|---|---|
| | 소련군 | 미군 | 비율 | 소련군 | 미군 | 비율 |
| 1975년 | 2,390,000 | 970,000 | 2.46 : 1 | 42,000 | 8,700 | 4.82 : 1 |
| 1980년 | 2,400,000 | 964,000 | 2.49 : 1 | 48,000 | 10,700 | 4.49 : 1 |
| 1985년 | 3,040,000 | 980,000 | 3.10 : 1 | 52,000 | 13,400 | 3.88 : 1 |

---

104 Dunnigan & Macedonia, *Getting It Right*, p. 186.

베트남 전쟁에 몰두하고 있었던 미군은 소련의 군비증강에 특별한 주의를 기울이지 않았으나, 1973년 10월에 발발한 제4차 중동 전쟁을 목격하고 큰 충격을 받았다. 1967년 제3차 중동 전쟁에서 아랍 국가들이 이스라엘로부터 굴욕적인 패배를 당하자 아랍 국가들에 대한 소련의 원조가 급격히 증가되었다. 1973년까지 대부분의 아랍 국가 군대들은 소련제무기로 편제되었고 소련식 군사훈련을 받았다. 제4차 중동 전쟁이 미군에게 큰 충격을 주었던 것은 아랍군의 기습공격으로 이스라엘군이 거의 궤멸의 위기에 처했기 때문이다. 아랍군대가 이 정도면 중부 유럽에 배치된 소련군은 더 위협적일 수 있다는 경각심이 확산되었고, 이는 미군이 제2차 상쇄전략을 추진하는 요인으로 작용하였다.

셋째, 베트남 전쟁 패전과 더불어 나타난 군 기강 와해에서 오는 위기의식(감)이었다. 베트남 전쟁 막바지에 이르러 미 육군의 기강이 무너지기 시작했다. 군무이탈, 마약복용, 인종갈등, 도둑질, 불복종이 성행했고 부하들의 습격으로 상관들이 살해되기도 했다. 많은 장교들이 권총을 휴대하지 않고 혼자서 병사막사에 들어가기를 주저했을 정도로 기강 와해는 심각했다.

기강 위반과 관련한 수많은 군사재판이 있었지만, 고위급 장성들이 이를 은폐함으로써 상황을 더욱 악화시켰다. 1970년대 기강 와해 정도를 보여주는 대표적인 지표는 군무이탈 비율과 복무연한 3년을 채우지 못하는 병사의 비율이었다. 1971년 미 육군의 군무이탈 비율은 1,000명 당 177명으로 17.7%의 높은 수치를 기록했다. 같은 해 복무연한 3년을 채우지 못한 병사의 비율은 미 육군 전체병사의 26%를 차

지했고, 1974년에는 38%로 최고치를 기록했다.[105]

미군은 베트남 전쟁 결과를 두고 희생양을 찾으며 민간 지도자들에게 패전의 원인을 돌리는 패전증후군defeat disease에 걸릴 수도 있었다. 그러나 미군 지도자들은 희생양을 찾는 자기 패배주의에 빠지는 대신 패전의 위기의식(감)을 혁신을 위한 원동력으로 활용하여 군사혁신을 추진하였고, 걸프 전쟁에서 승리했다.

## (2) 우수한 과학기술을 핵심역량으로 활용

위글리Russell F. Weigley는 그의 저서 『The American Way of War』에서 미국만의 독특한 전쟁방식이 존재한다고 주장했다. 위글리는 남북 전쟁 이후 미군은 전투에서 독특한 접근법을 추구하였는데, 미군은 화력을 집중하여 적을 섬멸하는 전쟁을 선호한다는 것이다. 발달한 과학기술에 의존하는 경향은 제2차 세계대전 이후 미국이 추구하는 전쟁방식의 중심축이 되었다. 미국은 제2차 세계대전에서 과학기술을 대규모로 동원하였고, 결국에는 원자탄의 제조와 투하로 결실을 맺었다.

제2차 세계대전이 종료된 후에도 미국은 소련에 대한 재래식 군사력의 수적 열세를 극복하기 위해 우수한 과학기술을 활용한 상쇄전략을 추진했다. 1950년대 초반 아이젠하워 행정부는 소련의 재래식 군사력의 수적 우위를 상쇄하기 위해 제1차 상쇄전략을 추진했다. 소련의 대규모 재래식 무기에 대응하여 미국은 전술핵무기, ICBMintercontinental ballistic missile 등 전략무기를 개발하고 대규모 핵 보복이 가능한 전략공군

---

105 Dunnigan & Macedonia, *Getting It Right*, pp. 116–117.

을 건설하여 대량보복 전략을 추진함으로써 소련의 위협에 대응했다.[106]

베트남 전쟁 직후 미군의 대규모 병력 감축, 미·소간 핵 교착상태 및 소련의 대규모 재래식 전력 증강, 1973년 제4차 중동 전쟁에서 나타난 현대무기의 치명성 등은 미국이 과학기술을 활용한 제2차 상쇄전략을 추진하는 촉매제가 되었다. 1968년 160만 명에 가까웠던 미 육군의 병력이 1974년 80만 명 수준으로 감축된 반면, 주전장인 중부 유럽에서 소련과 동맹국들의 전력은 날로 증가하여 미군이 이를 상쇄하기 위해서는 과학기술에 의존할 수밖에 없었다. 또한 1973년 중동 전쟁에서 현대무기의 치명성이 제2차 세계대전 이래 10배 이상 증가된 것으로 분석되었는데,[107] 이는 주로 군사기술 발전에 의한 것으로서 미군이 제2차 상쇄전략을 추진하는데 중대한 영향을 미쳤다.

새로운 '싸우는 방법'인 공지전투 교리는 미군의 과학기술 활용을 더욱 촉진시켰다. 공지전투 교리는 전선지역에서 적의 공격을 방어함과 동시에 종심지역에 위치한 적 주력부대를 항공 및 장거리 타격수단으로 격멸하는 종심전투를 강조했다. 이에 따라 미 육군은 우수한 과학기술을 활용하여 종심지역 감시를 위한 합동감시 및 표적공격 레이더체계JSTARS를 개발하고, 장거리타격을 위해 다연장로켓MLRS, 육군전술미사일ATACMS, Army Tactical Missile System, 야포 발사형 정밀유도무기Artillery-Launched PGM 등을 개발하였으며, 이들 체계를 상호 연결하여 효과적으로 사격을 지휘할 수 있는 전술사격지휘망TACFIRE을 개발했다.

---

**106** 박준혁, "미국의 제3차 상쇄전략," 『국가전략』 제23권 제2호(2017), pp. 38–39.

**107** Dunnigan & Macedonia, *Getting It Right*, p. 129.

미 공군은 첨단 우주·항공기술을 활용하여 공중경보통제체계<sup>AWACS</sup>,
F-117 스텔스 전투기, B-2 스텔스 폭격기, 정밀유도무기 등을 개발하
여 걸프전에서 활용함으로써 이라크군을 압도했다. 미 공군은 이라크
군의 조기경보체계, 전쟁지휘체계, 대공방어체계, 공화국수비대 등을 3
단계에 걸쳐 39일간 타격함으로써 군사목표의 대부분을 항공작전으로
달성했다. 아울러 지상 작전 수행에 필요한 정찰·감시·타격·통신·항
법 등을 항공·우주전력을 통해 제공함으로써 지상군이 단 100시간의
작전으로 전쟁을 종결할 수 있도록 지원했다.

미군은 교육훈련에서도 핵심역량인 과학기술을 적극적으로 활용했
다. 미군은 항공기 조종사의 실전적인 훈련을 위해 전자비행기록시스
템을 이용한 Top Gun(해군) 및 Red Flag(공군) 프로그램을 운영했다.
미 육군의 경우에도 여단급 이하 부대의 실전적인 훈련을 위해 국립훈
련센터<sup>NTC</sup>를 설치하고 레이저 태그 기술을 이용한 교전장비<sup>MILES</sup>를 개
발하여 운용하였으며, 그 효과가 증명되자 합동준비태세훈련센터<sup>JRTC</sup>
를 설립하고 특수부대까지 과학화훈련을 확대했다.

아울러 미군은 각 군 대학원에 워게임 센터를 설치하고 컴퓨터모의
기술을 활용하여 전술제대 지휘관 및 참모 훈련과 전투사령관들의 작
전계획 검증을 위한 워게임을 제공했다. 특히 미 육군은 1987년 사
단·군단급 지휘관 및 참모 훈련을 위해 전투지휘훈련<sup>BCTP</sup>을 도입했다.
1991년 걸프전에 참가한 지휘관 및 참모들은 전투지휘훈련을 통해 예
상되는 전장상황을 사전에 경험해봄으로써 실제 전장에서 예상치 못

한 상황으로 당황하는 경우는 거의 없었다고 증언했다.[108]

## (3) 군 지도부의 변혁적 리더십

마지막 주베트남미군 사령관이었던 에이브람스 장군이 귀국하여 1972년 미 육군의 참모총장이 되었다. 에이브람스 장군은 1973년 새로 창설한 훈련 및 교리사령부TRADOC의 초대사령관으로 드푸이 장군을 임명하고[109] 장차 미 육군이 '어떻게 싸울 것인가?'에 대한 교리와 훈련 방법, 전력소요 발전 임무를 부여했다. 에이브람스 장군의 훈련 및 교리사령부 창설은 미 육군 개혁을 위한 획기적인 접근방법이었고, 이후 훈련 및 교리사령부가 미 육군의 개혁을 주도했다.

오늘날 미 육군에서는 초대 훈련 및 교리사령관이었던 드푸이 장군을 베트남 전쟁에서 패배한 미 육군을 재건한 인물로 평가하고 있다. 베트남 전쟁 이후 미 육군의 군사혁신을 다룬 『Getting It Right』의 저자 더니건James F. Dunnigan과 마케도니아Raymond Macedonia는 그들의 책을 드푸이 장군에게 헌정하며 책머리에서 다음과 같이 장군의 업적을 평가했다. "드푸이 장군은 최초전투에서 최소의 희생으로 신속하고 결정적으로 승리할 수 있는 훈련되고 준비된 육군을 창조함으로써 육군이 과거의 굴레에서 벗어날 수 있는 길을 열었다."

드푸이 장군은 4년 동안 초대 훈련 및 교리사령관으로 재직하며 미

---

**108** Dunnigan & Macedonia, *Getting It Right*, p. 220.

**109** 두프이 장군은 제2차 세계대전 당시 25세로 보병대대장과 사단 작전참모를 역임한 매우 우수한 장교였다. 한국 전쟁에는 미 중앙정보국(CIA) 파견요원으로 참전하였고, 베트남 전쟁에는 주베트남미군사령부 작전참모와 제1보병사단장으로 참전했다. 베트남 전쟁에서 귀국한 후에는 합참의장 특별보좌관과 육군참모차장을 역임하고, 초대 훈련 및 교리사령관으로 보직되었다.

육군의 군사혁신 기반을 마련했다. 그 후임으로 훈련 및 교리사령부 예하 기갑학교장으로서 초기 단계부터 군사혁신에 동참해온 스태리 장군이 임명됨에 따라 드푸이 장군이 마련해 놓은 군사혁신의 기본 틀은 계속 유지되었다. 베트남 전쟁 이후 미군 지도부가 군사혁신 과정에서 발휘한 변혁적 리더십의 주요내용을 정리하면 다음과 같다.

첫째, 미래전 양상을 고려한 새로운 '싸우는 방법'을 정립함으로써 군사혁신의 비전과 방향을 제시했다. 미군 지도부는 제4차 중동 전쟁 교훈분석을 통해 현대전의 치명성을 이해하고, 첨단 과학기술을 활용하여 최소 희생으로 신속하고 결정적인 승리를 추구하는 새로운 교리를 정립했다. 드푸이 장군 등 장군들이 직접 집필한 새로운 '싸우는 방법'을 담은 FM 100-5(작전)가 1976년 발간되었다. FM 100-5(작전)에서 드푸이 장군이 새롭게 주장한 '능동적 방어active defense'를 두고 찬반 논쟁이 불붙었다. 어떤 이들은 능동적 방어가 '너무 방어적'이라고 했고, 어떤 이들은 '너무 공세적'이라고 비난하며 사방에서 논쟁이 봇물 터지듯 터져 나왔다.[110]

드푸이 장군이 원했던 모습이 바로 이런 것이었다. 장병들이 교리와 전술을 토론하고, 이를 바탕으로 훈련하며, 훈련의 결과가 환류되어 교리가 더욱 발전하는 선순환 과정이 구축된 것이다. 새로운 교리에 대한 논의는 국제정치, 안보정책, 군사전략, 위기관리 분야 전문가들에게

---

110  '능동적 방어(Active Defense)'는 적극적인 기동 및 기만을 통해 적의 계획된 공격을 방해하고, 적 부대의 집중을 강요하여 밀집된 적에 대해 공군력 등 화력을 최대로 집중하여 타격하는 방식이었다. '너무 방어적'이라고 주장하는 측은 '공격'이 아닌 '방어'를 강조함으로써 미군을 수세적으로 만들 수 있다는 것이었고, '너무 공세적'이라고 주장하는 측은 '적극적인 기동 및 기만'이 우발적 교전으로 비화되어 전쟁으로 이어질 수 있다는 주장이었다.

까지 확산되어 군사전략 및 전술에 관한 논의가 새로운 차원으로 격상되었다. 후임 훈련 및 교리사령관 스태리 장군은 1976년 판 FM 100-5(작전)를 보완하여 1982년 FM 100-5(작전) 공지전투 교리를 발간했다. 스태리 장군이 수정·보완한 공지전투 교리는 이후 미 육군의 군사력 건설과 전투력 운용의 기본지침이 되었다.

둘째, 장군들이 솔선수범함으로써 부하들의 동기를 유발했다. '싸우는 방법'의 근본적 변화를 모색하는 새로운 교범을 작성함에 있어서 드푸이 장군의 주된 관심사는 장병들이 신뢰할 수 있는 교범을 만드는 것이었다. 드푸이 장군이 내린 결론은 명확했다. 정치·경제·사회 등 각 분야의 전공서적은 그 분야의 최고 전문가가 쓴다는 점에 착안하여 장군들이 직접 교범을 쓰도록 했다. 첫 번째 집필자는 사령관인 드푸이 장군이었고, 두 번째 집필자는 부사령관 고먼 장군, 세 번째는 기갑학교장 스태리 장군이었다. 이들은 수시로 전화와 편지를 주고받으며 교범에 포함될 개념 하나하나를 놓고 치열한 토론을 벌인 끝에 새로운 교리를 담은 FM 100-5(작전)를 1976년 발간했다.[111]

1976년 판 FM 100-5(작전)는 교범의 기술방식과 외형에서도 혁신적이었다. 교범에는 제2차 세계대전부터 최근의 중동 전쟁에 이르기까지 수많은 전투사례들이 포함되었고, 도해식 설명으로 새로운 전술 개념을 누구든지 쉽게 이해할 수 있었다. 이러한 방식은 이전의 교범 작성방식과는 전혀 다른 혁신적인 변화였다. 교범의 외형에도 큰 변화가 있었다. 교범 집필자들은 새로운 교범을 통해 미군이 베트남 전쟁 패전

---

111  남보람, "미 육군 개혁 이야기," 「국방일보」, 2018년 11월 6일/11월 20일.

의 충격으로부터 벗어날 수 있기를 소망했고, 교범이 미래 전장에서 승리할 수 있는 물리적·심리적 준비의 토대가 될 것으로 믿었다. 이러한 소망과 믿음을 담아 새로운 교범을 야전용 성경책처럼 항상 휴대할 수 있는 포켓사이즈로 제작했다.[112] 미군의 최고 작전전문가들이 직접 집필한 새로운 교범은 내용과 형식면에서 미군의 군사혁신을 이끌어갈 지침서로서 조건을 충실히 갖추고 있었고, 교범 작성과정에서 보여준 장군들의 솔선수범은 부하장교들의 동기유발과 지적 자극으로 이어져 군사혁신을 촉발하는 기폭제가 되었다.

셋째, 미군의 리더십과 조직문화를 개방적으로 바꾸었다. 1976년 판 FM 100-5(작전)는 미군의 전장 리더십과 조직문화에도 큰 영향을 주었다. 드푸이 장군은 증가하고 있는 현대전의 복잡성과 치명성에 효과적으로 대처하기 위해서는 지휘통제방식이 새로워져야 한다고 믿었다. 드푸이 장군은 독일군이 제2차 세계대전에서 성공적으로 사용했던 '임무형명령mission type order'과 '작전개념concept of operations'을 지휘통제방식으로 도입했다.

'임무형명령'은 예하부대에게 달성해야 할 과업과 수단은 제공하되, 과업을 수행하는 방법은 명령 상에 기술하지 않고 예하부대에 위임하는 방식으로 모든 명령은 '임무형명령'으로 하달되었다. 작전의 윤곽과 방향을 제시하는 '작전개념'도 작전의 구체적인 시행방법을 예하지휘관에게 위임하기 위한 목적에서 도입되었다. 예하부대의 지휘관이 상급부대의 작전목적과 지휘관 의도를 정확히 이해하고 작전의 구체적

---

112　남보람, "미 육군 개혁 이야기," 「국방일보」, 2018년 11월 20일.

인 시행방법을 발전시킬 수 있도록 작전명령 제3항의 일부로 '작전개념'을 기술토록 했다. 베트남 전쟁 기간 동안 백악관 내에 현장모형을 만들어 놓고 전술적 문제까지 간섭했던[113] 당시의 상황에서 이러한 시도는 파격이었고, 이를 통해 미군의 리더십과 조직문화는 변화되었다.

넷째, 합동성 강화를 통해 전투력 발휘의 시너지효과를 창출했다. 1973년 훈련 및 교리사령부 창설시 에이브람스 장군은 공군과의 협조를 고려하여 사령부의 위치를 전술공군사령부TAC, Tactical Air Command가 위치하고 있는 버지니아로 결정하고, 드푸이 사령관에게 공군과의 협조체제 구축을 강조했다. 드푸이 장군과 전술공군사령관 딕슨Robert J. Dixon 장군은 수차례의 논의를 통해 1975년 6월 공지전력적용국ALFA, Air Land Force Application Agency을 설치하고, 합동작전 수행에 필요한 운용개념, 전술교리, 협조절차 등을 발전시킴으로써 공군과 지상군의 합동성 강화를 모색했다.[114]

미 육군과 공군의 합동성 강화에 있어서 또 하나의 전환점은 1980년대 초기 3년 동안 미 육군과 공군의 참모총장으로 근무한 두 장군이 웨스트포인트 룸메이트였다는 점에서 비롯되었다. 이들은 1982년 공군참모총장으로 임명된 가브리엘Charles Gabriel 장군과 1983년 육군참모총장이 된 위컴John Wickham 장군이었다. 두 장군은 참모들에게 자군 중심주의보다 국가이익에 중점을 둔 정책 추진을 강조하며 육·공군 간 합동성 강화에 필요한 30개 항목을 도출하고, 1984년 5월 상호협조를 위한

---

113  존슨 대통령은 백악관에 케산(Khe San) 전투현장모형을 만들어 놓고 연·대대장들과 장병들에게 직접 작전을 지시했다. Dunnigan & Macedonia, *Getting It Right*, p. 81.

114  권재상·김종민 역, 「미국의 걸프전 전략」, p. 171.

협정을 체결했다. 이로써 육·공군간의 협력은 더욱 가속화되었다.[115]

1982년 1월 미 하원 군사위원회에서 존스 당시 합참의장의 발언으로 촉발된 합동성 강화 법안은 약 4년간의 연구와 논의 끝에 1986년 9월 상·하원을 통과하고, 10월 1일 대통령이 법안에 서명함으로써 골드워터-니콜스법이 탄생했다. 골드워터-니콜스법은 육·해·공군 및 해병대 전투력의 통합운용을 가능하게 하여 미군의 전투준비와 전투수행방식을 획기적으로 변화시켰다. 사막의 폭풍작전 초기에 시행된 항공전역air campaign의 기획단계에서 미 중부사령부와 공군본부간의 긴밀한 협업은 합동성 발휘의 모범 사례가 되었다. 미 중부사령부 소속 공군구성군 참모들이 걸프지역으로 전개되는 항공 전력의 배치 및 통합운용 준비로 항공전역의 기획이 어렵게 되자, 육군대장 슈워츠코프 사령관은 공군참모차장 로Michael Loh 장군에게 도움을 요청했다. 슈워츠코프 중부사령관의 요청을 받은 로 장군은 공군본부의 두뇌집단인 'Checkmate'에 항공전역 기획임무를 부여했고, 'Checkmate'의 책임자 와이든John Warden Ⅲ 대령 등이 발전시킨 'Instant Thunder' 계획이 걸프 전쟁에서 시행되었다.[116]

115  Dunnigan & Macedonia, *Getting It Right*, pp. 282–283.
116  김동기·권영근 역, 『합동성 강화 미 국방개혁의 역사』, pp. 239–245.

# 제5장

# 독일의 군사혁신 성공사례 분석

# 1 /
# 독일군의
# 제1차 세계대전 이후
# 군사혁신 노력

제1차 세계대전 이후 독일군의 군사혁신은 크게 2개 단계로 구분할 수 있다. 제1단계는 제1차 세계대전 종전 이후부터 1930년대 초반까지로 베르사유 조약의 군비제한 상황 속에서 젝트 장군$^{Hans\ von\ Seeckt}$을 중심으로 독일군을 재창설하고 향후 군비확장에 대비하여 독일군의 기본 틀을 마련한 시기이다. 제2단계는 1933년 히틀러$^{Adolf\ Hitler}$가 독일의 수상으로 임명되면서 시작되었다. 제2단계는 1단계에서 구축된 기본 틀을 바탕으로 급속한 군비확장이 이루어지고, '전격전'[117] 교리의 발전과 더불어 이를 뒷받침할 수 있는 조직의 편성과 실전에서의 시험적

---

**117** 전격전(Blitzkrieg): 제2차 세계대전 초기 독일군이 수행한 일련의 신속한 공격작전에서 유래된 용어이다. 전격전은 그 의미가 명확히 규정된 학술적 개념이라기보다 일반적 용어로서 상대적인 의미로 사용된다. 그 시대의 과학기술 수준 또는 일반적인 전쟁수행방식과 비교하여 전혀 예상되지 않았던 새로운 무기를 사용하거나 새로운 전술로 기습을 달성함으로써 작전이 의외로 급진전되어 어느 한편의 압도적 승리가 확실할 때 이를 전격전이라고 한다.

용 등을 통해 독일군의 군사혁신이 가시화된 시기이다.

### (1) 제1단계 젝트 장군의 독일군 재창설

베르사유 조약의 군비제한조치에도 불구하고 독일군이 제2차 세계대전을 치를 수 있을 정도로 성장하고, 초기 전역에서 눈부신 승리를 거둘 수 있었던 것은 젝트 장군의 역할이 결정적으로 작용했다. 1919년 4월부터 6월까지 파리평화회의에 일반참모의 대표로 참석했던 젝트 장군은 군비제한조치를 역이용할 방안을 모색했다. 젝트 장군은 유사한 역사적인 사례로서 샤른호르스트<sup>Scharnhorst</sup>가 나폴레옹의 눈을 피해 어떻게 프러시아군을 육성했는지를 면밀히 검토하였고, 이를 새로 창설할 독일군에 적용했다. 1920년부터 6년간 육군총참모장으로 재임하며 젝트 장군이 추진했던 독일군 재창설과 비밀재군비활동의 주요 내용은 다음과 같다.

베르사유 조약의 군비제한조치로 독일군의 총병력 규모가 10만 명으로 제한되자 젝트 장군은 모병제를 기반으로 하는 이중목적의 전문 직업군대인 '간부육군<sup>Leaders Army</sup>'을 창설했다. 간부육군에서 모든 장병들은 평시 정예타격부대로서 역할 수행과 유사시 21개 정예사단으로 신속한 확장을 위해 상위 계급·직책을 수행할 수 있는 능력을 구비해야했다. 이를 위해 병사는 하사관의 역할을, 하사관은 초급장교의 역할을, 그리고 영관장교는 대부대를 능숙하게 지휘할 수 있는 고급지휘관의 역할을 수행할 수 있도록 교육했다.

젝트 장군은 공세위주의 새로운 '싸우는 방법'을 정립함으로써 '전격전' 교리 발전의 기초를 마련했다. 독일군은 제1차 세계대전 기간 중

루덴도르프 대공세에서 사용한 후티어<sup>Hutier</sup> 전술의 문제점을 분석하여 전격전 교리의 기초를 마련했다. 후티어 전술은 독일 제8군사령관이었던 후티어<sup>Oskar von Huiter</sup> 장군이 1917년 9월 동부전선의 리가<sup>Riga</sup> 전투에서 창안하여 적용한 일종의 침투전술이었다. 이 전술의 특징은 첫째, 기습달성을 위해 기존의 수일간에 걸친 공격준비사격 대신 짧고 치열한 공격준비사격을 실시했다. 그리고 상황에 따라서는 기습달성을 위해 최후의 순간에만 공격준비사격을 실시하거나 공격준비사격 없이 야간공격을 실시했다. 둘째, 공격하는 보병부대의 바로 전방에 계속적으로 포병의 이동탄막 사격을 실시했다. 보병은 전방으로 이동하는 탄막의 바로 뒤에서 전진하였고, 보병의 진전에 따라 포병의 사거리를 증가시켜 보병을 지원했다. 이를 위해 경포병부대는 보병부대와 함께 전진하며 보병부대를 직접 지원했다. 셋째, 경기관총을 주무기로 하는 소규모의 특수보병전투단<sup>storm troops</sup>은 취약지점을 따라 전진하며 적진지를 분쇄함으로써 적방어진지의 와해를 시도하였고, 견고한 진지는 후속하는 예비대가 소탕했다.[118]

이러한 개념의 후티어 전술은 제1차 세계대전이 막바지로 치닫고 있던 1918년 3월 독일군 최후공세에 적용됨으로써 독일군이 서부전선을 55km나 돌파하는데 결정적인 역할을 했다. 그러나 예비대의 부족과 포병 및 후속부대의 기동 제한으로 전선을 결정적으로 돌파하는데 실패했다. 독일군은 후티어 전술을 이용하여 돌파에 성공하였음에도 불구하고 돌파구 확대나 전과확대에 실패한 원인이 공격부대의 기

---

**118** 온창일 등, 『군사사상사』(서울: 도서출판 황금알), p. 218.

동력, 화력, 수송능력 부족에 있었다는 결론을 얻었다. 공격부대의 기동력이 부족했기 때문에 연합군이 철도·차량을 이용하여 신속히 예비대를 투입함으로써 돌파구 확장이 불가능하였다. 포병이 신속히 기동하는 보병을 후속할 수 없었기 때문에 화력의 부족으로 전장을 제압할 수 없었다. 그리고 수송능력의 부족으로 예비대의 증원과 보급지원이 지연됨으로써 공격부대의 전투력 유지가 어려웠다. 이러한 문제점을 보완하기 위해 독일군은 기동력의 부족은 공격부대의 기갑·기계화로, 화력의 부족은 포병부대의 자주화와 항공폭격으로, 수송능력의 부족은 차량화를 통해 공격부대를 보강했다.[119]

젝트 장군은 연례적인 대규모 야외기동훈련을 통해 전술교리를 시험·평가하고 부대훈련의 취약점을 보완했다. 독일군은 1921년까지 훈련을 위한 부대편성을 완료하고, 1922년부터 새로운 규정에 따라 분대, 소대, 중대훈련을 순차적으로 진행했다. 소부대훈련을 완성한 독일군은 1924년 대대 및 연대훈련을 집중적으로 실시하였고, 1926에는 사단 기동훈련까지 완료했다. 젝트 장군은 훈련지도에 높은 우선순위를 두고 가용시간의 1/3을 훈련현장 방문에 사용하며 예하 장군들도 본인과 같이 행동할 것을 요구했다. 특히 젝트 장군은 '육군총참모장 관찰Observations of the Chief of the Army Command'이라는 부대훈련 관찰 결과를 매년 발간하였는데, 이를 통해 그해 훈련수준을 평가하고 다음해 훈련방향을 제시했다.[120]

---

**119** 육군사관학교 전사학과, 「세계전쟁사」, p. 273.

**120** James S. Corum, *The Roots of Blitzkrieg: Han Von Seeckt and German Military Reform* (Lawrence: the University Press of Kansas, 1992), pp. 74-75.

젝트 장군은 향후 대규모 부대확장에 대비하여 다양한 비밀재군비활동을 추진했다. 젝트 장군은 샤른호르스트 이래 독일군의 중추적인 역할을 담당해 왔던 일반참모제도를 편법으로 존속시켰다. 일반참모부의 핵심 기능인 작전반은 새로 창설된 육군총사령부에 잔류시키고, 나머지 제 기능은 정부의 각 부처에 이관하여 계속 업무를 수행토록 했다. 문서보관 및 전사연구는 국가문서실에, 지형연구는 내무성에, 군 철도 관리는 교통성에, 정보업무의 일부는 외무성에 각각 이관하여 일반참모장교들이 민간인 자격으로 업무를 계속 수행토록 함으로써 제도를 존속시켰다.[121]

육군총사령부의 T-1(작전반) 및 T-2(편성반)에서는 1924년 독일군의 비밀동원계획 수립에 착수하여 1925년 계획을 완성했다. 당시 완성된 동원계획은 독일군을 총 35개 사단 규모로 확장하는 계획으로서 평시 7개 보병사단은 21개 보병사단으로, 3개의 기병사단은 14개 경기갑 사단으로 확장하는 계획이었다. 부대확장을 위한 동원은 3개 제파로 구분하여 동원토록 했다. 제1제파는 야전군에 배속되어 공격임무를 담당할 부대로서 최고 수준의 병력과 장비로 편성되었다. 제2제파는 국경선 방어부대로서 제1제파 보다 낮은 병력과 장비 수준으로 편성되었다. 제3제파는 보충부대로서 1 · 2제파에 이어서 동원토록 계획되었다. 이때 수립된 동원계획은 그 후 적의 공격에 대비한 긴급 부대확장계획으로 활용되었고, 장기적으로는 독일군 재무장의 기본문서가 되었다.[122]

---

121  육군사관학교 전사학과, 「세계전쟁사」, p. 265.

122  Corum, *The Roots of Blitzkrieg*, pp. 174–176.

젝트 장군은 1922년 소련과 라팔로Rapallo조약을 체결하고 항공기, 전차, 장갑차 등 현대식 무기를 합작으로 생산했다. 라팔로 비밀조약에 따라 독일군은 1925년 소련의 리페츠크Lipetsk에 비행학교 및 비행시험 센터를 설치하여 다양한 시험비행을 실시하고 조종사와 관측요원을 양성했다. 또한 독일군은 1929년 소련의 카잔Kazan에 기갑훈련 및 시험 센터를 설치하여 기갑부대의 운용시험과 기갑전문요원을 양성하였는데, 이들이 1930-1940년대 독일군의 전격전 이론 발전과 전격전 수행의 주역이 되었다.[123]

위에서 기술한 내용 외에도 독일군의 비밀재군비활동은 다양한 형태로 진행되었다. 수많은 항공기 조종사들이 민간항공사에서 비행훈련을 이수했고, 베를린 공과대학에 파견된 많은 장교들이 과학기술의 군사적 적용 가능성을 연구했다. 또한 다수의 군사 전문가들과 참모장교들이 미국, 소련, 일본, 중국, 남미제국 등에서 위탁교육을 통해 고도의 기술훈련과 전술전기를 연마했다. 젝트 장군의 비밀재군비활동은 그의 후임자인 헤이에Wilhelm Heye와 하메르슈타인Kurt von Hammerstein에 의해 계승됨으로써 독일군 재무장의 토대가 되었다.

## (2) 제2단계 독일군의 재무장과 '전격전' 교리의 발전

제2단계는 1933년 1월 히틀러가 독일 수상에 임명되면서 시작되었다. 1932년 7월 선거에서 다수당이 된 나치당의 히틀러는 1933년 1월 30일 힌덴부르크Hindenburg 대통령에 의해 수상으로 임명되었다. 1934

---

123 Corum, *The Roots of Blitzkrieg*, p. 195.

년 8월 2일 힌덴부르크 대통령이 서거함에 따라 새로운 법률에 따라 수상 겸 총통이 된 히틀러는 그의 야욕을 하나씩 실천해나가기 시작했다. 히틀러가 대제국을 건설하기 위해 선택한 전술은 '잠식전술'piecemeal tactics'이었다. 이 전술은 목표를 일괄적·급진적으로 달성하는 것이 아니라 제한된 규모의 무력이나 압력을 지속적으로 행사하여 성과를 계속적으로 누적함으로써 궁극적으로는 기도했던 목표를 달성하는 방식이었다.

히틀러의 행동은 베르사유 조약이 부당하다는 이유로 조약 폐기를 주장하며 1933년 10월 국제연맹과 그 산하의 군비축소위원회를 탈퇴하는 것으로부터 시작되었다. 독일의 국제연맹 탈퇴로 서유럽 국가들과 관계가 악화되자 히틀러는 의도적으로 폴란드에 접근하여 1934년 1월 폴란드와 10년 기한부의 불가침조약을 체결했다. 이를 통해 히틀러는 자신의 침략성을 은폐함과 동시에 프랑스의 대독일 포위망을 무력화시켰다.

1935년 3월 이탈리아가 에티오피아를 침공하여 위기상황이 조성되자 이틈을 이용하여 히틀러는 베르사유 조약 군비제한조항의 폐기와 재군비를 선언하고, 징병제를 도입하여 병력을 10만에서 55만으로 확장했다.[124] 1935년 6월 18일 독일은 영국과 해군협정을 체결했다. 이로 인해 영·불간 유대에 균열이 발생했고 위기를 느낀 프랑스는 소련과의 동맹을 모색했다. 히틀러는 프랑스의 이러한 행동이 독일에 대한 명

---

**124** Karl-Heinz Frieser, *Blitzkrieg – Legende*, 진중근 역, 「전격전의 전설」(서울: 일조각, 2007), p. 53.

백한 위협이라는 구실로 1936년 3월 7일 로카르노<sup>Locarno</sup> 조약[125]을 폐기하고 중립지대인 라인란트<sup>Rheinland</sup>에 진주하여 이 지역을 무장시켰다.

한편 독일군은 새롭게 발전시킨 공세 교리와 신규로 편성된 기갑부대를 시험하고 미비점을 보완하여 전격전 교리를 완성했다. 1935년 10월 독일 육군은 3개 기갑사단<sup>Panzer Division</sup>을 창설하였는데, 스페인 내란은 전격전 교리를 시험해볼 수 있는 절호의 기회였다. 1936년 7월부터 1939년 3월까지 스페인 내란에서 소련은 왕당파를 지원한 반면, 독일은 전차와 항공기 등으로 편성된 '콘도르 군단<sup>Condor Legion</sup>'을 파견하여 프랑코 총통의 공화파를 지원했다. 이때 독일군은 전차, 항공기, 차량화부대를 결합하여 실제 전장에서 전격전 교리를 시험했다.[126]

1939년 9월 1일 개시된 폴란드 전역은 전격전 교리를 시험할 수 있는 또 하나의 전장이었다. 독일군은 폴란드 전역에 총 60-70개 사단을 투입하였는데, 이 가운데는 13개 기갑 및 기계화부대가 포함되어 있었다. 공군은 총 4,000대의 항공기 중에서 1,500-2,000대가 투입되었고, 원활한 협동작전을 위해 브라우히취<sup>von Brauchitsch</sup> 장군을 통합사령관으로 임명했다. 독일군은 폴란드군 격멸을 위해 이중 양익포위를[127] 실시했다. 독일군은 서부 국경지대에 배치된 폴란드군의 주력을 격멸하기 위해 비스툴라<sup>Vistula</sup>-나레브<sup>Narew</sup>-산<sup>San</sup> 강을 연해서 1차 양익포위망을

---

**125** 로카르노 조약(The Locarno Pact): 1925년 10월 16일 스위스 로카르노에서 체결된 국지적 안전보장조약이다. 주요내용은 독일과 프랑스, 독일과 벨기에의 국경안전보장 및 라인란트의 영구 비무장화를 5개국(독일, 영국, 프랑스, 이탈리아, 벨기에)이 상호 보장한 조약이다.

**126** 박계호, 『총력전의 이론과 실제』(경기 성남: 북코리아, 3013), p. 291.

**127** 양익포위(兩翼包圍, Double-Envelopment): 적의 양 측면에 대하여 포위하는 것을 의미하며 일익포위에서와 같이 적 정면에 운용되는 조공은 가능한 최대의 적 병력을 흡수하고 견제하는 임무를 수행한다.

형성하고, 1차 양익포위가 실패할 것에 대비하여 비스툴라-산 강 동부의 고지대를 연하여 2차 양익포위망을 형성했다.

폴란드 전역은 35일 만에 독일군의 압도적인 승리로 종료되었다. 폴란드 전역에서 독일군은 기갑부대와 공군의 협동공격으로 200-400마일을 2-3주 만에 진격함으로써 기동전으로 승리했다. 독일군은 전차와 폭격기를 한 조로 편성하여 강한 거점은 우회하고 적의 중추신경으로 계속 진격하는 전격전을 구현했다. 독일군이 수행한 폴란드 전역에 대해 처칠은 "육군과 공군의 완전한 협조, 도시와 병참선에 대한 무자비한 폭격, 제5열의 적극적인 운용,[128] 기갑부대의 집중운용 등 현대 전격전의 완전한 모습이었다."라고 평가했다.[129]

독일군은 폴란드 전역의 교훈을 바탕으로 전격전 교리를 집중적으로 보완했다. 기갑부대와 급강하폭격기 간의 협동작전에서 나타난 문제점을 우선 보완하고, 경장갑사단이 비효율적이라는 판단에 따라 이를 판저사단으로 개편했다. 차량화보병사단은 비대한 편성으로 기동이 제한됨에 따라 1개 연대를 줄여 기동성을 향상시켰다. 또한 판저사단의 주력전차를 경(輕)전차에서 중(中) 또는 중(重)형 전차로 교체했다.[130] 히틀러의 재무장 노력으로 프랑스 전역이 시작된 1940년 5월 독일군은 총 159개의 사단을 보유하고 있었고, 그 중에서 프랑스 전역에는 판저사단

---

**128** 제5열(第五列)이란 군대의 행진 대열이 보통 4열 종대이므로 열외(列外)의 부대를 가리키는 말에서 비롯되었다. 이는 1936년 스페인 내란 당시 4개 부대를 이끌고 마드리드 공략작전을 지휘한 몰라(Emilio Mola, 1887~1937) 장군이 "마드리드는 내응자로 구성된 제5부대에 의해 점령될 것이다"라고 하여 유래되었다. 마드리드 내부의 프랑코(Franco) 옹호파를 제5열이라 부른데서 시작된 이 말은 내부에 있으면서 외부세력에 호응하여 원조를 주기 위해 교묘하게 위장한 집단이란 뜻이다.

**129** 합동군사대학교, 『세계전쟁사(중)』(합동교육참고 12-2-1, 2012), pp. 6-194-35 ~ 6-194-40.

**130** Heinz Guderian 저, 김정오 역, 『기계화부대장』(서울: 한원, 1990), p. 157.

10개를 포함하여 총 123개 사단이 투입되었다. 독일 공군은 총 5,000대의 항공기를 보유하고 있었고, 그 중에서 3,500대가 프랑스 전역에 투입되었다.

# 2

# 프랑스 전역에서 나타난 독일군의 군사혁신

## (1) 프랑스 전역 경과

독일이 폴란드를 침공하자 이틀 후인 1939년 9월 3일 영국과 프랑스는 독일에 대해 선전포고를 했다. 그러나 폴란드 전역이 끝날 때까지도 영·불은 독일에 대하여 이렇다할만한 군사적 조치를 취하지 않았다. 폴란드 전역이 마무리됨에 따라 1939년 10월 6일 히틀러는 영·불에 화해를 요청했다. 영·불에 대한 화해요청이 묵살되자 히틀러는 11월 중순에 서부전선에 대한 공세작전을 계획했다. 그러나 악천후의 연속, 준비의 불충분, 독일군 지도부의 반대 등으로 독일군의 공세작전은 1940년 봄까지 수차례 연기되었다.

영·불 양국이 화해를 거절함에 따라 히틀러는 1939년 10월 19일 육군총사령부에 서부 공격계획(황색계획)[131]을 작성토록 지시했다. 육

---

[131] 당시 독일군은 공격계획을 색상으로 표시를 했다. 폴란드 공격계획은 백색, 서부 공격계획은 황색이었다. 황색계획은

군총사령부의 참모장 할더$^{Halder}$ 장군의 지휘 아래 성안된 최초의 황색계획은, 제1차 세계대전 당시 슐리펜$^{Alfred\ G.\ von\ Schlieffen}$ 계획을[132] 참고한 것으로서, 벨기에와 네덜란드를 탈취하고 이어서 영국에 대한 차후작전에 대비하여 해·공군기지를 확보하는데 목표를 두고 있었다.

10월 21일 육군총사령부로부터 최초 공격명령을 수령한 A집단군 참모장 만슈타인$^{Manstein}$ 장군은 육군총사령부의 공격계획에 두 가지 심각한 맹점이 있다고 평가했다. 첫째, 강력한 우익을 주공으로 공격할 경우 적 방어부대의 주력과 정면충돌을 피할 수 없다. 둘째, 우익을 주공으로 대서양 해안을 따라 계속 공격할 경우 독일군의 기동축선이 신장됨에 따라 프랑스군의 측방 역습에 노출될 가능성이 높다. 만슈타인 장군은 이러한 두 가지 문제점을 동시에 해결할 수 있는 수정계획을 10월 31일 육군총사령부에 제출했다. 만슈타인 장군이 제안한 새로운 계획은 중앙지역의 아르덴느$^{Ardennes}$ 고원지대로 주공을 지향하여 신속히 전방방어지역을 돌파한 후 영국군과 프랑스군을 양분하여 포위 섬멸하는 계획이었다.[133] 히틀러는 기존 황색계획이 연합군에게 노출된 점과[134] 새로운 수정계획의 대담성 등을 고려하여 만슈타인 장군의 계획을 채택했다.

당시 육군총사령부 참모장이었던 할더(Halder)의 지휘 하에 작성되어 할더 계획이라고도 부른다.

**132** 독일군은 우익에 전력을 집중하여(우익과 좌익의 병력 비율을 7:1) 북쪽으로부터 파리 서쪽으로 대우회기동을 통해 프랑스군을 포위 섬멸하는 슐리펜(Schlieffen) 계획을 수립했으나 그대로 시행되지는 못했다.

**133** 진중근 역, 『전격전의 전설』, pp. 125~126.

**134** 1940년 1월 10일 황색계획을 소지한 독일군 장교가 비행기 사고로 벨기에에 불시착하여 황색계획의 일부가 연합국에 노출됨으로써 히틀러는 새로운 작전계획이 필요한 상황이었다.

수정계획에서 주공은 중앙의 A집단군이 담당했다. A집단군은 기갑·2·4·9·12·16군으로 구성되었고, 그 예하에는 총 44개 사단이 편성되었다. 독일군은 총 10개의 기갑사단 중에서 7개 기갑사단을 주공지역에 집중 운용하여 신속히 전방방어지역을 돌파하고, 연합군을 양분하여 포위격멸토록 계획을 수립했다. 북쪽의 B집단군은 조공으로 6·18군으로 구성되었고, 그 예하에는 총 29개 사단이 편성되었다. B집단군의 임무는 주공인 것처럼 연합군을 기만하여 네덜란드와 벨기에 지역으로 연합군의 주력을 유인하는 것이었다. 남쪽의 C집단군은 1·7군으로 구성되었고, 그 예하에는 총 19개 보병사단이 편성되었다. C집단군의 임무는 마지노<sup>Maginot Line</sup>선[135] 전방에서 견제·기만 임무를 수행한 후 협공으로 프랑스군을 격멸하는 것이었다. 작전은 2개 단계로 구분하여 제1단계 작전은 돌파에 이어서 해안까지 진격하여 연합군의 좌익을 포위격멸토록 했다. 그 후 제2단계 작전으로 전환하여 프랑스군을 마지노선 후방으로 몰아넣은 후 C집단군과 협격으로 프랑스군을 격멸토록 했다.[136]

---

**135** 마지노선(Maginot Line): 프랑스가 독일과의 전쟁을 염두에 두고 1927년부터 1936년까지 프랑스–독일 국경지대에 건설한 대형 요새진지로 건설을 주도한 육군성장관 앙드레 마지노(Andre Maginot)의 이름에서 유래되었다.

**136** 육군사관학교 전사학과, 『세계전쟁사』, pp. 289-300.; 합동군사대학교, 『세계전쟁사(중)』, pp. 6-194-49 ~ 6-194-66.

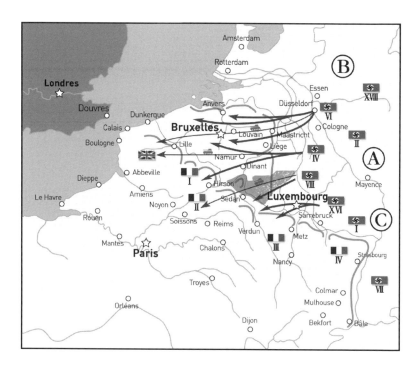

**프랑스 전역 요도**

반면 제1차 세계대전 이후 방어우위 사상에 빠져있던 연합국은 마지 노선은 돌파가 어렵고, 아르덴느 고원지대는 기갑·기계화부대의 기동 이 곤란함으로 독일군은 제1차 세계대전 당시와 같이 슐리펜식 기동을 반복할 것으로 판단했다. 이에 따라 연합국은 딜Dyle 강ᴶᴵ 선상에서 독일 군을 저지하는 방어계획을 발전시켰다. 벨기에군이 제1방어선에서 5 일간 독일군의 공격을 저지하면, 영국 원정군과 프랑스군이 딜 강 선상 의 방어진지를 점령하여 함께 방어하는 계획이었다.

1940년 5월 10일 새벽 독일군은 네덜란드와 벨기에에 대해 무차별 폭격을 실시함과 동시에 공정부대를 이용하여 주요교량과 비행장 등

요충지를 기습적으로 선점하고, 일출 무렵에는 지상군의 공격을 개시했다. 5월 10일 새벽부터 네덜란드와 벨기에에 항공폭격, 공정부대 낙하, 제5열 침투 등이 집중적으로 가해지자 연합군사령관 가믈렝<sup>Maurice G.</sup> <sup>Gamelin</sup> 장군은 독일군의 주공이 벨기에 지역으로 지향할 것으로 확신하고, 5월 10일 06:30을 기해 딜<sup>Dyle</sup> 계획의 시행을 지시했다.

벨기에의 제1방어선이 독일 B집단군의 압력을 받아 붕괴 위기에 처했을 때 영·불연합군의 선견부대들이 딜 선에 도착하여 방어준비에 착수했다. 딜 선에서 연합군의 병력배치가 겨우 완료되었을 무렵 제1방어선을 담당하던 벨기에군이 딜 선으로 퇴각했다. 벨기에군의 조기 퇴각으로 혼란이 가중되는 가운데 연합군은 5월 14일 저녁 딜 선을 따라 방어선 구축을 완료했다. 연합군을 벨기에 지역으로 유인하여 고착시키는데 성공한 독일 B집단군은 주공의 작전을 지원하기 위해 보유하고 있던 3개 기갑사단을 5월 17일 A집단군으로 전환했다.

한편 주공을 담당한 A집단군은 클라이스트<sup>Kleist</sup> 장군의 기갑군을 선두로 아르덴느 지역을 통과하여 뮤즈<sup>Meuse</sup> 강으로 접근했다. 아르덴느 삼림지대(종심 120km, 폭 80km)의 모든 통로를 연합군이 지뢰와 장애물로 차단하였으나, 이를 경계하는 부대가 없고 저항이 미미하여 기갑부대들은 별다른 어려움 없이 진격했다. 5월 12일 저녁 기갑부대들은 뮤즈 강에 도달하였는데, 이는 프랑스군이 예상했던 것보다 최소한 2일 이상 빨리 도착한 것이었다. 5월 13일 16:00에 뮤즈 강 도하작전이 실시되었고, 기갑부대들은 공군 급강하폭격기<sup>Stuka</sup>의 지원을 받으며 급조된 부교, 단정 등을 이용하여 5월 15일까지 도하를 완료했다. 뮤즈 강 일대가 클라이스트 장군의 기갑군에 의해 돌파되어 프랑스 제2군과

제9군 사이에 50마일 폭의 간격이 형성되자 연합군사령관 가물렝 장군은 비로소 독일군의 주공이 A집단군이라는 사실을 인식하게 되었다.

뮤즈 강 서남쪽에 교두보가 확보됨에 따라 독일 육군총사령부는 A집단군에게 영국해협을 향해 계속 공격할 것을 지시했다. 5월 15일 저녁부터 독일군 3개 기갑군단은 프랑스 제9군의 배후를 향해 거침없이 진격했다. 프랑스군의 반격에 대한 우려로 기갑부대의 진격이 일시적으로 중단되는 상황이 있었지만, 구데리안<sup>Heinz Guderian</sup>의 선두 기갑사단은 5월 19일에는 생캉탱<sup>St Quentin</sup>, 5월 20일에는 아베빌<sup>Abbeville</sup>을 점령했다. 5월 21일 독일군 기갑부대가 불로뉴<sup>Boulogne</sup>를 점령함으로써 영국 원정군의 병참선이 차단되고 프랑스군은 남북으로 분단되었다. 독일군은 국경으로부터 해안까지 약 240마일을 11일 만에 진격함으로써 일일 20-30마일을 기동하는 경이적인 공격력을 발휘했다.

5월 19일 가물렝 장군의 후임으로 임명된 웨이강<sup>Weygand</sup> 장군은 남북으로 분단된 프랑스군을 연결하는 작전을 구상했다. 그러나 독일군의 빠른 진격, 반격부대 집결의 어려움, 영국군의 해안 방향으로 철수 등으로 시행이 불가능했다. 5월 28일 벨기에군이 독일군에 항복하자 영·불연합군의 좌 측방이 노출되면서 연합군은 덩케르크<sup>Dunkirk</sup>에 고립되었고, 덩케르크로부터 철수를 위한 다이나모<sup>Dynamo</sup> 작전이 5월 28일부터 6월 4일까지 진행되었다.

덩케르크가 함락된 6월 5일 독일군은 제2단계 작전으로 전환했다. 마지노선에서 방어작전을 기대했던 프랑스군은 이제 마지노선 좌단으로부터 영국해협에 이르는 광대한 무방비지역에서 독일군의 공격을 방어해야만 했다. 6월 9일 주공부대인 A집단군은 파리 동쪽의 렝스

Reims 부근에서 구데리안의 기갑부대를 선두로 제2단계 공세작전을 개시했다. 구데리안의 기갑부대가 6월 12일 돌파에 성공함으로써 대추격전이 시작되었다. 6월 14일 파리가 독일군에 의해 점령되었고, 6월 16일 마지노선이 돌파되었으며, 6월 17일에는 구데리안의 기갑부대가 스위스 국경에 도달하여 프랑스군을 동서로 양분했다. 6월 22일 독일과 프랑스 간의 휴전조약이 조인되고, 6월 25일 00:35에 모든 전투행위가 종료됨으로써 46일간의 전쟁은 종료되었다.

프랑스 전역에서 독일은 공자였지만 방자였던 연합국에 비해 전투력이 열세했다. 개전 초기를 기준으로 독일과 연합국의 전투력을 비교해보면, 아래 표와 같이 공자인 독일은 총 135개 사단, 포병 7,378문, 전차 2,439대, 항공기 3,578대를 투입했다. 반면 방자인 연합국은 총 151개 사단, 포병 14,000문, 전차 4,204대, 항공기 4,469대로 방어를 실시했다.[137] 통상적인 군사교리에 따르면 공자는 방자에 비해 최소한 3 : 1의 전투력 우세를 유지해야한다. 더욱이 방자가 마지노 요새 같이 잘 축성된 요새진지를 점령하고 있는 경우에는 공자의 전투력이 이보다 더 우세해야한다. 그러나 방자가 공자에 비해 거의 모든 부분에서 수적 우세를 보였음에도 불구하고 46일 간의 전쟁에서 프랑스, 네덜란드, 벨기에는 독일에 항복했고, 영국은 군사력과 명예에 심대한 타격을 입었다.

---

**137** 진중근 역, 『전격전의 전설』, p. 106.

**〈표 15〉 1940년 5월 10일 독일군과 연합군의 전투력 비교**

| 구 분 | 독일군 | 연합군 |
|--------|--------|--------|
| 사 단 | 135개 사단 | 151개 사단(프랑스: 104, 영국: 15, 벨기에: 22, 네델란드: 10) |
| 포 병 | 7,378문 | 14,000문(프랑스: 10,700, 영국: 1,280, 벨기에: 1,338, 네델란드: 682) |
| 전 차 | 2,439대 | 4,204대(프랑스: 3,254, 영국: 640, 벨기에: 270, 네델란드: 40) |
| 항공기 | 3,578대 | 4,469대(프랑스: 3,097, 영국: 1,150, 벨기에: 140, 네델란드: 82) |

## (2) 프랑스 전역에서 나타난 독일군의 군사혁신 결과

제2차 세계대전 초기 프랑스 전역은 군사 역사상 혁신적인 전환점이었다. 독일군은 전차와 항공기를 결합하여 작전술 차원에서 이를 운용함으로써 제1차 세계대전의 진지전을 극복하는데 성공했다. 종전까지의 물리적 '섬멸전 원칙'이 심리적 '마비전 원칙'으로 대체되는 순간이었다. 독일군 기갑부대는 가급적 교전을 회피하며 적 후방으로 깊숙이 돌진했고, 적의 전선지역은 공포감에 휩싸여 공황에 빠지면서 스스로 붕괴되었다. 제1차 세계대전에서 전형적인 소모전 양상을 경험했던 프랑스군은 수학적 계산에 기반을 두고 전쟁을 수행하려고 했다. 그러나 프랑스군의 고정관념은 독일군의 '전격전'으로 무참히 무너졌다.

군사력이 열세인 상황에서 독일군이 경이적인 승리를 거둘 수 있었던 것은 군사력 운용에 관한 전술교리의 차이가 결정적인 원인이었다. 독일군은 제1차 세계대전 교훈을 바탕으로 발전시킨 '전격전' 교리를 스페인 내란과 폴란드 전역에서 시험하였고, 이를 보완하여 프랑스 전역에서 적용했다. 기습, 속도, 화력의 우세를 통한 마비전을 강조한 '전격전'은 아래와 같은 단계로 수행되었다.

"①적의 후방에서 제5열 활동을 전개하여 정보를 수집하고 민심을 교란하여 적 국민의 전쟁의지를 약화시킨다. ②공군은 기습공격으로 적 공군을 분쇄함으로써 제공권을 장악하고, 적 후방의 도시, 부대집결지, 지휘소, 통신·교통시설 등을 폭격하여 지휘조직과 동원체제를 마비시키며, 동시에 심리적 충격을 가한다. ③한편 전차, 자주포, 차량화된 보병·공병 및 병참지원부대가 하나의 팀을 이루어 적의 방어가 미약한 좁은 정면에 기습적인 집중 공격으로 돌파구를 형성한다. ④형성된 돌파구를 이용하여 기갑부대가 종심 깊게 진격하여 적의 주력을 차단·포위함으로써 적에게 재편성할 시간적 여유를 주지 않는다. 이때 포병이 기갑부대를 지원하지 못할 경우에는 급강하폭격기가 화력증원을 담당한다. ⑤포병의 지원을 받는 보병부대가 기갑부대를 후속 공격하여 차단·포위된 적을 소탕한다."[138]

독일군의 '전격전' 교리는 제1차 세계대전 이후 방어제일주의 사상으로 침체되었던 전술교리 발전에 활력을 불어 넣었고, 이로부터 무적 독일군의 신화가 시작되었다. 독일군의 '전격전' 교리를 좀 더 세부적으로 분석해보면, 다음과 같은 면에서 연합군의 전술교리와 큰 차이를 보였다.

첫째, 전차운용에 관한 독일군과 프랑스군의 전술교리 차이이다. 아래

---

138  육군사관학교 전사학과, 「세계전쟁사」, pp. 274-275.

표에서 제시한 바와 같이 프랑스군은 전차의 숫자와 성능 면에서 독일 군보다 오히려 우세했다.[139] 그러나 프랑스군은 보병이 지상군의 속도를 결정하는 병과로 생각했다. 따라서 전차는 보병을 지원하는 화기로서 보병의 속도에 맞추어야 했다. 프랑스군 전차는 보병지원용 전차로 개발되어 두터운 장갑으로 인해 대부분 무겁고 속도가 느렸다. 뿐만 아니라 전차의 항속거리도 짧아 전술적 돌파작전에는 적합하였으나, 작전술 차원의 포위작전에는 운용이 제한되었다. 독일군은 정반대의 길을 선택했다. 독일군은 전차를 제조할 때 기동성 발휘에 중점을 두었고, 전차를 사단-군단급 독립부대로 집중 운용함으로써 가공할만한 위력을 발휘했다. 독일군은 적의 배치가 미약한 아르덴느 산림지역의 최소저항선을[140] 따라 대규모 기갑부대를 집중 운용함으로써 연합군을 양분하고 전략적 마비를 달성했다.

〈표 16〉 독일군과 프랑스군의 전차 비교

| 구분 | | 독 일 | 프랑스 |
|---|---|---|---|
| 전차 대수 / 기갑사단 수 | | 2,439 / 10 | 2,689 / 3 |
| 전차 성능 | 포구경(mm) | 37~75 | 47~75 |
| | 장갑(mm) | 20~25 | 40~70 |
| | 속도(mile) | 28 | 26 |
| | 통 신 | 차내 통화 | 불가 |

---

**139** 합동군사대학교, 『세계전쟁사(중)』, p. 6-194~66.

**140** 최소저항선(最小抵抗線, Minimum Resistance Line): 적의 입장에서 아군이 공격하지 않을 것으로 생각하여 군사적인 대비책을 강구하지 않은 지점 또는 지역을 의미한다.

독일군이 전차를 집중 운용하여 기동전을 수행할 수 있었던 것은 전투차량에 무전기를 장착하여 기동 간 무선통신이 가능했기 때문이다. 구데리안<sup>Heinz Guderian</sup> 장군은 초급장교 시절 통신부대에 근무한 경험을 바탕으로 모든 전투차량에 무전기를 장착하여 기동 간에도 통신이 가능하도록 했다. 또한 장거리 통신용 무전기를 장착한 지휘용 장갑차량을 운용함으로써 기갑군단장들이 소규모 지휘제대를 구성하여 언제든지 결정적인 지점에서 신속한 전투지휘가 가능하도록 했다. 반면 연합군 지휘부는 벙커에서 전장상황을 파악하고 지휘결심을 하는데 장시간이 소요되었다. 프랑스 전역에서 독일군은 프랑스군보다 12배 이상의 숙달된 무선통신병을 운용했다. 그리고 클라이스트 기갑군은 총 46일 간의 전투에서 지휘소의 위치를 34차례나 변경했다.[141]

둘째, 공군운용에 관한 독일군과 연합군의 교리 차이다. 유럽 대륙의 중앙에 위치한 독일은 불리한 지정학적 위치로 전통적으로 속전속결을 추구했다. 이러한 전통으로 공중전에서도 독일군은 장기소모전보다 속전속결을 선호했다. 독일 공군은 개전초기에 모든 전력을 총동원하여 적 공군을 지상에서 격멸하기 위해 기습적인 선제공격을 감행했다. 선제공격을 개시한 첫날 독일 공군은 347대의 항공기를 잃었지만, 적에게 엄청난 피해를 주면서 단시간 내에 제공권을 장악했다. 반면 연합군은 독일군과 정반대의 시각을 가지고 있었다. 전쟁에서 승리하려면 몇 년이 걸릴지도 모르는 소모전에서 공군의 주력을 최종전투에 사용해야한다고 생각했다. 이러한 판단 아래 연합군은 아래 표와 같이 초

---

141  진중근 역, 「전격전의 전설」, p. 535.

기전투에는 일부 전력만 투입하고, 대부분의 항공기는 후방 깊숙이 위치한 공항이나 병참시설에 보관하고 있었다.[142] 1940년 5월 13일 세당 Sedan 전투에서 작성된 프랑스군의 전투보고서는 이러한 상황을 잘 설명해주고 있다. 프랑스 육군 장교들이 작성한 거의 모든 보고서에서 "프랑스 공군은 없었다.", "우리의 공군은 지금 무엇을 하고 있는가?" 등의 문장이 발견되었다.[143]

〈표 17〉 독일군과 연합군의 개전초기 전개된 항공기 비교

| 구분 | 독일군 | 연합군 |
|---|---|---|
| 총 가용 항공기 | 3,578대 | 4,469대<br>(프랑스: 3,097대, 영국: 1,150대, 벨기에: 140대, 네덜란드: 82대) |
| 1940년 5월 10일<br>전개된 항공기 | 2,589대 | 1,453대<br>(프랑스: 879대, 영국: 384대, 벨기에: 118대, 네덜란드: 72대) |

연합국 공군은 이탈리아 두에Giulio Douhet 장군의 이론에 상당한 영향을 받았다. 두에 장군은 장차전쟁에서 지상전은 제1차 세계대전과 같은 소모전이 될 것으로 예상했다. 따라서 두에 장군은 전쟁의 승패는 공군에 의해 결정되며 공군의 최우선적인 작전목적은 적 후방의 전략목표를 타격하여 적에게 심리적 충격을 안겨줌으로써 전쟁에서 승리하는

---

142  진중근 역, 『전격전의 전설』, p. 107.
143  진중근 역, 『전격전의 전설』, p. 538.

것이라고 주장했다. 1940년대 당시 프랑스 공군의 교리에 따르면 전략목표 타격은 공군의 핵심과업이었던 반면, 지상군 작전에 직접 개입하는 것은 부득이한 경우 또는 위기상황에서만 지원한다고 명시되어 있었다. 프랑스의 일선 지상군지휘관들이 공중지원을 받으려면 관료주의적 절차에 따라 신청서를 제출하고 다단계의 지휘계통을 거쳐야 지원이 가능했다.[144]

반면 독일군은 신속히 전진하는 기갑부대를 포병이 적시에 지원하지 못하게 되자 급강하폭격기 등 전술항공기로 기동부대를 지원했다. 독일군은 전차와 급강하폭격기를 한 조로 편성하여 저항이 강한 거점은 우회하고 적의 중추신경을 따라 계속 공격하는 마비전을 수행했다. 독일군의 근접항공지원 교리는 젝트 장군이 주도한 제1차 세계대전 교훈 분석에서 도출된 개념이었다. 당시 한 연구팀이 42대의 항공기를 사단에 배치하여 사단장의 지시에 따라 근접항공지원 임무를 수행하는 방안을 제안했는데, 이러한 제안이 독일군의 근접항공지원 교리와 매뉴얼의 기초가 되었다.[145] 독일 육군과 공군 간에는 하급부대에 이르기까지 다양한 연락체계를 갖추고 있었다. 공군은 전문 연락반을 육군에 파견하였고, 이들 연락반은 장갑차량을 타고 최전선에서 전투부대들과 함께 전투에 참가했다.

셋째, 공정부대운용에 대한 독일군과 연합군의 교리 차이다. 독일군

---

**144** Lucien Robineau, "French Air Policy in the Inter-War Period and the Conduct of the Air War against Germany from September 1939 to June 1940," *The Conduct of the Air War in the Second World War*(New York: Oxford, 1992), pp. 645-653.

**145** 허남성·권영근 역, 『제 1, 2차 세계대전 사이의 군사혁신』, pp. 151-152.

은 늪지와 하천이 많은 네덜란드와 벨기에 지역을 공격하면서 공정부대를 이용하여 교량, 비행장 등 요충지를 선점함으로써 대규모작전을 효과적으로 수행했다. 그 대표적인 사례로서 독일군은 B집단군의 주접근로에 위치하고 있던 벨기에의 에벤 에마엘Eben Emael 요새를 공정부대를 투입하여 점령했다. 에벤 에마엘 요새는 뮤즈 강과 알버트Albert 운하에 건설된 3개의 교량을 통제하는 교통요충지였다. 1940년 5월 11일 야간에 약 80명의 독일 공정부대가 요새에 기습 낙하하자 이에 당황한 1,200여 명의 벨기에 수비대가 항복했다. 에벤 에마엘 요새를 점령한 독일군이 파괴되지 않은 3개의 교량을 이용하여 계속 공격함에 따라 알버트 운하를 연하여 구축된 벨기에의 제1방어선은 무용지물이 되었고, 벨기에군은 딜 선으로 철수했다.

프랑스 전역에서 독일군은 전술교리의 혁신을 통해 승리했다. 이러한 군사혁신이 가능했던 것은 전문군사교육제도를 통해 양성된 일반참모장교들이 전술교리의 발전과 전역계획 수립을 주도함으로써 이루어질 수 있었다.

# 3 / 독일군의 군사혁신 성공요인 분석

## (1) 군 지도부의 위기의식(감)

파리평화회의의Paris Peace Conference 결과로 1919년 6월 28일 체결된 베르사유 조약은 독일을 패전국으로 규정하고 전쟁의 모든 책임을 독일에게 묻는 일방적인 협정이었다. 1919년 6월 중순 조약이 완성되어 연합국이 샤이데만Philip Scheidemann 독일 수상에게 무조건 서명할 것을 강요하자 샤이데만 수상은 조약을 "살인계획"이라고 비난하며 사임했다. 그의 뒤를 이은 바우어Gustav Bauer 수상은 6월 20일 연합국 측으로부터 "서명이냐, 군사적 침공이냐"를 선택하라는 최후통첩을 받자 할 수 없이 대표단을 보내어 6월 28일 서명했다.[146]

베르사유 조약은 총 15개장에 걸쳐 440개 조항으로 이루어졌다. 제1편 26개 조항은 국제연맹의 설립에 관한 것이고, 제2편은 전적으로

---

146 임상우, "베르사유 조약(Treaty of Versailles)과 유럽평화의 이상," 『통합유럽연구』, 제9권 2호(2018. 9), p. 7.

독일의 배상에 대한 조치와 유럽의 평화 및 세력균형 유지를 위한 조치로 구성되었다. 특히 조약 제231조에 독일과 그 동맹국들이 전적으로 '전쟁의 책임war guilt'이 있다는 것을 명시함으로써 승전국들은 그들의 요구를 정당화했다. 베르사유 조약의 가혹성은 연합국 지도자들의 발언에서도 잘 나타났다. 처칠Winston S. Churchill은 베르사유 조약의 경제 조항을 두고 "악의적이고 우매한 짓"이라고 비판했다. 미국의 국방무관 블리스Tasker H. Bliss 장군은 "30년 이내 다시 전쟁이 일어날 것"이라고 예언했다.[147] 베르사유 조약의 가혹성은 독일이 국가 생존에 대한 위기의식(감)을 갖기에 충분하였는데, 그 주요내용은 다음과 같다.

첫째, 연합국에 의한 임의적인 독일 영토의 축소 및 변경에서 오는 위기의식(감)이었다. 베르사유 조약의 규정에 따라 독일은 모든 해외 식민지를 상실했고 유럽 영토의 13%를 잃었다. 독일 철광석의 3/4를 생산하는 알자스-로렌Alsace-Lorrain은 프랑스에 양도되었다. 60만 명의 독일인과 함께 폴란드 회랑이 폴란드에 양도됨으로써 독일령인 동 프러시아는 본토와 분리되었다. 외펜Oeffen과 말메디Malmedy는 벨기에에 양도되었다. 단치히Danzig는 폴란드의 해양 접근권을 보장하기 위해 국제연맹의 보호 아래 자유도시로 지정됨과 동시에 폴란드가 대외관계와 관세를 간섭하게 되었다. 자르Saar 탄광지대는 프랑스에 15년간 양도된 후 주민투표로 귀속여부를 결정하고, 실레지아Silesia 탄광지대는 폴란드에 양도되었다. 이로써 28,000평방 마일의 영토와 700만 명의 독일인

---

**147**　육군사관학교 전사학과, 『세계전쟁사』, p. 260.

이 타 민족의 지배하에 들어가게 되었다.[148] 조약이 체결되자 독일인들은 한목소리로 조약을 비난했다. 독일 국민들은 전쟁을 일으킨 책임이 독일에게만 있다는 조항을 국가의 명예에 대한 모욕이라고 여겼고, 강요된 조약을 '받아쓰기diktat'라고 비난했다.[149]

둘째, 베르사유 조약의 가혹한 군비제한조항에서 오는 위기의식(감)이었다. 베르사유 조약의 군비제한조항은 독일군에게 치명적인 타격을 안겨주었는데, 그 구체적인 내용은 다음과 같다.

"①육군의 총병력은 10만 명으로 제한하고, 그중에서 장교는 4,000명을 초과할 수 없다. 10만 명의 병력은 보병 7개 사단, 기병 3개 사단 이하로 구성한다. ②일반참모General Staff 또는 이와 유사한 기관은 용납하지 않는다. ③병기, 탄약, 기타 전쟁물자의 제조를 엄격히 제한하며, 이들의 수입 및 수출을 금지한다. ④징병제도를 폐지하고 지원병제도를 채택하며 복무연한은 장교 25년, 사병 12년으로 규정하고, 연간 장교의 전역비율은 전체 유효병력의 5%를 넘을 수 없다. ⑤강화 성립 후 3개월 이내에 라인강 동방 50km 이내의 모든 군사시설을 철폐하고, 독일의 남방 및 동방 국경지대의 요새시설은 현상을 그대로 유지한다. ⑥해군은 병력 15,000명과 전함 6척, 경순양함 6척, 구축함 12척, 어뢰정 2척으로 제한하며, 잠수함은 상용일 경우에도 일절 보유할 수 없다. ⑦군용비행기나 비행선의 제조 및 소유를 금지한다."[150]

---

148  합동군사대학교, 「세계전쟁사(중)」, pp. 6–194–7 – 6–194–8.

149  임상우, "베르사유 조약(Treaty of Versailles)과 유럽평화의 이상," p. 17.

150  육군사관학교 전사학과, 「세계전쟁사」, p. 263.

독일 정부가 베르사유 조약을 수용하자 정부에 대한 분노가 장교들로부터 표출되었다. 힌덴브르그Hindenburg, 라인하트Reinhardt 등 대부분의 장군들은 독일의 명예를 지키기 위해 끝까지 싸울 것을 주장했다. 베르사유 조약의 가혹한 군비제한조항은 젝트 장군이 비밀재군비활동을 추진하는 직접적인 동기로 작용했다.

셋째, 가혹한 전쟁배상금과 군사력을 이용한 배상금 지불 위협에서 오는 위기의식(감)이었다. 연합국 배상위원회는 1921년 4월 27일 배상금을 1,320억 금화 마르크(약 320억 달러)로 결정했다. 배상위원회는 독일로 하여금 매년 10억 마르크씩 132년 동안 배상금을 지불토록 하였는데, 이는 천문학적인 액수로서 독일이 도저히 감당할 수 없는 규모였다. 첫 회분 10억 마르크를 그해 8월에 지불하자 독일은 지불능력에서 한계에 이르렀다. 프랑스는 무력으로 배상금을 지불하게 할 목적으로 1923년 1월 10일 벨기에와 함께 루르Rhur 철광지대(독일 철강·선철의 85%, 석탄의 80%를 생산)를 강제 점령했다.[151]

프랑스와 벨기에의 루르 철광지대 강제 점령은 독일군에게 큰 충격을 주었다. 쿠노Cuno 수상은 젝트 장군과 함께 군사적 대응을 검토하였으나, 성공 가능성이 낮은 점을 고려하여 군사적 개입을 단념하고 프랑스군이 계속 베를린으로 진격할 것에 대비하여 임시 방어계획을 준비했다. 젝트 장군은 프랑스가 베를린으로 계속 공격해올 경우 자체방어가 불가능하다고 판단하고, 결국에는 무력 저항보다 외교적 노력을 통해 해결할 것을 건의했다.

---

151  합동군사대학교, 「세계전쟁사(중)」, p. 6-194-8.

"독일은 제2차 세계대전에서 제1차 세계대전 후 내려진 평결을 뒤집기 위해 싸웠다."라고[152] 평가할 만큼 독일 국민들과 군인들은 베르사유 조약을 치욕으로 생각했다. 독일군은 베르사유 조약의 가혹함에 굴복하기보다 패전의 치욕을 위기의식(감)으로 승화시켜 과거와는 전혀 다른 새로운 군대를 창설하여 프랑스 전역에서 승리했다.

## (2) 전문군사교육제도를 핵심역량으로 활용

연합국에 의해 총병력이 10만 명으로 제한됨에 따라 젝트 장군은 새롭게 건설할 독일군을 평시 정예타격부대와 전시 정예사단으로 신속히 확장할 수 있는 이중목적의 '간부육군Leaders Army' 건설을 구상했다. 젝트 장군은 독일군을 간부육군으로 양성하기 위해 19세기 초부터 독일군의 전통으로 이어져온 일반참모General Staff제도로 대표되는 전문군사교육제도를 활용하여 군사혁신을 추진했다.

독일군의 일반참모제도는 19세기 초 샤른호르스트의 군사개혁에서 출발했다. 1806년 예나Jena전역에서 프러시아군이 나폴레옹에게 패한 원인을 분석한 샤른호르스트는 전쟁의 술art과 과학science을 전문적으로 교육받은 장교단을 창설하여 이들이 지휘관을 근접하여 보좌하는 제도를 도입했다. 당시 독일을 제외한 유럽의 어느 나라 군대도 참모장교를 체계적으로 교육하는 제도를 운영하지 않았으며, 작전지휘는 지휘관의 재능과 개인적인 특성에 크게 의존하고 있었다. 이러한 영향으로

---

152 Alan John Percivale Tayler, *The Origins of the Second World War*, 유영수 역, 『제2차 세계대전의 기원』(서울: 지식풍경, 2003), p. 52.

독일군은 전통적으로 장병들의 교육훈련에 지대한 관심을 가졌고, 철저한 교육훈련은 독일군의 전쟁승리에 중심적인 역할을 담당했다. 젝트 장군은 독일군의 핵심역량인 전문군사교육제도를 더욱 강화하였는데, 그 주요내용은 다음과 같다.

첫째, 독일군은 높은 보수와 획기적인 처우개선으로 우수한 자질의 지원병을 획득했다. '간부육군'을 육성하기 위해서는 먼저 질적으로 우수한 지원병의 획득이 중요했다. 우수한 자질의 지원병을 획득하기 위해 젝트 장군은 전문 직업장병들의 보수를 인상하고, 생활수준을 획기적으로 개선하였으며, 엄격한 군기보다 자율성을 강조했다. 또한 우수자원을 유인하기 위한 수단으로 전역병사들의 성공적인 사회생활을 지원하기 위한 특별직업훈련과정, 고등학교과정 등을 제공했다. 이러한 노력의 결과로 1928년 독일군 지원병의 평균 경쟁비율은 15 : 1을 유지했다. 독일군의 역사를 연구하는 많은 학자들은 당시 독일군의 수준은 장교는 물론 병사까지도 동 시대 '최고의 남자, 최고의 군대'였다는 평가에 동의하고 있다.[153]

둘째, 독일군은 유능한 하사관을 집중적으로 육성하여 하사관이 '간부육군'의 중추를 형성하도록 했다. 연합국에 의해 장교는 4,000명으로 제한되었지만 하사관 숫자에는 제한이 없었다. 조약의 이러한 취약점을 이용하여 독일군은 다른 국가에서는 장교들이 담당하는 직책에 하사관들을 운용했다. 1926년을 기준으로 독일군은 병장 이상 중·상급하사관 18,948명, 초급하사관 및 하사관후보생(상·일병) 38,000명

---

**153** Corum, *The Roots of Blitzkrieg*, pp. 70–71.

을 보유함으로써 독일군 내에 병사(이등병)는 36,500명에 불과했다. 독일군의 대부분이 하사관 또는 하사관후보생으로 구성됨에 따라 독일군 전체가 마치 분대, 반, 소대 지휘자의 전술교육을 담당하는 대규모 하사관학교처럼 변화되었다.[154]

젝트 장군은 전통적으로 장교의 책임으로 인식되었던 리더십을 하사관들에게도 확대하여 교육했다. 선임하사관들은 야외연습 및 기동훈련 사후검토회의에 장교들과 함께 참석했다. 중대급 야외전술훈련에서 하사관들은 다양한 전술상황에서 소대장 직책을 교대로 수행하며 지휘경험을 쌓았다.

셋째, 독일군은 장교의 선발 및 교육을 대폭 강화하여 최고수준의 엘리트장교를 육성했다. 베르사유 조약에 따라 독일군은 1918년 당시 34,000명의 장교단을 1921년 1월까지 4,000명으로 감축해야했다. 당시 육군 제1사령관이었던 라인하트[Walther Reinhardt] 장군을 포함한 대다수의 장군들은 하사관에서 장교로 임용되어 경험이 많은 일선장교들을 선호했다. 그러나 젝트 장군은 장교후보생의 기준을 대학입학자격증[Abitur]을 소지하고 우수한 인성과 탁월한 체력을 갖춘 자로 상향 조정함으로써 장교단의 자질 향상을 도모했다. 제1차 세계대전 기간 중 하사관에서 장교로 임용된 인원들은 대부분 전역하거나 새로 창설된 준군사조직인 안보경찰[Security Police]로 전환됨으로써 1928년을 기준으로 독일군 내에서 하사관에서 장교로 임용된 인원은 117명에 불과했다. 그리고 1924년부터 1927년까지 대학입학자격증이 없는 병사가 장교로

---

**154** Corum, *The Roots of Blitzkrieg*, pp. 76–77.

임용된 경우는 11명에 불과했다.[155]

장교후보생 기준의 상향 조정과 함께 장교교육과정도 한층 강화되었다. 장교후보생으로 선발되면 총 21개월의 병 및 하사관 생활을 경험한 후 병장으로 진급과 동시에 병과학교에 입교했다. 모든 장교후보생들의 1년차 교육은 보병학교에서 이루어졌다. 보병학교의 교육은 대대의 전술적 운용에 중점을 두고 전술학, 통신, 차량기술, 독도법 등 실용군사학 위주로 편성되었다. 6개월 교육 후 중간평가가 실시되었는데, 중간평가를 통과하지 못한 후보생들은 귀가 조치되었다. 2년차 교육은 보병, 기병, 포병 등 각 병과학교에서 병과전술교육에 중점을 두고 진행되었다. 2년차 교육의 종료와 더불어 6주간의 종합시험이 실시되었고, 여기에서 통과하지 못하면 장교후보생에서 탈락했다. 2년간의 교육을 성공적으로 수료한 후보생들은 소속연대로 복귀하여 수개월 동안 지휘자로 복무하면서 연대장과 연대소속장교들로부터 최종적인 동의를 얻어야 장교단의 일원이 될 수 있었다.[156]

넷째, 독일군은 일반참모제도를 더욱 강화하여 최고의 전략 및 전술 전문가를 양성했다. 베르사유 조약에 따라 일반참모제도의 존속이 금지되자 젝트 장군은 일반참모의 명칭을 '지도자 보좌관leader's assistants'으로 변경하고 1922년 4년 과정으로 일반참모과정을 신설했다. 선발시험은 군관구Military District 주관으로 엄격하게 시행되었다. 1920년대 당시 매년 300여명의 중위들이 선발시험에 응시했으나, 30여명의 장교만

---

155  Corum, *The Roots of Blitzkrieg*, pp. 78–79.

156  Corum, *The Roots of Blitzkrieg*, pp. 80–82.

일반참모과정에 입학할 수 있었다.

초급장교들의 군관구시험 준비는 군관구의 중요한 연례 행사였다. 초급장교들의 시험 준비를 위해 군관구별로 6개월의 준비과정을 운영하였고, 초급장교들은 스터디그룹을 만들어 시험을 준비했다. 일반참모과정을 이수한 장교들이 시험 준비에 필요한 다양한 학습교재와 전술교본을 집필했다. 이들 학습교재와 전술교본은 초급장교들의 시험 준비에 도움을 주었을 뿐만 아니라 독일군의 전술교리 발전에도 크게 기여했다. 예를 들면, 리옌Ludwig von der Leyen 대위가 1925년에 집필한 제병협동On Combined Arms 교재는 새로 발간될 육군 전술교범의 기본개념을 제공했다. 롬멜Erwin Rommel 대위가 1936년 편집한 보병공격전술Infantry Attacks은 총 40만부가 발간되어 베스트셀러가 되기도 했다.

일반참모과정은 4년 과정으로 최초 2년은 군관구 주관으로 이론위주 학습교육을 실시하였고, 3년차에는 보병 또는 기갑사단의 참모장교로 현장실습을 하였으며, 마지막 4년차에는 베를린 국방부에서 현장실습을 실시했다. 일반참모과정에서는 연대 전술로부터 야전군의 작전술에 이르기까지 높은 수준의 전술 및 작전술 교육을 실시했다. 평가는 정형화된 시험 대신 논문을 제출하거나 수업 진행 간에 전술적 문제를 해결하는 형식으로 이루어졌다. 전술 및 작전술 평가는 학교 측의 모범답안을 강요하기보다 학생들이 제시한 각각의 답안에 대해 토의 및 평가하는 방식으로 진행되었다.

1920년대 당시 영국군과 미군도 참모대학과정을 운영하였는데, 독일군과 비교했을 때 교육기간과 질적인 수준에서 현격한 차이가 있었다. 1920년대 영국 육군의 참모대학은 1년 과정으로 이루어졌다.

1920-1921년 참모대학을 수료한 몽고메리Bernard Montgomery 장군은 그의 자서전에서 당시 교육에 대해 "사냥과 사교모임 중심", "참모업무에 대한 일반적인 소개" 등으로 묘사하며 비판적으로 평가했다. 당시 미 육군의 지휘 및 참모대학도 1년 과정으로 운영되었다. 1928-1929년이 과정을 졸업한 브레들리Omar Bradley 장군은 "수업시간에 학생들에게 주어진 문제와 해답은 진부하고 예측 가능하며 때로는 비현실적이었고, 전술평가는 학교 측의 모범답안에 의해 성적 산정이 이루어졌다." 라고 회고했다.[157]

## (3) 군 지도부의 변혁적 리더십

1918년 12월 제1차 세계대전의 휴전이 성립되어 독일제국의 군대가 전선에서 복귀하였을 때 제국의 군대는 하루저녁에 붕괴되었다. 휴전 후 2달도 경과되기 전에 제국군대는 대부분 와해되어 몇몇 소규모 집단과 장교들만 남아있는 상태였다. 연합국은 베르사유 조약을 통해 독일의 군대를 국경선 경계와 치안유지를 위한 경찰 수준으로 제한했다. 이러한 상황에서 1920년부터 6년간 육군총참모장Chief of the Army Command으로 재임한 젝트 장군은 변혁적 리더십을 발휘하여 독일군이 재무장할 수 있는 기반을 마련하였는데, 그 주요내용 다음과 같다.

첫째, 젝트 장군은 전문직업군 비전을 제시하여 독일군을 '간부육군'으로 육성했다. 새로운 육군 건설에 대한 젝트 장군의 생각은 파리평화회의에 일반참모의 대표로 참석하기 위해 1919년 2월 18일 육군총사

---

[157]  Corum, *The Roots of Blitzkrieg*, p. 92.

령부에 제출한 그의 보고서에 잘 나타나 있었다. 그는 보고서에서 독일이 전통적으로 선호해온 징병제도 기반의 대규모 군대 대신 지원병제도 기반의 정예·전문화된 군대 창설을 주장하며 최신 장비로 무장한 20만 명 규모의 육군 창설을 제안했다. 1919년 협상에서 독일의 제안은 연합국에 의해 거부되었고, 총병력은 10만 명으로 제한되었다. 이에 따라 젝트 장군은 계획을 조정하여 새롭게 건설할 육군을 평시 정예타격부대의 역할과 전시 정예사단으로 신속히 확장할 수 있는 이중목적 부대로 창설을 구상했다.

젝트 장군의 구상은 그동안 독일군이 유지해온 전통과는 상반되는 것이었다. 몰트케Moltke로부터 이어져온 독일군의 전통은 대규모 병력을 집중하여 적보다 전투력의 상대적 우위를 달성함으로써 적을 섬멸하는 것이었다. 그로어너Wilhelm Groener 장군과 같은 전통주의자들은 상비군을 최소한 35만 명 이상 유지할 것과 이를 위해 징병제도의 존속을 주장했다. 그러나 제1차 세계대전 기간 중 동부전선에서 잘 훈련된 독일군이 연속적으로 대규모의 적을 격파하는 것을 직접 경험한 젝트 장군은 병력의 수는 문제가 되지 않는다고 생각했다. 젝트 장군은 미래전쟁에서 승리의 결정적인 요소는 기동이며, 작지만 잘 무장되고 훈련된 전문 직업군대가 대규모 군대보다 훨씬 효과적으로 기동력을 발휘할 것으로 믿었다.

둘째, 젝트 장군은 새로운 '싸우는 방법'을 정립함으로써 전격전 교리의 토대를 마련했다. 1919년 12월 젝트 장군은 새로 창설될 독일군에 적용할 교리를 발전시키기 위해 57개의 위원회를 출범시켜 제1차 세계대전의 교훈을 연구토록 했다. 젝트 장군은 해당 분야에서 최고의 명성과 전문성을 가진 인원들로 400명 이상의 대규모 위원회를 구성했다. 위원회는 일반참모장교들을 중심으로 구성되었으나, 특정분야에 전문성을 가진 인원은 신분·계급·직책에 관계없이 참여하도록 했다. 젝트 장군은 57개 위원회의 활동결과를 검토 및 종합하는 책임을 육군 총사령부의 T-4(훈련반)에 부여했다. 여기에 추가하여 제1차 세계대전에 참전한 항공장교들을 중심으로 100여명의 항공전 연구 특별위원회가 구성됨에 따라 500명이 넘는 장교들이 전쟁교훈 분석에 참여했다.

제1차 세계대전 교훈 분석을 기초로 독일군은『제병협동 하에서 지휘 및 전투Leadership and Battle with Combined Arms』를 새로운 '육군 규정 487'로 1921년(1권, 1-11장)과 1923년(2권, 12-18장)에 나누어 발간했다. 1923년 발간된 2권에서는 전차와 장갑차량이 미래 전장에서 핵심적인 역할을 수행할 것으로 예측하여 이들의 운용에 대해 상당한 지면을 할애했다. 새로운 규정에서는 전차를 결정적 지점decisive point에 운용해야 하며, 종심 깊은 돌파와 공격기세 유지를 위해 전차를 제파식으로 집중 운용할 것을 권장했다. 장갑차량에 대해서도 기동전의 주요화기로서 속도와 화력을 효과적으로 활용하기 위해 적의 측방이나 후방에서 기갑, 자전거부대, 차량화 보병 등과 함께 운용할 것을 강조했다.[158]

새로 발간된 '육군 규정 487'은 미래전장에서 '싸우는 방법'을 제시한 독일군의 기본교리로서 조직의 편성, 장비 및 물자의 획득, 개인 및 부대의 훈련 등 모든 전쟁준비의 기준문서로 활용되었다. 당시 육군 규정에 수록된 교리의 특징은 ①기동에 대한 확고한 신념, ②공세작전, ③

---

[158] Corum, *The Roots of Blitzkrieg*, pp. 125–126.

지휘의 분권화와 하급제대로의 권한 위임, ④초급장교 및 하사관의 독립적인 판단과 행동, ⑤모든 제대 장병들의 창의성 발휘를 강조했다.[159]

셋째, 젝트 장군은 분권화 지휘와 초급간부들의 독립적인 판단 및 행동을 강조함으로써 임무형지휘를 부활시켰다. 제2차 세계대전을 다룬 대부분의 영국 전쟁영화에서 독일군은 곧이곧대로 명령을 수행하는 전투로봇처럼 묘사된다. 그러나 실상은 이와 정반대였다. 만슈타인 장군은 『잃어버린 승리』에서 프랑스 전역에서 독일군의 승리는 "세계 어느 국가의 군대에서도 찾아볼 수 없었던 최하급 지휘자와 병사 개개인에 이르기까지 숙달된 독단적 사고와 지도력이 바로 승리의 비밀이었다."고 평가했다. 임무형지휘에서 상급부대는 달성해야할 목표만 제시하고, 어떻게 수행할 것인가에 대한 문제는 임무를 수령한 예하지휘관의 몫이었다. 제1차 세계대전 기간 동안 예하지휘관의 독단행동이 규제되었으나, 젝트 장군이 분권화 지휘와 초급간부들의 독립적인 판단 및 행동을 강조함에 따라 임무형지휘가 부활되었다.[160]

젝트 장군이 추진한 간부육군정책으로 전 장병이 상위계급·직책을 수행할 수 있는 능력을 구비함에 따라 임무형지휘의 적용이 용이했다. 젝트 장군은 빠르게 진행되는 기동전에서 순간적으로 조성되는 호기를 적시적으로 포착하기 위해서는 지휘관의 주도적인 상황판단과 결심이 무엇보다 중요하다고 생각했다. 프랑스 전역에서 독일군 지휘관들은 순간의 호기를 포착하기 위해 최전방에 위치하며 임무형지휘로

---

**159** 허남성·권영근 역, 『제1, 2차 세계대전 사이의 군사혁신』, p. 56.

**160** 진중근 역, 『전격전의 전설』, p. 531.

전투를 지휘했다. 독일군의 지휘결심속도는 벙커 지휘소 내에 위치하고 있었던 프랑스군이나 영국군에 비해 훨씬 빨랐고, 이것이 독일군 승리의 가장 중요한 요인 중의 하나가 되었다.

넷째, 젝트 장군은 효율적인 업무수행을 위해 신기술이나 새로운 방식·수단을 도입하는데 놀라울 정도로 개방적이었다. 독일군은 경쟁국가의 과학기술 발전과 신무기체계 개발에 각별한 관심을 가지고 있었다. 육군총사령부 정보반은 외국의 기술정보를 수집하고 수집된 정보를 정기간행물로 발간했다. 특히 정보반에서는 1922-1923년 프랑스군 기동훈련과 1924년 영국군 기동훈련을 분석하여 보고서를 발간하였는데, 여기에는 전술적인 문제들뿐만 아니라 각종 신무기의 기술적 문제들도 포함되어 있었다.

베르사유 조약에 따라 독일군은 전차, 장갑차, 군용비행기의 제조 및 수입이 금지되었다. 그러나 젝트 장군은 정보반에 소련과 무기 합작생산 및 시험센터 설치를 위한 협상팀을 편성하고, 소련과의 협상을 통해 1922년 라팔로Rapallo 조약을 체결했다. 젝트 장군에 의해 성사된 소련과의 협력은 독일군의 항공기, 전차, 장갑차 등 현대식 무기의 개발과 이들의 운용교리 발전에 중요한 역할을 담당했다. 라팔로 조약에 따라 독일군은 1925년 리페츠크Lipetsk에 비행학교 및 비행시험센터를 설립하여 1933년까지 운영했다. 연평균 200-300명의 독일군이 리페츠크에 주둔하면서 비행요원 교육과 다양한 시험비행을 실시하였는데, 이러한 활동은 후일 독일 공군 발전의 토대가 되었다. 또한 독일군은 1929년 카잔Kazan에 기갑훈련 및 시험센터를 개소하여 1933년까지 운영했다. 카잔 비행학교에서 독일군은 매년 10-11명씩 총 50명의 기갑

전문교관을 양성하였는데, 이들이 1930-1940년대 독일군의 전격전 수행을 주도했다.[161]

---

161 Corum, *The Roots of Blitzkrieg*, p. 195.

# 제6장

# 이스라엘의
# 군사혁신
# 성공사례 분석

# 1

# 이스라엘군의
# 제1차 중동 전쟁 이후
# 군사혁신 노력

제1차 중동 전쟁(독립 전쟁)이 끝나고 이스라엘이 가장 먼저 해야 할 일 중의 하나는 국방체제의 정비였다. 독립 전쟁에서 이스라엘군은 훌륭하게 임무를 수행하였지만, 당시 이스라엘군은 전쟁을 치루면서 그때그때 필요에 따라 급조된 군대로 장차 대규모 정규전에 대비할 수 있는 체제는 못되었다. 이에 따라 이스라엘군은 징병제에 기반을 둔 현대적 정규군으로의 체제 정비를 서두르게 되었다. 독립 전쟁 이후부터 제3차 중동 전쟁(6일 전쟁)까지 진행된 이스라엘군의 군사혁신은 크게 2개 단계로 구분할 수 있다. 제1단계는 독립 전쟁 이후부터 1956년 수에즈 전쟁(제2차 중동 전쟁)까지로 이스라엘의 국방체제가 갖추어진 시기이다. 제2단계는 수에즈 전쟁 이후부터 1967년 6일 전쟁까지로 수에즈 전쟁의 교훈을 바탕으로 이스라엘군의 성장이 급속히 이루어진 시기이다.

## (1) 제1단계 독립 전쟁 이후 국방체제 구축

독립 전쟁이 끝난 직후 이스라엘군에서는 정규군의 편성과 운영 방법에 대해 대체로 두 가지의 대립되는 주장이 존재했다. 첫 번째 주장은 이스라엘의 특수한 상황에서 생성된 자생적 방위조직인 하가나 Haganah와 팔마Palmah[162] 출신자들의 견해로서 민족공동체의식에 바탕을 둔 자율, 평등, 정신적 의지를 강조하는 군대의 건설이었다. 두 번째 주장은 제2차 세계대전에 연합군의 일원으로 참전했던 군인들의 견해로서 전문적인 군사지식과 기술을 바탕으로 현대적인 군대 건설을 주장했다. 많은 연구와 논의 끝에 이스라엘군은 두 개의 서로 다른 주장을 결합하는 형식으로 국방체제를 정착시켰다. 영국군에서 훈련된 인원들은 참모부서에 보직하여 그들의 군사적 전문성을 활용하였고, 하가나 및 팔마 출신자들은 부대지휘관으로 보직하여 강인한 전투의지와 뛰어난 전술적 운용 능력을 발휘토록 했다.[163]

1949년 9월 방위복무법이 선포되고, 1953년 10월 3개년 방위계획이[164] 시행됨에 따라 기본적인 국방체제가 정립되었다. 이스라엘군은 효율적인 지휘통제를 위해 아래와 같이 총참모장 중심의 통합군제도를 도입했다.

---

**162** 유태인 무장조직은 쇼림(Shorim), 하쇼머(Hshomer) 등에 이어서 1920년대 하가나(Haganah)로 개편되었다. 하가나는 1948년 약 3만 명 규모로 성장하였고 별도 정예부대인 팔마(Palmah)를 보유한 최초의 상비군 조직이었다.

**163** 김희상, 「중동 전쟁」(서울: 전광, 1998), pp. 148–150.

**164** '3개년 방위계획'의 내용은 행정·지원부대의 축소 및 전투부대의 강화, 공군·기갑·특수부대 등 공세전력의 증강, 상호 경쟁을 통한 공수부대의 정예화, 보급·재정·의무 등 행정업무의 국방부 이관, 예비군의 신속한 동원 및 전투력 발휘 보장, 청소년 대상 군사조직 강화, 군의 대민 교육 강화 등이었다.

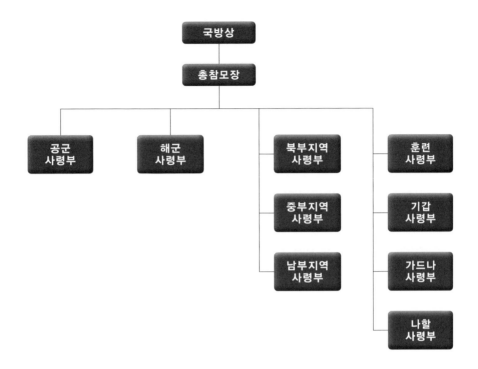

**〈그림 11〉 이스라엘군 편성**

이스라엘군은 국방상 아래에 총참모장을 두어 총참모장이 지상군을 직접 지휘하는 동시에 3군을 통합 지휘하는 독특한 편성을 채택했다. 또한 남북으로 길게 뻗은 국토의 형상, 북부·중부·남부가 갖는 독특한 지리적 환경(북부: 평원, 중부: 산악, 남부: 사막), 그리고 시리아, 요르단, 이집트라는 서로 상이한 적을 고려하여 3개의 지역사령부를 편성했다. 이러한 편성은 이스라엘의 지정학적 위치, 아랍 국가들에 비해 열세인 국력 및 군사력, 현대전의 특성을 반영한 것으로서 이스라엘군의 신속하고 융통성 있는 작전 대응과 통합 전투력운용을 용이하게 했다.

이스라엘은 스위스의 시민군제도를 참고하여 '국민이 곧 군인'인 국민총동원체제를 구축했다. 이스라엘에서는 남녀를 막론하고 모든 국민에게 병력의무가 주어졌다. 모든 소년소녀는 14세가 되면 가드나 요원으로 편성되어 18세까지 기초 군사훈련을 받았다. 18세부터 21세까지는 현역으로, 현역 전역 후 24년간은 예비역으로, 예비역 복무가 끝나는 45세부터는 민방위요원으로 54세까지 국방임무를 담당했다. 이스라엘군에서 전투의 주역은 평시 경제건설에 종사하고 있는 예비역들로서 국민이 곧 전투의 주역이었다. 평시 상비 현역군은 적의 테러 및 게릴라 활동에 대한 보복작전, 군사교리 및 무기체계의 발전, 예비군 훈련, 군수지원 등을 담당하고 전시에는 예비군이 투입될 때까지 초기 작전을 담당했다. 모든 예비역은 평시부터 여단급 부대에 편성되어 동원과 동시에 각자 지정된 직책에서 임무를 수행했다. 이러한 개념에 따라 이스라엘군에서 예비역은 '귀가해 있는 현역' 또는 '시민생활을 영위하는 현역'으로 간주되었다.[165]

독립 전쟁 직후 이스라엘군 지도부는 보병이 지상전의 중심이라는 사고방식을 가지고 있었다. 그러나 결정적인 승리를 획득하는 수단으로서 기갑부대의 중요성이 부각되자 이스라엘군은 1953년 기갑군단을 창설했다. 기갑군단의 창설로 기갑여단의 숫자가 1개에서 3개로 증가함에 따라 이스라엘군은 프랑스로부터 AMX-13 전차 100대와 반궤도 차량 400여대를, 미국으로부터 M-4 전차 300여대를 각각 도입했다. 일부 기갑전력은 증강되었으나 수에즈 전쟁 이전의 이스라엘군은 여전히 보병위주의 전력구조로서 13개 보병여단, 3개 기갑여단, 1개 공

---

**165** 김희상, 「중동 전쟁」, pp. 154–158.

수여단 등으로 편성되었다. 공군은 공중전보다 전쟁 초기 적 공군력을 지상에서 격파하는데 중점을 두고 다목적 전투기 위주로 편성되었다.[166]

## (2) 제2단계 수에즈 전쟁 이후 이스라엘군의 성장

수에즈 전쟁은 독립 전쟁 이후 이스라엘이 구축한 국방체제의 실효성을 검증하고 보완소요를 도출하는데 중요한 역할을 했다. 이스라엘군이 채택한 통합군제는 수에즈 전쟁에서 그 효용성이 입증되었다. 그러나 총참모장 다얀Moshe Dayan 장군의 전투현장에서의 지나친 직접지휘는 논란이 되었다. 수에즈 전쟁 기간 중 다얀 장군은 장시간 최고사령부를 떠나 최전방에서 전장을 직접 관찰하며 전방 전투부대의 작전을 구체적으로 지휘했다. 상급지휘관의 적극적인 현장지휘는 권장되어야 할 덕목이지만, 총참모장의 지나친 현장 직접지휘는 예하지휘관의 융통성을 제한하고, 장시간 동안 최고사령부와 내각이 지휘계선에서 제외되는 결과를 초래했다. 이러한 문제점을 해소하기 위해 이스라엘군은 지휘통제방식으로 '선택적 통제optional control' 제도를 도입했다.[167]

'선택적 통제'는 전투현장의 결심권한을 예하부대에 최대한 위임하되, 꼭 필요한 경우에 한하여 상급지휘관이 선택적으로 개입하는 지휘통제방식이다. 이스라엘군은 전장에서 마찰이나 불확실성을 극복할 수 있는 가장 효과적인 방법은 역량을 갖춘 현장의 지휘관이 전장상황에 맞게 적보다 빠르게 결심함으로써 주도권을 유지하는 것이 핵심이라

---

**166** 김경환, "이스라엘군의 기원과 발전과정: 군사혁신 개념을 적용하여," 국방대학교 석사학위 논문(1999), pp. 33~34.

**167** Matthew John Green, "The Israeli Defense Forces: An Organizational Perspective," Master of Science in System Technology, Naval Postgraduate School(1990), pp. 44~66.

고 생각했다. 이에 따라 현장의 결심권한을 중간제대의 지휘관인 대대장 및 여단장에게 과감히 위임하고, 꼭 필요한 경우에 한하여 상급지휘관이 선택적으로 개입하는 '선택적 통제' 제도를 도입한 것이다.

유사시 예비군이 전투의 주역을 담당하는 이스라엘군에서 효율적인 동원은 전쟁의 승패와 직결되는 중요한 문제였다. 수에즈 전쟁 당시 이스라엘군의 동원은 기대에 크게 못 미쳤다. 수에즈 전쟁 이전까지 예비군 자원관리 업무는 국방부에서, 교육훈련 및 작전운용은 총참모부에서 각각 담당했다. 예비군 업무의 이원화로 계획된 동원의 지연과 차질이 불가피하였고, 일부 부대의 전선 투입이 지연되었다. 이러한 문제점을 보완하기 위해 이스라엘군은 국방부와 총참모부로 이원화되어 있던 예비군 업무를 총참모부로 일원화했다.

수에즈 전쟁은 이스라엘군의 전략 및 전술교리 발전에도 중요한 교훈을 남겼다. 수에즈 전쟁에서 이스라엘군은 선제 기습공격에 이어서 적이 예상하지 못한 방법과 속도로 약 1주일 만에 시나이 반도를 점령했다. 그러나 소련, 미국 등 강대국들의 압력으로 이스라엘군은 시나이 반도에서 철수하였는데, 이는 향후 이스라엘군의 전략 및 전술교리 발전에 있어서 중요한 고려요소가 되었다. 수에즈 전쟁 이후 이스라엘군은 어떠한 경우에도 적의 이스라엘 영토 점령을 허용해서는 안 되며, 전쟁을 신속히 적의 영토 내부로 이전하고, 강대국들이 개입하기 전에 유리한 상황을 조성할 것을 강조했다. 이러한 영향으로 이스라엘군은 전쟁이 불가피할 경우 선제공격을 통해 전략적 우위를 확보하고, 공세 위주의 신속한 작전으로 유리한 조건을 조성한 후 적에게 휴전을 강요하는 형태의 군사전략을 발전시켰다.

이스라엘군은 새로운 군사전략 개념 구현에 소요되는 공세전력을 확보하기 위해 대대적인 전력증강에 착수했다. 이스라엘군의 기갑전력은 수에즈 전쟁 당시 3개 기갑여단에 불과하였으나, 제3차 중동 전쟁에서는 9개 기갑여단과 3개 기계화여단으로 대폭 증강되었다. 공군력 증강에도 집중적인 투자가 이루어져 제3차 중동 전쟁 개전 당시 이스라엘군은 프랑스제 최신형 미라지 전투기 등 200여대의 전투기를 보유하고 있었다.[168]

---

168  Green, "The Israeli Defense Forces: An Organizational Perspective," p. 51.

# 2
# 제3차 중동 전쟁에서 나타난
# 이스라엘군의 군사혁신

## (1) 제3차 중동 전쟁 경과

　제3차 중동 전쟁은 이집트를 중심으로 아랍연합군사령부가 편성되고, 이스라엘 국경으로 아랍 국가들의 군사력이 집결하는 등 위협이 고조되자 이스라엘군의 선제공격으로 시작되었다. 1967년 5월 18일 이집트의 요구로 수에즈 전쟁 이후 이스라엘과 이집트의 국경선에 배치되었던 유엔 긴급군이 철수하였고, 5월 23일에는 이집트가 이스라엘로 입·출항하는 선박의 유일한 통로인 티란[Tiran] 해협 봉쇄를 선언했다. 5월 26일에는 이집트가 관영 보도매체인 알아람지를 통해 "우리는 이스라엘에 대해 전면적인 공세를 가할 준비가 되어있다. 그것은 총력전이 될 것이며 우리들의 목표는 이스라엘의 파괴에 있다."라고 위협함으로써 긴장은 한층 고조되었다. 6월 2일에는 아랍연합군사령관인 아메르[Ali Amer] 원수의 전투명령 제2호가 하달되어 각 부대는 전투배치에 돌입했다. 이렇듯 위협이 고조되자 이스라엘은 전쟁이 불가피하다고 판

단하고 6월 5일 선제공격을 단행했다.[169]

이스라엘군은 아랍 국가의 군대를 결정적으로 파괴하여 그들의 전의를 분쇄하는데 목표를 두고 내선작전의[170] 이점을 활용하여 적을 각개격파하는 군사전략을 수립했다. 이러한 군사전략을 구현하기 위해 이스라엘군은 3가지 작전원칙을 강조했다. 첫째, 신속하고 완전한 항공우세권을 확보한다. 둘째, 기갑부대를 집중 운용하여 적 요새진지를 신속히 무력화한다. 셋째, 적 전선지역에 돌파가 이루어지면 맹렬한 속도로 공격하여 돌파의 이점을 최대한 활용한다.[171]

## 가. 공군 작전

이스라엘군의 공격은 1967년 6월 5일 07:45분 공군의 선제공격으로 시작되었다.[172] 이스라엘 공군은 작전을 2개 단계로 구분하여 실시했다. 제1단계 작전의 목적은 이집트 공군의 무력화였다. 이스라엘 공군은 선제공격을 개시한 후 2시간 50분 만에 이집트군의 항공기 300여 대와 11개 주요공군기지를 무력화함으로써 제1단계 작전을 완료했다. 이스라엘 공군은 6월 5일 정오부터 제2단계 작전에 돌입했다. 이스라엘 공군은 이집트의 잔여 8개 공군기지와 요르단, 시리아, 레바논, 이라크에 산재해 있던 15개의 공군기지에 대한 2단계 작전으로 치명적

---

**169** 합동군사대학교, 『세계전쟁사(하)』(합동교육참고 12-2-1, 2012), pp. 9-210-59 ~ 9-210-62.

**170** 내선작전(內線作戰, Operation on Interior Lines): 내부에서 외부로 전투력을 지향하며 신속한 기동, 집중과 분산, 양호한 통신, 짧은 병참선 등의 이점을 이용하여 실시하는 작전이다. 6.25전쟁 시 낙동강선 방어작전은 내선작전의 대표적인 사례라고 할 수 있다.

**171** 합동군사대학교, 『세계전쟁사(하)』, pp. 9-210-67 ~ 9-210-68.

**172** 합동군사대학교, 『세계전쟁사(하)』, pp. 9-210-69 ~ 9-210-72.

인 손실을 입혔다.

최초 2일간의 공군작전에서 이스라엘 공군은 1,000여 쇼티를 출격하여 아랍 공군기 416대를 파괴한 반면, 이스라엘 공군의 손실은 26대에 불과했다. 이러한 극명한 대조는 이스라엘 공군의 우수성에 기인한 것으로서 우수한 정보력에 바탕을 둔 치밀한 계획수립, 실전적인 훈련을 통한 정밀비행능력 및 사격술, 근접기동정비를 통한 장비가동률 및 출격률 향상 등이 성공의 원인이었다.

## 나. 시나이 반도 작전

이스라엘군의 이집트에 대한 지상공격작전은 공군의 기습작전이 시작된 후 1시간이 지난 6월 5일 08:45에 개시되었다. 시나이 반도 지역의 이집트군은 평시에는 2개 사단을 배치하고 있었으나, 전쟁의 위기가 고조되자 5개 사단을 추가로 투입하여 모두 7개 사단과 1개 독립여단으로 3중 방어선을 구축하고 있었다. 제1선 방어지역에는 전차로 증강된 4개 보병사단을, 제2선 방어지역에는 1개 보병사단과 1개 기갑여단을 각각 배치하고, 그 후방에 정예 기동부대인 제4기갑사단을 예비로 보유하고 있었다. 반면 이스라엘군 남부사령부는 3개 기갑사단과 2개 독립여단으로 공격부대를 편성하고, 작전을 3개 단계로 구분하여 시나이 반도를 침공했다.[173]

---

173  합동군사대학교, 『세계전쟁사(하)』, pp. 9-210-73 ~ 9-210-93.

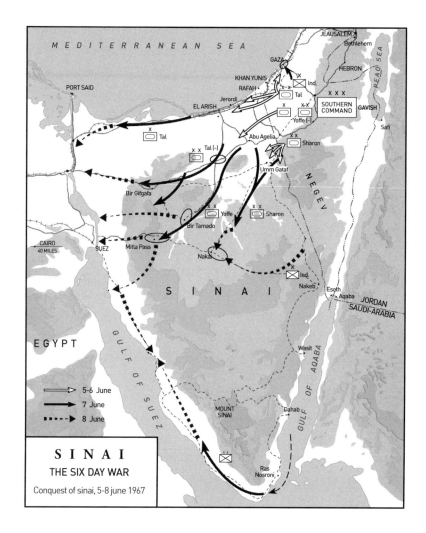

**시나이 반도 작전 요도**

　제1단계 돌파작전은 북부축선에서 탈<sup>Tal</sup> 사단이, 중부축선에서는 샤
론<sup>Sharon</sup> 사단이 이집트군의 제1선 방어지역을 각각 돌파했다. 북부축
선의 탈 사단은 이집트군의 간격을 이용하여 방어진지를 돌파한 후 라
파<sup>Rafah</sup> 요충지를 측·후방 공격으로 점령하고, 엘 아이리쉬<sup>El Arish</sup>로 계속

공격했다. 중부축선의 샤론 사단은 적 제1선 방어지역에 위치한 움 가타프Umm Gataf 요새를 돌파하고, 지역의 교통중심지인 아부 아게일라Abu Ageila를 점령한 후 새로 투입될 요페Yoffe 사단의 초월공격을 지원하기 위해 공격을 개시했다.

움 가타프 요새는 이스라엘에서 시나이로 이르는 관문인 동시에 시나이의 동서를 연결하는 통로에 위치한 교통 요충지로서 이집트군은 강력한 요새진지를 종심 깊게 구축하여 대비하고 있었다. 움 가타프 요새를 공격하기 위해서는 항공지원이 필수적이었다. 그러나 이스라엘군은 조기에 제공권 장악을 위해 가용한 모든 공군을 아랍 국가들의 공군 공격에 투입함으로써 지상군 지원이 제한되었다. 샤론 사단장은 견고한 적 요새진지를 항공지원 없이 주간에 공격할 경우 많은 전투손실이 예상됨에 따라 주간공격으로 이집트군의 경계지대를 돌파하고, 이어서 야간 기습공격으로 움 가타프 요새를 탈취함으로써 요페 사단의 초월공격 여건을 마련하고자 하였다.

당시 총참모장 라빈Yitzhak Rabin 장군은 야간전투의 위험성을 고려하여 샤론 사단장에게 작전을 다음날 주간에 공군의 지원 하에 공격할 것을 제의했다. 그러나 샤론 사단장은 사단의 사기와 전체 작전에 미칠 부정적인 영향을 고려하여 계획대로 야간작전을 감행했다. 샤론 사단은 정밀한 야간 제병협동작전으로 적진지를 무력화하고, 측·후방에서 일제히 적진지로 돌입하여 치열한 백병전으로 움 가타프 요새를 탈취함으로써 6월 6일 새벽 요페 사단의 초월여건을 마련했다.

6월 6일 이스라엘군은 공군의 항공지원을 받으며 제2단계 작전인 추격 및 포위작전에 돌입했다. 북부의 탈 사단은 주력부대를 북부와 중부축선으로 양분하여 이집트군의 꼬리를 물고 계속 공격하여 6월 7일 저녁에는 빌 기프가파Bir Gifgafa 남쪽에서 이집트군의 기동예비인 제4기 갑사단을 격멸했다. 샤론 사단을 초월한 요페 사단은 남쪽으로 우회하여 남부축선 상의 이집트군에 대해 공격을 계속하여 6월 8일 아침에는 미틀라 통로Mitla Pass를 확보했다. 이로써 이스라엘군은 중부와 남부축선 상의 요충지인 빌 기프가파와 미틀라 통로를 확보하여 이집트군의 철수로를 차단함으로써 포위를 완성했다.

6월 8일 아침 이스라엘군은 지역 내에 포위된 이집트군을 소탕하고 수에즈 운하까지 진격하는 제3단계 작전을 실시했다. 이스라엘군은 수에즈 운하의 교량과 도선장을 신속히 점령함으로써 이집트 본토로부터 적의 추가적인 증원을 차단함과 동시에 시나이 반도에서 퇴각하는 적의 퇴로를 차단하고, 지역 내에 포위된 적을 소탕했다. 이스라엘군의 주력부대가 수에즈 운하까지 진출하고 시나이 반도 내의 이집트군이 괴멸상태에 이르자 6월 8일 저녁 이집트는 유엔의 휴전 요청을 수락했다. 4일간의 시나이 반도 작전에서 이스라엘군은 눈부신 승리를 거두었다. 이스라엘군은 시나이 반도 전역을 점령하고, 티란 해협을 개방하였으며, 소련의 방대한 군사지원으로 양성된 이집트군 7개 사단을 격멸했다.

## 다. 요르단 지역 작전

이스라엘은 요르단과의 전쟁을 가급적 회피하려고 했다. 그러나 후세인 국왕이 5월 30일 카이로를 방문하여 이집트와 상호방위조약을 체결하고 아랍연합군에 가입함으로써 전쟁은 불가피하게 되었다. 개전 초기 이집트군 격멸에 최우선을 두었던 이스라엘군은 지상군의 주력을 시나이 반도에 집중하기 위해 서안지구West Bank에는 소수의 병력으로 견제 및 지연전을[174] 준비하고 있었다. 전투는 6월 5일 10:00 요르단군의 예루살렘 지역 폭격으로 시작되었으나, 요르단군은 결정적인 공세작전을 시도하지 않고 포병 사격만 계속함에 따라 전투는 소강상태를 유지했다.

이스라엘군 총참모부는 1일차 작전에서 공군의 기습공격과 시나이 반도 돌파작전이 성공적으로 진행됨에 따라 일부 병력을 중부사령부로 전환하여 요르단 지역에 대한 공격작전을 준비했다. 요르단군의 방어진지는 남북으로 뻗은 400-600m 높이의 사말리아Samalia 산맥 능선을 중심으로 형성되어 있었다. 따라서 이스라엘군은 남쪽과 북쪽에서 각각 돌파구를 형성한 후 능선을 따라 양쪽에서 요르단군을 포위 격멸하는 계획을 수립했다.[175]

요르단군은 서안지구에서 총 11개 여단을 운용하여 방어하고 있었다. 요르단군은 전차와 포병으로 증강된 7개 보병여단을 제1선 방어지역에 배치하고, 그 후방의 제2선 방어와 기동예비로 2개 보병여단과 2개 기갑여단을 보유하고 있었다. 요르단군의 방어개념은 중요접근로에 위치한 고지나 능선에 대대 또는 중대규모의 거점을[176] 운용하고 기동력이 양호한 예비대를 교통의 중심지에 위치시켜 전방의 어느 지역이든 증원할 수 있도록 했다.

---

**174** 지연전(遲延戰, Delaying Action): 적과 결정적인 교전 없이 적에게 최대한의 피해를 가하면서 시간을 얻기 위해 공간을 양보하는 군사작전이다.

**175** 합동군사대학교, 『세계전쟁사(하)』, pp. 9-210-94 ~ 9-210-98.

**176** 거점(據點, Strong Point): 방어 시 지형의 이점을 최대화하도록 자연 및 인공 장애물을 결합하여 강도 높게 준비한 전투진지를 말한다.

**요르단 지역 작전 요도**

이스라엘군은 9개 여단과 2개 독립기갑부대로 공격부대를 편성하고 6월 5일 19:30 야간공격을 실시했다. 이스라엘군은 교통망이 양호한 예루살렘 일대를 조기에 점령함으로써 요르단군의 증원통로를 차단하고 포위 격멸에 유리한 상황을 조성하기 위해 주공을 예루살렘으로 지향했다. 예루살렘 지역에서 성공적인 돌파작전으로 주공이 전략요충지인 텔엘풀Tel el Ful을 점령하고, 북쪽 제닌Jenin 지역에서 조공부대의 돌파작전도 성공적으로 이루어져 이스라엘군은 2일차 작전을 위한 발판을 마련했다.

2일차 작전으로 이스라엘군은 남쪽 예루살렘 돌파구와 북쪽 제닌 돌파구를 이용하여 남과 북에서 요르단군의 측·후방을 공격함과 동시에 전 전선에서 공격을 감행했다. 이어진 3일차 작전에서 이스라엘군은 포위된 예루살렘 시가지에 대한 소탕작전과 더불어 지역 내의 잔적을 격멸했다. 이스라엘군은 예루살렘 시가전에서 일시적으로 고전하였으나, 6월 7일 12:00에 예루살렘을 탈취하고 요르단 서안지구를 점령했다. 서안지구를 점령한 이스라엘군이 6월 7일 저녁 요르단 강까지 진격하여 요르단의 수도 암만을 위협하자 요르단이 휴전에 동의함으로써 전쟁은 종결되었다.

### 라. 골란 고원 작전

6월 5일 전쟁이 발발하였을 때 시리아군은 이집트군을 지원하기 위해 제2전선을 형성하지 않았다. 항공폭격과 포병사격으로 이스라엘을 공격하던 시리아군은 6월 6일 19:30 전차를 동반한 2개 보병대대 규모로 지상공격을 실시했다. 그러나 이스라엘군의 효과적인 역습으로[177] 시리아군은 많은 피해를 입고 철수했다. 이집트군과 요르단군을 각개격파한 이스라엘군은 시나이 반도와 요르단 지역에서 병력을 전환하여 총 7개 여단으로 골란 고원지역에 대한 공격을 준비했다. 이스라엘군의 공격개념은 최단거리 접근로를 따라 정면공격으로[178] 시리아군의 후방 교통중심지인 쿠네이트라<sup>Kuneitra</sup>를 신속히 점령함으로써 적의 퇴

---

**177** 역습(逆襲, Counter Attack): 방어부대가 적의 공격으로 형성된 돌파구 내의 적 부대를 격멸하거나 상실된 방어지역을 회복하기 위해 실시하는 군사행동이다.

**178** 정면공격(正面攻擊, Frontal Attack): 최단거리를 이용하여 적의 진지 정면으로 지향하는 공격 기동형태이다.

ISRAEL
THE SIX DAY WAR
Battle of Galan Heights, 9-10 june 1967

→ 9 June
∙∙∙∙∙► 10 June

**골란 고원 작전 요도**

로를 차단하고 적을 지대 내에서 격멸하는 것이었다.[179]

  당시 골란 고원의 시리아군은 제1선 방어지역에 전차부대로 증강된 4개 보병여단을, 제2선 방어지역에 2개 보병여단을 각각 배치하고 후방의 교통 중심지인 쿠네이트라에 1개 기갑여단을 예비로 보유하고 있었다. 이스라엘군은 시나이 반도와 요르단 지역에서 전환된 부대가 거의 도착하자 6월 9일 09:40 공격을 개시했다. 1개 보병여단과 1개

---

179  합동군사대학교, 『세계전쟁사(하)』, pp. 9-210-99 ~ 9-210-102.

기갑여단으로 편성된 주공은 북쪽의 텔 아자지야트<sup>Tel Azaziyat</sup> 일대에서, 1개 보병여단으로 편성된 조공은 남쪽의 브노트 야코브<sup>Bnot Yaakov</sup> 일대에서 각각 돌파작전을 실시했다.

강력하게 편성된 적 요새진지에 대해 이스라엘군은 야간공격을 선호하였으나, 가용시간의 제한으로 주간 정면공격을 실시했다. 북쪽의 주공부대는 험준한 지형으로 적의 배치가 미약한 지역을 돌파지점으로 선정하고, 500m의 간격에 7톤의 포탄을 집중적으로 투하한 후 공병과 특수임무부대를 투입하여 통로를 개척했다. 약 3시간의 치열한 근접전투 끝에 이스라엘군은 시리아군의 최초방어진지를 돌파하였고, 계속 공격하여 야간공격이 종료되었을 때에는 다음날 공격을 위한 교두보를 마련했다.

6월 9일 야간 이스라엘군에 의해 방어선이 돌파되고, 골란 고원의 일부가 피탈되자 시리아군은 전의를 상실하고 후방으로 철수했다. 6월 10일 아침 이스라엘군은 가용한 모든 부대를 투입하여 최단시간 내에 시리아군을 격멸하기 위해 정면공격을 실시했다. 시리아군 야전사령부가 주둔하고 있던 쿠네이트라가 이스라엘군 기갑여단에 의해 6월 10일 14:00에 탈취되자 시리아군 기동예비는 수도 다마스커스의 방어를 위해 철수했다. 2일간의 작전에서 이스라엘군이 골란 고원을 완전히 점령함에 따라 시리아는 6월 10일 18:00 휴전에 동의했다.

## (2) 제3차 중동 전쟁에서 나타난 이스라엘군의 군사혁신 결과

6일 전쟁은 짧은 기간에 전격적으로 이루어졌지만 그 결과는 중동지역의 군사력 균형에 심대한 영향을 초래했다. 10여 년간 소련 등 공산

진영의 광범위한 지원 아래 구축된 아랍 국가들의 군사력이 치명적인 타격을 받아 완전히 괴멸되었다. 아랍 국가들의 투입부대 중 온전하게 철수한 부대는 요르단 3개 여단, 시리아 2개 여단에 불과했다. 특히 시나이 반도의 이집트군 7개 사단은 대부분의 전투 장비를 버려둔 상태에서 철수함에 따라 이스라엘군은 전차 800여대 등 다량의 전투장비와 보급품을 노획하여 오히려 전투력이 증강되었다.[180]

6일 전쟁은 이스라엘의 전략적 환경을 근본적으로 변화시켰다. 이스라엘은 6일 전쟁에서 새로운 영토의 확보로 이스라엘 역사상 처음으로 전략적인 종심을 갖게 되었다. 이스라엘이 가자지역, 구 예루살렘지역, 요르단 강 서안지역, 골란고원, 시나이 반도를 새롭게 획득함으로써 이스라엘의 영토는 102,400 평방 km로 확대되었다. 중동지역의 지각 변동을 가져온 이스라엘군의 6일 전쟁 승리는 독립 전쟁 이후 지속적으로 추진해온 군사혁신의 결과로, 그 주요내용은 다음과 같다.

첫째, 이스라엘군은 시오니즘을 전승의 원동력으로 활용했다. 시오니즘 운동은 선조의 땅인 팔레스타인에 유대민족국가를 창설하려는 운동이다. 이스라엘 국민들은 시오니즘 운동으로 건설한 이스라엘을 '신이 약속한 국가'의 탄생으로 생각했다. 이스라엘을 수호하는 것은 곧 '신이 약속한 국가'를 지키는 것으로서 국민들은 병력의무를 신성하고 영광스러운 것으로 생각했다. 시오니즘을 바탕으로 이스라엘군은 '국민이 곧 군대'인 국민총동원체제를 구축했고, 6일 전쟁에서 국민총동원체제는 효과를 발휘했다. 이스라엘의 전투여단들은 평

---

180  합동군사대학교, 「세계전쟁사(하)」, pp. 9-210-102 - 9-210-103.

시 50% 이하로 기간 편성되어 전시 예비군이 동원되어야 완전 편성되었다. 예비역이 여단 전투력의 주축을 이루고 있었음에도 6일 전쟁에서 이스라엘의 전투여단들은 불굴의 공격정신을 유감없이 발휘했다.

이스라엘군 정신전력의 우수성은 전문가들의 6일 전쟁 교훈분석에서도 증명되었다. 6일 전쟁이 종료되었을 때 전쟁의 결과는 많은 사람들에게 큰 충격을 주었다. 아랍 국가들뿐만 아니라 세계의 많은 전문가들은 이스라엘이 사용한 신무기에 대해 깊은 관심을 가졌다. 기존의 재래식 무기와 전쟁수행개념으로 이스라엘군이 그러한 승리를 거두었을 것이라고는 아무도 상상하지 못했다. 군사 전문가들은 외견상 약체의 군대가 이루어 놓은 기적적인 결과와 압도적으로 우세해 보였던 이집트군이 어이없이 붕괴된 이유를 찾아내려고 노력했다. 이스라엘군이 새로운 무기를 사용했을 것이라는 가정도, 미국·영국군이 개입했다는 이집트의 주장도 모두 진실과는 거리가 있었다. 전문가들은 이스라엘군의 승리에 대한 '극한적인 의지'가 기적적인 승리를 낳은 것으로 결론을 내렸다.[181]

둘째, 이스라엘군은 6일 전쟁을 통해 이스라엘의 안보환경에 적합한 맞춤형 전략전술을 선보였다. 이스라엘군은 내선의 이점을 이용한 '신전격전'으로 이집트군을 4일, 요르단군을 3일, 시리아군을 2일 작전으로 각개 격파하고 빛나는 승리를 쟁취했다. 6일 전쟁에서 이스라엘군이 보여준 '신전격전'의 특징은 선제기습공격, 적 영토로의 신속한 전쟁 이전, 최단시간 내 결정적인 승리로 요약할 수 있다. 이러한 전략개념은 독립 전쟁과 수에즈 전쟁의 교훈을 기초로 정립한 것으로서 오늘

---

**181** 김희상, 「중동 전쟁」, pp. 529–530.

날까지도 이스라엘군의 전략개념으로 계승되고 있다.

전술적 측면에서도 이스라엘군은 창의성을 유감없이 발휘했다. 이스라엘군은 상급부대에서 목표만 부여하고 목표 달성을 위한 방법은 예하부대에 위임했다. 목표 달성을 위한 방법이 예하부대에 위임됨에 따라 이스라엘군은 다양한 형태의 창의적인 작전을 선보였다. 시나이 반도 작전에서 북부축선을 담당했던 탈 사단은 기갑부대의 기동력과 충격력을 이용하여 적의 최소저항선을 따라 질풍처럼 이집트군을 밀어붙였다. 반면 중앙축선을 담당했던 샤론 사단은 정교한 야간 제병협동작전으로 움가타프 요새를 탈취했다. 골란 고원 작전에서 북부사령부는 공군의 근접항공지원을 받으며 주간에 정면공격으로 골란 고원을 점령했다.

셋째, 이스라엘군은 지속적인 군사혁신으로 '양보다 질'의 군대를 건설했다. 이스라엘군은 전쟁 속에서 태어난 군대로 전쟁을 통해 진화적인 군사혁신을 계속했다. 이스라엘군의 질적 우수성은 아래 표와 같이 6일 전쟁의 사상자와 전투장비의 피해 비교를[182] 통해 쉽게 이해할 수 있다.

---

182 합동군사학교, 『세계전쟁사(하)』 p. 9-210-103.

| 구 분 | | 이스라엘 | 아랍 | 비율 |
|---|---|---|---|---|
| 인 원<br>(명) | 계 | 3,268 | 56,944 | 1 : 18 |
| | 전 사 | 689 | 19,600 | 1 : 28 |
| | 부 상 | 2,563 | 30,760 | 1 : 12 |
| | 포 로 | 16 | 6,584 | 1 : 411 |
| 전투장비<br>(대) | 항공기 | 26 | 451 | 1 : 17 |
| | 전 차 | 86 | 990 | 1 : 12 |

6일 전쟁 기간 중 이스라엘군은 다양한 분야에서 아랍 군대에 비해 질적 우수성을 과시했다. 이스라엘 공군 조종사들은 일일 평균 3-4회의 정상출격을 훨씬 능가하는 9-10회 출격으로 항공기의 수적 열세를 질적 우세로 극복했다. 2-3시간의 이집트 공군 재 출격 소요시간에 비해 이스라엘 공군은 재 출격에 7-9분이 소요되었다. 이집트 공군의 항공기 가동률은 50% 수준이었지만, 이스라엘 공군은 99%의 가동률을 유지했다.[183] 이스라엘군의 질적 우수성은 수적 열세에도 불구하고 요구되는 시간과 장소에 적보다 상대적 우위의 전투력을 집중할 수 있게 함으로써 6일 전쟁에서 결정적으로 승리했다.

---

183  합동군사학교, 『세계전쟁사(하)』, p. 9-210~72.

# 3
# 이스라엘군의 군사혁신
# 성공요인 분석

## (1) 군 지도부의 위기의식(감)

이스라엘의 불리한 안보환경은 이스라엘군의 군사혁신에 결정적으로 기여했다. 1948년 5월 14일 건국을 선포한 이스라엘은 건국 이후 주변 아랍 국가들로부터 지속적으로 생존의 위협을 받아왔다. 6일 전쟁 이전의 이스라엘은 한반도의 1/10에 불과한 협소한 국토(20,770 평방 km)와 고립된 전략 환경으로 단한번의 작전 실패가 국가의 존립을 위태롭게 하는 특수한 환경에 처해 있었다. 이처럼 불리한 전략 환경과 아랍 국가들의 지속적인 군사위협은 이스라엘군이 적극적으로 군사혁신을 추진하는 동기로 작용했다. 이스라엘 군사혁신의 원동력이 된 불리한 안보환경을 정리하면 다음과 같다.

첫째, 포그롬(노어: погром, 영어: Pogrom)[184]과 홀로코스트Holocaust[185] 경험에서 오는 생존에 대한 위기의식(감)이었다. 이스라엘은 제정 러시아의 포그롬과 나치 독일의 홀로코스트를 피하여 팔레스타인으로 이주해온 유대인들에 의해 건국된 국가였다. 반유대주의 운동은 세계 어느 곳에서나 찾아볼 수 있지만 나치즘이 등장하기 전까지 가장 격렬하게 전개되었던 곳은 제정 러시아였다. 차르Czar 정부에서 포그롬은 특히 유명했다. 1881-1884년, 1903-1906년, 1917-1921년 등 모두 3차례의 대규모 포그롬 파동을 겪으면서 많은 유대인들이 그들의 이상향을 찾아 팔레스타인으로 이주했다.[186] 포그롬 파동과 연계되어 1차는 1882-1903년 러시아 거주 유대인들이, 2차는 1904-1914년 러시아와 폴란드 거주 유대인들이, 3차는 1919-1923년 러시아 거주 유대인들이, 4차는 1924-1932년 폴란드 거주 유대인들이 팔레스타인으로 대규모로 이주했다.[187]

독일에서 히틀러가 집권하고 나치즘이 유럽으로 확산되면서 수많은 유대인들이 중부 유럽에서 팔레스타인으로 이주했다. 독일로부터 대규모 이민은 1933-1939년에 주로 이루어졌고, 제2차 세계대전 이후 홀로코스트에서 생존한 5만 명의 유대인들이 추가로 팔레스타인으로 이

---

**184** 포그롬(러시아어: погром, 영어: Pogrom): 특정 민족 또는 종교집단에 대해 학살과 약탈이 수반되어 일어나는 폭동으로서 대박해(大迫害)라 부르기도 한다.

**185** 홀로코스트(Holocaust, 그리스어 hólos(전체)+kaustós(타다)에서 유래): 제2차 세계대전 중 히틀러의 나치당이 독일 제국과 점령지에서 계획적으로 유태인과 슬라브족, 집시, 동성애자, 장애인, 정치범 등 약 1,100만 명의 민간인과 전쟁포로를 학살한 사건이다. 사망자 중 유태인은 약 6백만 명으로 당시 유럽에 거주하던 약 9백만 명의 유태인 중 2/3에 해당한다.

**186** 김희상, 『중동 전쟁』, p. 10-11.

**187** 외교부, 『2019 이스라엘 개황』(서울: 외교부, 2019), pp. 16-17.

주했다.[188] 이렇게 하여 19세기 중엽까지도 극소수의 유대인들만 살고 있었던 팔레스타인에는 1948년 이스라엘 건국 당시 80만 6천명의 유대인이 살게 되었고, 이들이 이스라엘 건국의 주축이 되었다. 포그롬이나 홀로코스트와 같은 경험을 되풀이하지 않도록 유대민족을 반드시 보호해야한다는 이스라엘군의 위기의식(감)은 군사혁신을 적극적으로 추진하는 동기로 작용했다.

둘째, 이스라엘이 처한 지정학적 취약성에서 오는 위기의식(감)이었다. 이스라엘은 거대한 '아랍海'로 둘러싸인 작은 섬에 비유되듯 지정학적으로 매우 취약한 생존환경을 가지고 있었다. 이스라엘은 북쪽으로는 레바논, 북동쪽으로는 시리아, 동남쪽으로는 요르단, 남쪽으로는 이집트 등 아랍 국가들로 포위된 570만의 인구(아랍 5국의 약 1/20)와 약 2만 평방 km의 국토를 가진 작은 국가였다. 이스라엘이 지니고 있는 취약성은 ①협소한 국토와 짧은 작전종심(5분 이내 수도 기습 가능), ②아랍 국가들로 포위된 다방면의 전선, ③가용한 인적 및 물적 자원의 부족 등이었다.[189] 이러한 지정학적 취약성에서 오는 위기의식(감)은 이스라엘군의 군사전략 발전에 결정적으로 영향을 미쳤다. 이스라엘군이 발전시킨 군사전략의 특징은 ①선제기습 전략, ②적 영토로의 전쟁 이전 전략, ③최단시간 내 결정적인 승리 전략으로 이스라엘의 지정학적 취약성을 잘 반영한 맞춤형 전략이라고 할 수 있다.[190]

셋째, 이스라엘이 독립을 선포한 후 끊임없이 지속된 주변 아랍 국가

---

**188** 외교부, 『2019 이스라엘 개황』, pp. 16~22.

**189** 권태영, "우리 군 개혁의 참고모델, '이스라엘군'," 『한국군사운영분석학회지』, 제24권 1호(1998), p. 4.

**190** 김강녕, "이스라엘의 안보환경과 국방정책," 『한국군사학논총』, 제3집 1권(2014), pp. 25~26.

들의 군사적 위협에서 오는 위기의식(감)이었다. 1948년 5월 14일 벤 구리온David Ben-Gurion과 12명의 각료로 임시정부를 구성한 이스라엘이 독립을 선포하자 불과 8시간 만에 아랍 국가들의 대 이스라엘 선전포고가 이루어졌다. 이로써 이스라엘은 이집트, 요르단, 시리아, 레바논, 이라크 등 아랍 5개국과 14개월간의 독립 전쟁을 치러야했다. 1949년 7월 이스라엘과 아랍 국가들 간에 휴전조약이 체결된 후에도 이스라엘과 아랍 국가들 간에는 난민문제, 이스라엘 선박의 수에즈 운하 통행문제, 요르단 강 수자원문제 등으로 인한 갈등과 더불어 국경지역에서 무력충돌이 끊임없이 지속되었다.

이스라엘의 발표에 따르면, 1951년부터 1956년까지 이스라엘 영토 내에서 정규 또는 비정규 아랍군에 의한 무력공격은 3천여 회로, 이스라엘은 아랍 국가들로부터 끊임없는 위협에 직면하고 있었다.[191] 이러한 상황에서 나세르 대통령의 수에즈 운하 국유화 선언과 무력 점령은 수에즈 전쟁을 촉발시켰다. 영국·프랑스와 연합군을 형성한 이스라엘군은 1956년 10월 29일 이집트를 침공하여 시나이 반도를 점령했다. 그러나 소련과 미국의 지원을 받은 유엔의 철군 요구와 세계 여론의 압력으로 정전 안이 채택되자 이스라엘군은 이를 수용하고 시나이 반도에서 철군했다.

수에즈 전쟁 이후에도 이스라엘과 아랍 국가들 간의 적대적인 관계는 조금도 개선되지 않았다. 특히 이집트에 대한 소련의 군사지원은 이스라엘과 아랍 국가들 간의 긴장을 더욱 고조시켰다. 1965년 12월 안

191   합동군사대학교, 「세계전쟁사(하)」 p. 9-210-36.

드레이 그레츠코 원수가 이집트를 방문하여 상호방위조약을 체결하고, 1966년 5월 소련이 MIG-21, T-54, T-55, SAM-2 미사일 등을 이집트에 제공하자 이스라엘과 아랍 국가들 간의 긴장은 최고조에 달했다.[192] 이처럼 건국과정에서부터 지속되어온 주변 아랍 국가들과의 전쟁 및 갈등은 이스라엘군이 생존을 위해 끊임없이 군사혁신을 추진하는 동기로 작용했다.

## (2) 시오니즘을 핵심역량으로 활용

시오니즘은 선조의 땅인 에레츠 이스라엘Eretz Israel(곧 Palestine을 말함)에 유대민족국가를 건설하여 민족문화를 창조하자는 운동으로 유대민족의 오랜 고난의 역사와 함께 발전되었다. 유대민족은 기원전 63년 로마에 의해 정복당한 후 AD 70년 로마 황제 티투스Titus에 의해 축출되어 아시아, 유럽, 아프리카, 미국 등으로 떠도는 디아스포라diaspora, 流浪民가 되었다. 유대인들은 세계 각처를 방랑하면서도 선민選民으로서 믿음과 생활을 버리지 않는 한 언젠가 메시아가 나타나 약속의 땅인 시온Zion에 민족국가를 건설하게 될 것으로 믿었다. 이와 같은 믿음이 유대민족주의 운동인 시오니즘의 근원이 되었다.

18세기 후반에 일어난 자유주의와 민족주의 사상은 유대민족주의를 강렬하게 자극했고, 이렇게 발아한 시오니즘 운동은 범세계적으로 확산되었다. 유대국가 건설을 위한 조직적인 시오니즘 운동은 19세기 후반 러시아 제국을 비롯한 동구의 유대인들로부터 시작되었다. 제정 러

---

192  합동군사대학교, 「세계전쟁사(하)」, p. 9-210-57.

시아에서 3차례의 포그롬을 경험한 러시아, 폴란드 태생 유대인들이 집단으로 팔레스타인에 이주하면서 유대국가 창건운동이 본격화되었다. 동구에서 시오니즘 운동이 유대국가 창건을 위한 실제적인 행동이었다면, 서구의 시오니즘 운동은 경제적·정치적으로 이를 지원하는 운동이었다. 즉 서구에서는 동구에서 이주한 유대인들에게 경제적 지원을 제공하고 시오니즘에 대한 범세계적인 인정 및 지지를 획득함으로써 이스라엘의 주권을 확립하는데 중점을 두었다. 이러한 과정을 통해 시오니즘은 이스라엘의 건국정신으로 자리를 잡았다. 이스라엘군은 시오니즘을 핵심역량으로 활용하여 독특한 방식으로 군사혁신을 추진하였는데, 그 내용은 다음과 같다.

첫째, 시오니즘을 바탕으로 '민·군 동일체the society and the army are one'의 국민총동원체제를 발전시켰다. 이스라엘은 스위스의 시민군제도를 도입하여 국민총동원체제를 발전시켰다. 국민총동원체제는 적은 인구로 평시에는 경제활동에 참여하며 국력을 신장시키고, 비상시에는 동원되어 국가방위 임무를 수행하는 체제였다. 이스라엘은 모든 국민이 국가방위에 참여함으로써 보통 국가의 군대와는 많은 차이가 있었다. 일반적으로 한 국가의 군대는 '국민의 군대'로 표현되지만 이스라엘군은 '국민이 곧 군대'였다.

전투의 주역이 예비역이므로 동원제도의 효율성은 이스라엘군의 전쟁 성패에 결정적으로 영향을 미쳤다. 이스라엘군의 예비군 편성 개념은 평시부터 모든 예비역을 현역을 근간으로 하는 여단에 통합 편성하는 것으로서 예비역을 '귀가해 있는 현역'으로 간주했다. 이러한 개념에 따라 현역과 예비역을 통합 편성하고 총참모부에서 현역 및 예비군 업무를 통합하여 관리함으로써 이스라엘군은 24-72시간 내에 100% 동원할 수 있는 능력을 갖추게 되었다.[193]

둘째, 성서적 믿음을 바탕으로 불굴의 전투의지를 가진 전사戰士 및 부대를 육성했다. 이스라엘군에서 성서는 야전교범과 같은 역할을 했다. 이스라엘군은 야전교범의 요점을 강조할 때 성경 구절을 주로 인용했다. 전쟁에서 승리하기 위해 많은 국가들이 종교를 활용하고 있지만, 야전교범에 성경구절을 직접 인용한 사례는 이스라엘이 유일했다.[194] 이를 통해 이스라엘군은 성서에 뿌리를 둔 유대민족 보존의식을 이스라엘을 수호하는 사명감으로 승화시켰다.

특히 다얀 장군은 정신적 의지력에 의한 공격을 강조했다. 6일 전쟁 수주일 전에 기고한 글에서 정신적 의지력의 중요성에 대한 그의 생각을 읽을 수 있다. 다얀 장군은 양치기 소년 다윗이 그의 왕이 제안한 창과 칼을 거부하고 돌팔매를 선택한 이유를 설명하면서 "다윗이 돌팔매를 선택한 것은 무기보다 정신력이 중요하다고 생각했기 때문이다. 정신력은 그의 영혼이 온전히 신과 함께 했을 때 부여되는 것으로서 이러한 정신력을 가진 자만이 대담하고 공포를 느끼지 않는 진정한 전사가 될 수 있다."고 강조했다.[195] 이러한 불굴의 정신력을 바탕으로 이스라엘군은 보통 군대에서는 불가능했을 움 가타프 요새 야간 탈취작전, 골란 고원 주간 정면공격작전 등을 성공적으로 완수할 수 있었다.

셋째, 성서적 믿음을 바탕으로 '양적 다수'보다 '질적 소수'의 군대를

---

193 김희상, 「중동 전쟁」, pp. 157-158.

194 Green, "The Israeli Defense Forces," p. 44.

195 Cohen, Eisenstadt, & Bacevich, 'Knives, Tanks, and Missiles', p. 58.

건설했다. 구약성경에는 기드온을 통해 여호와가 군사를 선발하고, 선발된 군사를 이용하여 이방민족과의 전쟁에서 승리하는 내용을 기록하고 있다. 기드온이 일으킨 군사는 3만 2천명이었지만, 여호와는 그 수가 너무 많아 이방민족과의 전쟁에서 승리함이 인간의 손에 의한 것이 아님을 보여주기 위해, 용사 300명을 선발했다. 이 전쟁에서 기드온과 300명의 용사는 여호와의 도움으로 전쟁에서 대승을 거두게 된다.[196]

군대의 규모가 문제가 되지 않음을 보여 주는 또 다른 성경의 사례는 다윗 왕 시대에 군역에 종사할 수 있는 인구조사로 여호와로부터 징계를 받았다는 기록이다. 다윗 왕의 명령에 따라 10개월간 인구조사를 실시한 결과 장정은 총 130만 명이었다. 장정의 조사는 전쟁을 수행함에 있어서 여호와의 힘보다 사람의 숫자에 의존하는 것을 의미하여 여호와의 입장에서 보면 큰 죄였다. 이로써 이스라엘 왕국은 질병으로 7만 명이 사망하는 징계를 받았다는 기록이다.[197]

성서적 믿음과 더불어 이스라엘과 아랍 국가들 간의 국토, 인구, 경제력 등에서 오는 비대칭성은 이스라엘군이 질적 우위를 추구하는 동기로 작용했다. 이스라엘군은 전투원 개인은 물론 부대의 사기, 전투기술, 기술적 역량 등에서도 적보다 질적인 우위를 추구했다. 이러한 노력의 결과로 이스라엘군은 6일 전쟁에서 전투장비의 가동률, 항공기의 출격회수, 피해 장비의 현장복구 등에서 아랍 국가들과 현격한 차이를 보였다. 이스라엘군의 질적 우수성은 수적 열세에도 불구하고 원하는

---

**196** 정원영, "이스라엘군의 정신전력 기저 분석과 시사점 고찰," 『국방정책연구』(2000), p. 171.

**197** 정원영, "이스라엘군의 정신전력 기저 분석과 시사점 고찰," p. 172.

시간과 장소에 적보다 상대적 우위의 전투력을 집중할 수 있게 했다.

넷째, 시오니즘의 영향으로 이스라엘을 '태생적 모국'으로 생각하는 국외의 유대인 역량을 적극적으로 활용했다. 국외의 유대인 역량 중에서 미국의 이스라엘 지원은 이스라엘의 생존과 군사력 건설에 결정적으로 기여했다. 1940년대 이전까지 미국은 중동지역에 대해 별다른 관심을 보이지 않았다. 그러나 제2차 세계대전을 계기로 미국은 중동지역의 전략적 가치를 인식하기 시작했다. 중동지역에서 소련에 대한 봉쇄정책과 미국의 원유 접근성을 지원할 수 있는 친미국가의 필요성이 대두되었다.[198] 이에 따라 1948년 5월 14일 이스라엘이 독립을 선포하자 트루먼Harry S. Truman 대통령은 국무장관 마셜George Marshall의 반대에도 불구하고 11분 만에 이스라엘의 독립을 승인했다.[199]

트루먼 대통령의 이스라엘 승인으로 미국과 이스라엘간의 특별한 관계가 시작되었다. 그러나 매카시McCarthy 파동, 로젠버그Rosenberg 부부의 핵 간첩사건[200] 등으로 양국의 관계가 협력과 긴장 관계를 반복하자, 이스라엘은 1954년 미국-이스라엘 공공위원회AIPAC, American Israel Public Affairs Committee를 출범시켜, 적극적인 대미 공공외교를 추진했다. 이스라엘은 선거를 통해 수시로 바뀌는 미 행정부의 성향에 따라 유대인에 대한

---

198 박재선, 『세계를 지배하는 유대인파워』(서울: 해누리, 2010), pp. 113-114.

199 마셜이 이스라엘의 독립 승인을 반대한 이유는 이스라엘 이민자들의 다수가 볼셰비키 출신이라는 의혹과 함께 이스라엘의 건국을 지지할 경우, 반소 진영으로 포섭해야 할 아랍 국가들이 반미 노선을 취할 수 있다는 우려 때문이었다. 인남식, 『미국과 이스라엘의 특수 관계: 인지적 동맹의 배경』(서울: 국립외교원, 2018), p. 5.

200 매카시(McCarthy) 파동은 위스콘신주 공화당 상원의원 매카시(Joseph McCarthy)가 미국 내 공산주의자를 색출하기 위해 벌인 대대적인 반공 캠페인이다. 당시 사회주의 등 진보세력이 다수였던 미국의 유대 지성인들이 좌익으로 몰려 사회에서 축출되었다. 로젠버그 부부 핵 간첩사건은 공산당원인 이들 부부가 미국의 원자력 관련 기밀을 소련에게 넘긴 간첩행위로 재판에서 사형선고를 받고, 1953년 6월 처형된 사건이다.

인식과 대 이스라엘 정책이 급변하는 것을 경험하면서 새로운 대미 접근방법으로 '정부 대 정부'의 공식 외교와 더불어 '국민 대 국민'이라는 새로운 공공외교를 추진했다. 즉 미국의 행정부는 바뀌어도 국민은 변하지 않는다는 전제 아래 미국 국민들을 대상으로 친이스라엘 외교정책을 추진한 것이다.[201]

AIPAC 활동은 포그롬과 홀로코스트를 피해 미국으로 이주해온 유대인들을 중심으로 이루어졌다. 19세기 중엽부터 제정 러시아의 유대인 박해를 피해 러시아와 동부 유럽으로부터 미국으로 이주해온 유대인은 250만 명에 이르렀고, 히틀러의 나치즘이 태동했던 1933년부터 제2차 세계대전이 끝난 1944년까지 유럽으로부터 미국으로 이주해온 유대인은 15만 명에 달했다. 이때 이주해온 유태인들은 아인슈타인을 비롯해 우수한 지식계층으로 최초의 핵무기 개발사업인 '맨해튼 프로젝트Manhattan Project'를 주도하는 등 과학, 기술, 문화, 예술 등 각 분야에서 미국의 발전을 선도하고 있었다.[202]

포그롬과 홀로코스트의 경험을 공유하고 이스라엘을 '태생적 모국'으로 생각하던 이들은 미국 사회에서의 영향력을 바탕으로 1949년부터 매년 30억 달러의 원조를 이스라엘에 제공하는 등 다양한 형태로 신생국 이스라엘을 지원했다. 양국 간 공식적인 군사동맹관계가 존재하지 않았음에도 불구하고, '인지적 동맹cognitive alliance' 관계로[203] 지칭될

201 인남식, 「미국과 이스라엘의 특수 관계: 인지적 동맹의 배경」, p. 6.

202 박재선, 「세계를 지배하는 유대인파워」, pp. 44~47.

203 '인지적 동맹(Cognitive Alliance)'은 구성주의적 시각으로서 현실주의 동맹이론의 고전적 분류유형에는 포함되지 않는 개념이다. 가시적, 물리적 계약 관계를 넘어 가치의 공유 및 심리적·종교적 연대감 등 비가시적 인지요소로 형성되는 동맹으로서 미−이스라엘 관계의 특수성을 잘 반영한 표현이다.

만큼, 미국과 신생국 이스라엘의 관계가 특별한 관계로 발전할 수 있었던 것은 시오니즘의 영향으로 이들의 이스라엘 사랑이 특별했기 때문에 가능했다.

## (3) 군 지도부의 변혁적 리더십

이스라엘군의 창설과 발전을 이끌어온 많은 군사지도자가 있었지만 이스라엘군의 토대를 마련하는데 가장 크게 기여한 군사지도자는 다얀 장군이었다. 다얀 장군은 1953년부터 1957년까지 이스라엘군 최고사령관인 총참모장으로 재임하면서 이스라엘군의 기반을 마련하였고, 1956년 수에즈 전쟁 당시에는 영국·프랑스의 군사지도자들과 함께 전쟁을 직접 기획하고 지휘함으로써 전쟁을 승리로 이끌었다. 또한 1967년 6일 전쟁 발발 직전에 국민의 부름을 받고 국방상에 임명되어 6일 전쟁을 승리로 이끌었다.[204] 다얀 장군을 중심으로 이스라엘군 지도부가 군사혁신 과정에서 보여준 변혁적 리더십을 정리하면 다음과 같다.

첫째, 이스라엘의 안보환경에 맞는 전략개념을 정립함으로써 군사혁신의 비전과 방향을 제시했다. 국토의 짧은 종심에서 오는 취약성을 극복하기 위해 이스라엘군 지도부는 적의 공격이 임박하거나 명백할 경우, 선제 기습공격으로 전쟁의 주도권을 조기에 장악하고 신속히 전장을 적의 영토 내부로 이전하는 "전략적 수세, 전술적 공세" 개념을 발전

---

[204] 1967년 이스라엘과 아랍 국가들 간에 전쟁의 위기감이 고조되자 이스라엘 국민들은 전쟁 영웅인 다얀 장군을 국방상으로 임명할 것을 요구했다. 에쉬콜(Levi Eshkol) 수상은 6월 1일 거국내각을 구성하고 정적인 다얀 장군을 국방상으로 임명했다.

시켰다. 6일 전쟁 이전의 이스라엘은 짧은 전략적 종심을 가진 국토를 보유하고 있었다. 이스라엘의 국토는 14km 폭의 벨트형태로 국토의 중간이 절단될 경우 쉽게 분리될 수 있는 취약점을 가지고 있었고, 국토에 비해 상대적으로 긴 해안선과 전선戰線은 경계를 어렵게 했다. 또한 전체국민의 2/3에 해당하는 인구가 텔아비브Tel Aviv에서 하이파Haifa에 이르는 해안선을 따라 거주함으로써 적의 기습공격에 직접적으로 노출되었다. 이러한 취약점으로 인해 이스라엘군 지도부는 시간을 벌기 위해 공간을 양보하는 수세적인 전략보다 전쟁을 조기에 적 지역으로 이전하는 공세적인 전략개념을 발전시켰다.[205]

둘째, 솔선수범을 통해 이스라엘군의 '승리에 대한 신념'을 회복했다. 1953년 12월 총참모장에 임명된 다얀 장군은 독립 전쟁 이후 쇠퇴하고 있던 이스라엘군의 '승리에 대한 신념' 회복에 역량을 집중했다. 아랍의 테러활동에 대한 보복을 위해 이스라엘군은 1953년 초반 수차례의 습격작전을 실시하였으나, 그 결과는 매우 실망스러웠다. 다얀 장군은 작전 실패의 원인이 ①임무완수를 위해 자신을 희생하겠다는 장병들의 결의 부족, ②장교들의 책임감 및 진두지휘 의지 결여, ③전투손실에 대한 지휘관들의 민감성에 있음을 확인하고, '승리에 대한 신념'을 회복하는데 지휘역량을 집중했다.[206]

'승리에 대한 신념'의 회복은 곧 전투의지로 충만한 전사戰士와 전투부대를 육성하는 것이었다. 다얀 장군은 전투의지로 충만한 '전사戰士'

---

**205** Cohen, Eisenstadt & Bacevich, 'Knives, Tanks, and Missiles,' p. 18.

**206** Moshe Dayan, Moshe Dayan Story of My Life(New York: First Da Capo Press, 1992) p. 172.

의 육성은 장교들의 솔선수범이 전제되었을 때 가능하다고 생각하고, 이스라엘군에 "나를 따르라!"의 전통을 정착시켰다. 다얀 장군은 장교 임관식 등 기회가 있을 때마다 장교들에게 장교의 책무와 진두지휘의 중요성을 강조했다. 본인 스스로도 수에즈 전쟁과 6일 전쟁에서 가장 위험하고 결정적인 장소에서 전쟁을 직접 지휘·지도함으로써 이를 이스라엘군의 문화로 정착시켰다. 전투의지로 충만한 '전투부대' 육성은 전투손실에 민감한 예하지휘관들에게 부대 전투력의 50%이상이 남아 있는 한 부여된 임무를 반드시 완수할 것을 요구하며 임무수행 실패에 대한 변명을 허용하지 않았다. 또한 전투경험이 많은 베테랑들로 구성된 제101특수부대를 창설하여 국경선작전을 전담하도록 했다. 제101 특수부대가 습격작전에서 탁월한 성공을 거두자 다얀 장군은 이 부대의 뛰어난 임무수행 사례를 모든 이스라엘군 부대가 도달해야할 '전투표준'으로 설정함으로써 부대의 공격정신을 회복했다.[207]

셋째, 형식을 배제하고 평등, 자율, 실용을 중요시하는 군대문화를 정착시켰다. 이스라엘의 군사적 기반은 20세기 초반부터 팔레스타인에 유대인들이 집단으로 이주하여 공동체를 이루기 시작하면서 형성되었다. 팔레스타인에 유대인의 증가는 아랍인들과 빈번한 무력 충돌을 초래하였고 유대인들은 이에 대비하기 위해 거주 지역을 중심으로 다양한 자율적인 무장조직을 결성하였는데, 이들이 이스라엘군의 모체가 되었다. 이러한 배경으로 이스라엘군은 당시 근대국가들의 군대와는 다른 독특한 조직문화를 보유하고 있었다. 창설 초기 이스라엘군에서

---

**207** Dayan, *Moshe Dayan Story of My Life*, pp. 173-178.

는 상급자가 오직 계급적 권위에만 의존하여 하급자에게 임무를 강요하는 경우는 찾아보기 어려웠다. 계급적 권위에 의존하기보다 공개된 환경에서 건전한 논쟁을 통해 의사를 결정하는 경우가 대부분이었다. 전투명령의 경우에도 계급보다 건전한 논쟁이 더욱 중요시 되는 공개 토론을 통해 공동으로 완성하는 경우가 많았다.[208]

　　1953년 총참모장으로 취임한 다얀 장군은 이스라엘군의 이러한 문화를 더욱 장려하고 정착시켰다. 다얀 장군은 취임과 동시에 형식적인 의전 절차를 폐지하고 업무방식을 단순화함으로써 총참모장으로부터 이등병에 이르기까지 계급에서 오는 심리적 거리를 없앴다. 총참모장 부관 직위를 폐지하여 부관이 사용하던 사무실을 본인이 사용하고 총참모장 사무실은 회의실로 개조했다. 사무실의 비품도 야전지휘관들이 방문했을 때 소외감을 느끼지 않도록 야전책상으로 교체했다. 예하부대를 순시할 때는 항상 전투복을 착용하고 병사들과 함께 흙먼지가 나는 땅바닥에 앉아 토의하며 그들의 의견을 청취했다.[209] 다얀 장군은 병사들의 외형적 군기에 대해 크게 관여하지 않았다. 그는 경직된 군기보다 융통성, 민첩성, 불굴의 전투의지를 가진 전투원, 즉 거칠고 공격적인 전사戰士를 육성하려고 했다.[210] 이처럼 형식을 배제하고 평등, 자율, 실용을 중시하는 이스라엘군의 조직문화는 이스라엘군의 군사혁신을 촉진하는 토대가 되었다.

　　넷째, 중간제대 지휘관들의 창의력 발휘를 보장할 수 있도록 전투지

**208**　Green, "The Israeli Defense Forces," p. 28.

**209**　Dayan, *Moshe Dayan Story of My Life*, pp. 174–175.

**210**　Gunther E. Rothenberg, *The Anatomy of The Israeli Army*(London: B. T. Batsford, 1979), p. 91.

휘에 '선택적 통제optional control' 개념을 도입했다. 역사적으로 피·아의 전투의지가 강렬하게 대립하는 전장에서 불확실성은 항상 존재해왔다. 이스라엘군은 전장의 불확실성fog of war을 장점으로 활용할 수 있도록 지휘통제방법을 개선했다. 이스라엘군은 전장에서 불확실성을 극복하는 가장 효과적인 방법은 지휘역량을 갖춘 현장 지휘관이 전장상황에 맞게 적보다 빠르게 결심함으로써 전장의 주도권을 획득하는 것이라고 생각했다. 이에 따라 이스라엘군은 현장의 결심권한을 중간제대 지휘관인 대대장 및 여단장에게 위임하고, 꼭 필요한 경우에만 상급자가 선택적으로 개입하는 '선택적 통제'를 도입했다.

이스라엘군은 '선택적 통제'의 한 방법으로 달성해야할 목표는 상급부대에서 부여하되, 목표를 달성하는 방법은 예하지휘관에게 위임했다. 그렇게 함으로써 예하지휘관들은 자기부대의 장점과 약점을 고려하여 목표 달성 방법을 창의적으로 구상하고 후보계획에 따라 임무를 수행했다. '선택적 통제'가 효과를 발휘하기 위해서는 정확한 보고가 선행되어야 했다. 본인들의 실패를 은폐하거나 적의 능력을 과장하는 등은 전체 지휘통제에 마비를 초래할 수 있으므로 이스라엘군은 정확한 보고를 특히 강조했다. 6일 전쟁에서 이스라엘군은 정확한 보고에 기초한 '선택적 통제'를 통해 전장에서 조성된 전술적 기회를 적시에 포착함으로써 전장의 주도권을 유지하고 전쟁에서 승리할 수 있었다.[211]

---

211  Green, "The Israeli Defense Forces," pp. 65–66.

# 제7장

# 주요국가의
# 국가혁신
# 성공요인 논의

# 1
## 국가별
## 성공요인 논의

### (1) 국가별 성공요인

#### 가. 미국

미군은 변혁적 리더십을 가진 군사지도자가 베트남 전쟁의 패전에서 오는 위기의식(감)을 바탕으로 미국의 핵심역량인 첨단 과학기술을 활용하여 군사혁신을 추진함으로써 걸프 전쟁에서 새로운 전쟁패러다임을 선보이며 승리했다. 미군이 군사혁신에서 성공할 수 있었던 요인들을 군사혁신 결정요인별로 정리하면 아래 표와 같다.

### 〈표 19〉 미국의 군사혁신 성공요인

| 결정요인 | 성공요인 |
|---|---|
| 군 지도부의<br>위기의식(감) | ·대규모 병력의 감축<br>·소련의 대규모 군비증강<br>·군기강의 와해 |
| 국가 또는 군차원의<br>핵심역량 | ·제2차 상쇄전략의 추진<br>·장거리 감시·정찰, 정밀타격, 지휘통제체계의 개발<br>·감시·정찰·타격·통신·항법 등에 항공·우주기술을 활용<br>·교육훈련에 과학기술을 활용(Red Flag, NTC, BCTP 등) |
| 군 지도부의<br>변혁적 리더십 | ·새로운 싸우는 방법의 제시로 군사혁신의 비전과 방향 제시<br>·장군들이 직접 교범 집필(솔선수범)로 군사혁신 동기 유발<br>·임무형명령, 작전개념의 도입으로 예하부대의 창의성 발휘 보장<br>·합동성 강화를 위한 위로부터의 협업 노력 |

    미군 지도부가 베트남 전쟁 직후 직면한 군사적 도전은 베트남 패전의 악몽에서 하루빨리 벗어나는 것이었다. 베트남 패전에 대한 국민들의 빗발치는 비난은 모욕감을 느끼기에 충분했고, 기강 이완이 심각한 상황에서 대규모의 병력 감축은 미 육군이 해체위기에 직면할 수도 있다는 위기의식(감)을 갖게 했다. 또한 1973년 중동 전쟁에서 소련제 장비로 무장한 아랍 군대들의 선전과 소련의 군비증강정책은 미군 지도부로 하여금 소련과의 군비경쟁에서 뒤지고 있다는 위기의식을 갖게 했다. 미군 지도부는 베트남 패전의 비난과 대규모 병력 감축을 정치인들의 탓으로 돌리기보다 개혁을 위한 기회로 인식하고 군사혁신을 추진했다. 장군들이 직접 교범을 집필하고 합동성 강화를 주도함으로써 미군은 걸프 전쟁에서 새로운 전쟁패러다임을 선보이며 승리했다.

미군은 우수한 첨단 과학기술을 핵심역량으로 활용하여 군사혁신을 추진했다. 베트남 전쟁 이후 미군의 대규모 병력 감축, 미·소간 핵 교착상태 및 소련의 대규모 재래식 전력 증강 등을 고려하여 미군은 소련의 양적 우위를 질적 우위로 상쇄하기 위한 제2차 상쇄전략을 추진했다. 미국의 첨단 과학기술은 세계적 기술선도국가인 미국이 가진 차별화된 능력으로서 첨단 무기체계의 개발, 과학적 훈련 등 다양한 방식으로 군의 전투력 증강에 활용이 가능하고, 경쟁 상대국이 쉽게 모방할 수 없으며, 다른 자원들과도 잘 조화되는 핵심역량이었다.

공지전투 교리의 개발은 미군의 과학기술 활용을 더욱 가속화했다. 공지전투 교리에서 종심전투를 강조함에 따라 미군은 장거리 감시정찰체계, 장거리 정밀타격체계, 그리고 이들을 연결하여 지휘할 수 있는 지휘통제체계를 우수한 과학기술을 이용하여 개발했다. 또한 미군은 지상 작전에 필요한 감시·정찰·타격·통신·항법 등을 우주·항공기술을 이용하여 제공함으로써 자국의 핵심역량을 최대로 활용했다. 이러한 노력으로 미군은 걸프 전쟁에서 작전목표의 대부분을 첨단 과학기술의 결정체인 우주·항공전력을 이용하여 달성하였고, 최단시간 내 최소의 희생으로 결정적인 승리를 모색하는 새로운 전쟁패러다임을 선보였다.

베트남 전쟁 이후 미군의 군사혁신 추진에 많은 군사지도자들의 기여가 있었지만, 1973년부터 4년간 초대 훈련 및 교리사령관으로 재임한 드푸이 장군의 역할이 결정적이었다. 드푸이 장군은 제2차 세계대전, 한국 전쟁, 베트남 전쟁에 참전한 작전전문가로서 미군 내에서 존경받는 강직한 성품의 군인이었다. 드푸이 장군은 미 육군의 군사혁신

비전을 담은 FM 100-5(작전)를 새롭게 작성하면서 장군들이 직접 해당분야를 쓰도록 했다. 많은 저항이 있었지만 본인도 직접 집필에 참가하는 변혁적 리더십을 발휘하며 1976년 초판을 완성했다. 새로운 교범은 내용과 형식면에서 기존 교범과는 확연히 달랐고, 부하들의 영감적인 동기와 지적 자극을 촉발하는 기폭제가 되었다.

드푸이 장군은 미 육군의 경직된 조직문화를 개선하기 위해 지휘통제의 방식으로 임무형명령과 작전개념을 도입했다. 새로 도입된 지휘통제의 방식은 부하에게 달성해야 할 임무와 수단은 제공하지만 임무수행방법은 스스로 찾도록 하는 방식이었다. 베트남 전쟁 당시 백악관이 말단 제대의 전술적인 문제까지 간섭했던 상황에서 이러한 제도의 도입은 예하지휘관들의 융통성과 창의성을 보장하는 파격적인 접근이었다. 또한 드푸이 장군과 딕슨 장군이 시작한 육군과 공군간의 합동성 강화 노력은 위컴 장군과 가브리엘 장군으로 이어졌고, 골드워터-니콜스법이 마련됨으로써 미군의 전투준비와 전투수행방식을 획기적으로 변화시켰다.

## 나. 독일

독일군은 변혁적 리더십을 가진 군사지도자가 제1차 세계대전의 패전에서 오는 위기의식(감)을 바탕으로 독일군의 핵심역량인 전문군사교육제도를 활용하여 군사혁신을 추진함으로써 제2차 세계대전 초기 프랑스 전역에서 결정적으로 승리했다. 독일군이 군사혁신에 성공할 수 있었던 요인들을 군사혁신 결정요인별로 정리하면 아래 표와 같다.

| 결정요인 | 성공요인 |
|---|---|
| 군 지도부의<br>위기의식(감) | ·독일 영토의 상실<br>·가혹한 군비제한조항<br>·가혹한 전쟁배상금 및 지불 강요 |
| 국가 또는 군차원의<br>핵심역량 | ·우수한 자질의 지원병 획득<br>·하사관을 군의 중추로 육성<br>·최고 수준의 엘리트 장교 육성<br>·일반참모제도를 통해 최고의 전략 및 전술 전문가 육성 |
| 군 지도부의<br>변혁적 리더십 | ·전문 직업군대의 비전 제시<br>·새로운 싸우는 방법의 발전<br>·자율성을 강조하는 조직문화, 임무형지휘의 부활<br>·신기술, 새로운 업무수행방식의 도입에 개방적인 태도 |

제1차 세계대전 직후 독일군 지도부는 패전에서 비롯된 생존에 대한 절박한 위기의식(감)을 가지고 있었다. 제1차 세계대전의 결과로 연합국에 의해 강요된 베르사유 조약은 독일 국민들과 군인들에게 모욕감을 주기에 충분했다. 베르사유 조약은 독일을 전범국가로 간주하여 해외의 모든 식민지와 유럽 영토의 13%를 양도토록 강요했고, 총병력을 10만 명으로 제한하고 주요전투장비의 제조를 금지함으로써 독일을 더 이상 전쟁을 할 수 없는 국가로 만들었으며, 전쟁배상금을 매년 10억 마르크씩 132년 동안 지불토록 했다. 베르사유 조약에 대해 독일 국민들은 '받아쓰기' 조약이라고 혹평했고 군인들은 복수를 다짐했다. 독일군은 베르사유 조약의 가혹함에 굴복하기보다 군사혁신을 위한 위기의식(감)으로 활용하여 제2차 세계대전 초기 전역에서 과거와는 전혀 다른 새로운 독일군을 선보였다.

독일군은 오랜 전통으로 이어저온 전문군사교육제도를 핵심역량으로 활용하여 군사혁신을 추진했다. 독일군은 전통적으로 장병들을 철저히 교육하는데 높은 우선순위를 두었다. 제1차 세계대전 발발 이전에도 독일군은 일반참모, 일선장교, 하사관, 병사들을 효과적으로 교육하는 제도를 구비하고 있었다. 베르사유 조약으로 군비제한조치가 이루어지자 젝트 장군은 기존의 군사교육제도를 더욱 강화했다.

독일군의 핵심역량인 전문군사교육제도는 오랫동안 독일군의 전통으로 이어져 온 차별화된 능력으로서 개인 및 부대훈련에 다양한 방식으로 활용이 가능하고, 경쟁 상대국이 쉽게 모방할 수 없으며, 다른 자원들과도 잘 조화되는 핵심역량이었다. 베르사유 조약으로 10개 사단으로 묶여있었던 독일군이, 프랑스 전역 당시 159개 사단으로 확장되었음에도, 탁월하게 임무를 수행할 수 있었던 것은 전문군사교육제도를 이용하여 '간부육군'을 건설했기 때문이었다. 특히 독일군은 일반참모제도를 통해 최고의 전략 및 전술 전문가를 양성하였는데, 이들이 교리 발전과 전쟁 계획을 주도하면서 제2차 세계대전 초기전역에서 승리할 수 있었다.

제1차 세계대전 이후 독일군의 군사혁신을 주도적으로 이끈 군사지도자는 1920년부터 6년간 육군총참모장으로 재임한 젝트 장군이었다. 젝트 장군은 "젝트가 있는 곳에 승리가 있다."는 구호가 회자될 만큼 탁월한 전략 및 전술가이며 제1차 세계대전의 영웅이었다.[212] 젝트 장군

---

212 제1차 세계대전이 발발했을 때 젝트 장군은 제3군단의 참모장으로 재직하고 있었다. 수아송(Soissons) 돌파전에서 용맹을 떨친 후 젝트 장군은 막켄젠(Mackensen) 장군의 신편 제11군의 참모장으로 발탁되어 동부전선으로 보직되었다. 젝트 장군은 1915년 5월 실시된 고를리체–타르노프(Gorlice–Tarnow) 돌파작전을 계획하여 대성공을 거두었다. 그 후 막켄젠 장

은 제1차 세계대전으로 완전히 붕괴된 독일군을 재건했다. 젝트 장군은 '간부육군'을 설계하고, 새로운 '싸우는 방법'을 정립함으로써 군사혁신의 비전과 방향을 제시했다. 특히 '간부육군' 정책은 모든 장병들이 상위의 계급·직책을 수행할 수 있는 능력을 갖추게 하는 것으로 장병들에게 끊임없는 지적 자극과 동기를 부여했다.

새로운 '싸우는 방법'인 '육군규정 487'(제병협동 하에서 지휘 및 전투)에서도 독일군은 지휘의 분권화와 하급제대로의 권한 위임, 초급장교 및 하사관의 독립적인 판단과 행동, 그리고 장병들의 창의성 발휘를 강조함으로써 구성원들에게 영감적인 동기를 부여하고 지적 자극을 유발했다. 젝트 장군은 제1차 세계대전 기간 동안 예하지휘관의 독단행동을 규제함에 따라 침체되었던 임무형지휘를 부활하고, 신기술과 새로운 업무수행방식의 도입에도 개방적인 태도를 유지함으로써 독일군의 군사혁신을 촉진시켰다. 또한 젝트 장군은 대규모 부대확장에 대비하여 일반참모제도의 유지, 동원제도의 발전, 소련과 비밀협정을 통한 전차 및 항공기의 합작생산 등을 통해 군사혁신을 위한 기본 틀을 마련하였고, 이러한 기본 틀이 후임자들에 의해 계승됨으로써 독일군은 군사혁신에서 성공할 수 있었다.

## 다. 이스라엘

이스라엘군은 변혁적 리더십을 가진 군사지도자가 주변 아랍 국가들

---

군을 보좌하여 전쟁에서 항상 빛나는 승리를 거두어 "막켄젠이 있는 곳에 젝트가 있고, 젝트가 있는 곳에 승리가 있다."는 명성을 얻게 되었다.

의 위협에서 오는 위기의식(감)을 바탕으로 이스라엘의 핵심역량인 시오니즘을 활용하여 군사혁신을 추진함으로써 6일 전쟁에서 결정적으로 승리했다. 이스라엘군이 군사혁신에 성공할 수 있었던 요인들을 군사혁신 결정요인별로 정리하면 아래 표와 같다.

**〈표 21〉 이스라엘의 군사혁신 성공요인**

| 결정요인 | 성공요인 |
|---|---|
| 군 지도부의<br>위기의식(감) | ·포그롬, 홀로코스트 경험<br>·이스라엘의 지정학적 취약성<br>·이스라엘 국력의 열세(인구, 자원 등)<br>·독립 후 아랍 국가들의 지속적인 위협 |
| 국가 또는 군차원의<br>핵심역량 | ·민·군 동일체의 국민총동원체제 발전<br>·불굴의 전투의지를 가진 전투원 및 부대 육성<br>*승리에 대한 '극한적인 의지' 고양<br>·성서적 신념에 바탕을 둔 질적 우위의 군대 육성<br>·국외(미국)의 유대인 역량을 적극적으로 활용 |
| 군 지도부의<br>변혁적 리더십 | ·맞춤형 전략개념 발전으로 군사혁신의 비전과 방향을 제시<br>·승리에 대한 신념의 회복<br>·평등, 자율, 실용을 중시하는 문화 장려<br>·'선택적 통제'를 통한 예하부대의 융통성, 창의성 보장 |

이스라엘군 지도부가 독립 전쟁 이후 직면한 군사적 도전은 주변 아랍 국가들로부터 국가의 생존을 수호하는 것이었다. 6일 전쟁 이전의 이스라엘은 인구 570만 명과 약 2만 평방 km의 국토를 가진 작은 나라로서 국토의 종심이 짧아 적의 기습공격에 취약했고, 아랍 국가들로 포위되어 행동의 자유가 제한되었으며, 인적·물적 자원의 제한으로 전쟁지속능력 유지가 어려웠다. 이스라엘군 지도부는 주변 아랍 국가들

의 위협에 굴복하기보다 생존 위협에서 오는 위기의식(감)을 군사혁신을 위한 원동력으로 활용하여 국민총동원체제의 구축, 새로운 군사전략의 발전, 전투의지로 충만한 전투원 및 부대의 육성 등을 통해 6일 전쟁에서 극적으로 승리했다.

이스라엘군은 시오니즘을 핵심역량으로 활용하여 군사혁신을 추진했다. 시오니즘은 유대인들이 선민으로서의 믿음을 버리지 않는 한 언젠가 메시아가 나타나 약속의 땅인 시온에 민족국가를 건설하게 될 것이라는 믿음이었다. 시오니즘은 유대민족이 2,000여년 유랑민 생활을 하면서도 항상 마음속에 믿음으로 간직했던 차별화된 능력으로서 부대활동, 교육훈련, 전투임무수행 등에서 무형전력으로 다양하게 활용이 가능하고, 경쟁 상대국이 쉽게 모방할 수 없으며, 다른 자원들과도 잘 조화되는 핵심역량이었다.

이스라엘군은 시오니즘을 바탕으로 '국민이 곧 군대'인 국민총동원체제를 구축하여 인적·물적 자원의 열세를 극복했다. 아울러 이스라엘군은 성서적 믿음을 바탕으로 불굴의 전투의지를 가진 질적 우위의 전투원 및 부대를 육성하고, 정신적 의지력에 의한 공격을 강조함으로써 서구 군대에서는 불가능했을 움 가타프 요새 야간탈취작전, 골란 고원 주간 정면공격 등에서 승리했다. 또한 이스라엘은 시오니즘 운동을 지원하는 해외(미국)의 유대인 역량을 활용하여 미국과 특별한 관계를 유지함으로써 정치적인 지원과 원조를 제공받았다.

독립 전쟁 이후 이스라엘군의 군사혁신을 주도적으로 이끈 군사지도자는 1953년부터 4년 동안 이스라엘군 총참모장으로 재직한 다얀 장군이었다. 다얀 장군은 1948년 독립 전쟁 당시 제89특수대대를 지휘했고, 1956년 수에즈 전쟁에서는 영국·프랑스 군사지도자들과 함께 전쟁을 직접 기획 및 지휘하여 전쟁을 승리로 이끈 전쟁영웅이었다.

다얀 장군은 수에즈 전쟁의 교훈을 바탕으로 "전략적 수세, 전술적 공세" 개념을 정립하여 이스라엘군의 군사혁신 비전과 방향을 제시하고, 이를 뒷받침할 수 있도록 공군, 기갑부대, 특수부대 등 공세 기동부대를 집중적으로 육성했다. 아울러 독립 전쟁 이후 쇠퇴하고 있던 '승리에 대한 신념'을 회복하기 위해 전투의지로 충만한 전투원 및 전투부대를 육성하고, 평등·자율·실용을 중시하는 군대문화를 정착시켰다. 또한 이스라엘군 지도부는 중간제대 지휘관들의 창의력 발휘를 보장하기 위해 전투지휘에 '선택적 통제' 개념을 도입했다. '선택적 통제'는 전투현장의 결심권한을 중간제대 지휘관인 대대장 및 여단장에게 과감히 위임하고, 꼭 필요한 경우에 한하여 상급제대가 개입하는 방식이었다.

## (2) 성공요인 비교 분석

미국, 독일, 그리고 이스라엘의 군사혁신 성공요인을 검토한 결과, 군사혁신의 성공여부를 결정하는 3가지 독립변수인 ①군 지도부의 위기의식(감), ②국가 또는 군차원의 핵심역량, ③군 지도부의 변혁적 리더십은 모두 각국의 군사혁신 성공에 결정적으로 기여한 것으로 평가된다.

'군 지도부의 위기의식(감)'은 군사혁신을 촉발하고 추동하는 핵심요소로서 군사혁신에 성공한 3개 국가는 내용과 정도에는 차이가 있지만, 모두 군사혁신을 촉발하고 추동할 수 있는 높은 수준의 위기의식

(감)을 보유하고 있었다. 미국과 독일은 패전에 따른 위기의식(감)을, 이스라엘은 주변국의 지속적인 생존 위협으로부터 오는 위기의식(감)을 군사혁신의 에너지로 활용하여 과거와는 전혀 다른 새로운 군대를 육성했다. 따라서 군 지도부가 느끼는 위기의식(감)이 클수록 군사혁신의 동기가 커지고 군사혁신에서 성공할 가능성도 높다.

'핵심역량'은 조직이 가지고 있는 경쟁력의 원천으로서 단순히 잘하는 것을 넘어서 경쟁 상대방에 대해 명백한 우위를 제공하는 차별화된 능력이다. 군사혁신에 성공한 3개 국가가 활용한 핵심역량은 서로 다르지만, 핵심역량으로서의 특성을 잘 갖추고 있는 역량으로서 각국의 군사혁신에 결정적으로 기여했다. 미국의 첨단 과학기술은 걸프 전쟁에서 산업기술 중심의 이라크군을 무력화하고 정보·지식 중심의 새로운 전쟁양상을 예고했다. 독일의 전문군사교육제도는 전격전 교리의 개발로 프랑스 전역에서 마지노 요새 방어사상에 머물러 있던 프랑스군을 괴멸시켰다. 시오니즘으로 무장한 이스라엘군은 6일 전쟁에서 구심점이 부족했던 아랍 국가들을 상대로 경이적인 승리를 쟁취했다. 따라서 상대 국가(군대)와 차별화되는 국가 또는 군차원의 핵심역량을 효과적으로 활용했을 때 군사혁신에 성공할 가능성이 높다.

위기의식(감)과 핵심역량만으로는 군사혁신에 성공하기 어렵다. 군사혁신에 성공하기 위해서는 군사적 위협 또는 도전에 직면한 구성원들에게 위기의식(감)을 갖도록 유도하고, 피·아 강·약점 분석을 통해 핵심역량을 발굴하며, 군사혁신이 지향할 비전과 전략을 제시하는 등 구성원들을 이끌어나가는 '변혁적 리더십'이 필요하다. 군사혁신에 성공한 3개 국가는 공통적으로 변혁적 리더십을 가진 군사지도자가 군사혁신 초기 단계에서 비교적 장기간(4-6년) 재직하며 군사혁신의 기틀을 마련하였고, 후임자들이 이를 지속적으로 유지·발전시킴으로써 군사혁신에 성공했다. 또한 3개 국가는 모두 예하부대에 권한을 최대한 위임하고 창의성을 발휘할 수 있는 조직문화를 정착시켜 군사혁신에 성공했다. 따라서 변혁적 리더십을 가진 군 지도부가 군사혁신을 주도하고, 이를 수용할 수 있는 조직문화가 조성되었을 때 군사혁신에 성공할 가능성이 높다.

# 2

## 결정요인별
## 성공요인 논의

앞 절에서 군사혁신에 성공한 3개 국가의 성공요인들을 검토한 결과 공통된 요인들도 있으나, 그 나라만의 독특한 요인들이 있음을 발견할 수 있다. 우리가 군사혁신 전략을 수립할 경우에도 공통점과 차이점들을 충분히 고려해야 군사혁신의 성공 가능성을 높일 수 있다. 따라서 본 절에서는 전략적 결정요인(독립변수)별로 성공요인을 비교 분석하였다.

### (1) 군 지도부의 위기의식(감)

미군의 군사혁신을 촉발하고 추동한 위기의식(감)은 베트남 전쟁의 패전에서 왔지만 국내·외적인 요인이 복합적으로 작용하여 형성된 위기의식(감)이었다. 국내적인 요인으로는 대규모 병력 감축, 군기강의 와해 및 대국민 신뢰 추락에 따른 위기의식(감)이었고, 외부적인 요인은 소련의 대규모 군비증강에서 오는 위기의식(감)이었다.

반면 독일군이 가졌던 위기의식(감)은 제1차 세계대전 패전에 따른 외부적인 요인에 의한 위기의식(감)이었다. 독일군이 가졌던 위기의식(감)은 미군의 위기의식(감)보다 상대적으로 더 큰 국가적 수준의 위기의식(감)이었다. 이로 인해 독일군이 군사혁신을 주도했지만 많은 부분이 국가적 차원에서 이루어졌다. 젝트 장군은 베르사유 조약의 군비제한조항으로 일반참모부의 유지가 어렵게 되자 이를 정부부처로 전환하여 존속시켰다. 또한 독일정부의 은밀한 지원 아래 러시아와 전차 및 항공기를 합작 생산하였고, 독일정부의 협조로 민간 항공사의 핵심직위에 예비역 공군장교들을 보직함으로써 유사시 민간 항공사들을 즉시 동원하여 운용할 수 있는 체제를 구축했다.

이스라엘군이 가졌던 위기의식(감)은 주변 아랍 국가들로부터 오는 외부적인 요인에 의한 위기의식(감)이었다. 이스라엘군이 가졌던 위기의식(감)은 미군이나 독일군이 가지고 있었던 위기의식(감)보다 더 큰 국가의 생존이 위협받는 위기의식(감)이었다. 포그롬, 홀로코스트와 같은 아픈 역사적 경험을 가지고 있었던 이스라엘은 모든 수단을 동원하여 이러한 군사적 도전을 극복하려고 했다. 따라서 이스라엘군이 군사혁신을 주도하였지만 대부분의 군사혁신은 국가적 차원에서 이루어졌다. 그 대표적인 사례가 스위스의 시민군제도를 참고하여 도입한 민·군 동일체 개념의 국민총동원체제였다.

결론적으로 베트남 전쟁 직후 미군이 가졌던 위기의식(감)은 국가의 생존 이익이 위협받는 정도의 위기의식(감)은 아니었다. 반면 제1차 세계대전 직후 독일군이 가졌던 위기의식(감)은 국가의 생존 이익이 위협받는 수준의 위기감이었다. 이에 따라 독일군은 군사혁신을 추진함에 있어서 독일 정부의 직·간접적인 지원을 손쉽게 이끌어낼 수 있었고, 군사혁신의 성공 가능성도 높았다. 독립 전쟁 직후 이스라엘군이 느꼈던 위기의식(감)도 국가 생존이 위협받는 최고 수준의 위기의식(감)이었다. 이러한 최고 수준의 위기의식(감)을 바탕으로 이스라엘 국민들과 군은 동일체 개념으로 군사혁신을 추진하였고, 이에 따라 군사혁신의 성공 가능성도 높았다.

## (2) 국가 또는 군차원의 핵심역량

미군은 우수한 과학기술을 핵심역량으로 활용하여 군사혁신을 추진했다. 수많은 논의를 통해 공지전투 교리가 1982년 새롭게 탄생했다. 새로운 교리는 과학기술의 활용을 잘 반영한 교리로서 미군의 핵심역량 활용을 더욱 촉진시켰다. 공지전투 교리가 적지종심전투를 강조함에 따라 미군은 종심지역 감시를 위한 장거리 감시정찰체계, 종심지역 목표 타격을 위한 장거리 정밀타격체계, 이들의 지휘를 위한 지휘통제체계를 전력화함으로써 과학기술의 활용을 더욱 촉진시켰다. 또한 1986년 육·해·공군의 합동성을 강조하는 골드워터-니콜스법이 제정됨에 따라 미군은 군사작전에 필요한 정찰·감시·타격·통신·항법 등에 항공·우주기술을 적극 활용함으로써 과학기술 핵심역량이 제공하는 이점을 극대화했다.

미군은 교육훈련에도 핵심역량인 과학기술을 적극적으로 활용했다. 미군은 야전부대의 실전적인 훈련을 위해 과학화훈련체계를 도입함으로써 핵심역량의 전투력 창출효과를 배가시켰다. 항공기 조종사 훈련을 위한 Top Gun 및 Red Flag 훈련, 지상군부대의 실전적인 훈련을 위한 NTC 및 JRTC 훈련은 실제 탄약을 사용하지 않고도 실전과 같은 훈련을 가능하게 했다. 컴퓨터 모의기술을 이용한 워게임은 지역전투사령관들의 작전계획을 검증하고 전술제대 지휘관 및 참모의 임무수행능력을 향상시키는데 결정적으로 기여했다.

아울러 미군은 독일군의 전문군사교육제도를 참고하여 간부보수교육을 전장에서 즉시 활용할 수 있는 직무교육 위주로 전환하고, 지휘 및 참모대학에 고급군사연구과정SAMS을 신설했다. 고급군사연구과정에서는 전술과 작전분야에서 뛰어난 장교를 선발하여 1년 동안 전쟁술에 대한 심화과정을 제공하였는데, 이 과정을 졸업한 장교들이 걸프 전쟁에서 전역계획의 수립과 작전시행을 주도하면서 전쟁을 승리로 이끌었다.

한편 독일군은 전문군사교육제도를 핵심역량으로 활용하여 군사혁신을 추진했다. 독일군은 전문군사교육제도를 활용하여 '간부육군'을 건설함으로써 전시 부대확장을 보장하고, 일반참모제도로 양성된 전략 및 전술 전문가들이 군사교리의 발전과 전역계획 수립을 주도함으로써 전투력 발휘를 배가시켰다. 연합국에 의해 총병력이 10만 명으로 제한되자 젝트 장군은 독일군을 평시 정예타격부대와 유사시 정예사단으로 신속히 확장할 수 있는 이중목적의 '간부육군'을 건설했다. 즉 독일군은 모든 구성원들에게 상위 계급·직책을 수행할 수 있는 능력을 구비토록 했다.

젝트 장군은 하사관이 '간부육군'의 중추가 되어야한다고 생각하고 하사관의 선발, 교육, 진급과정을 엄격하게 관리하고 장교들에게 실시하던 리더십 교육을 하사관들에게도 확대했다. 1926년을 기준으로 후보생을 포함한 하사관은 총 57,000여명으로 전체병력의 57%를 차지했다. 이에 따라 독일군 전체가 마치 대형 하사관학교처럼 변모되었다.

장교의 선발과 교육과정은 더욱 엄격했다. 장교가 되기 위해서는 대학입학자격증을 보유하고 21개월의 병·하사관 생활기간 동안 지휘자로서 탁월한 역량을 과시해야 후보생으로 선발되었다. 장교후보생들은 2년간의 병과학교 교육을 성공적으로 이수하고, 소속연대로 복귀하여 지휘자로 복무하며 소속연대 장교들의 최종적인 승인을 받아야 장교가 될 수 있었다. 일반참모과정은 4년으로 전체장교의 10-15%만 입교할 수 있었다. 매년 300여명의 응시자 중에서 30여명을 선발하여 높은 수준의 전문군사교육을 제공함으로써 최고의 전략 및 전술 전문가를 육성했다.

독일군은 베르사유 조약의 군비제한조항으로 신무기의 개발이 엄격히 제한된 상황에서도 과학기술 활용의 중요성을 인식하고 다양한 시도를 했다. 독일군은 차량화부대와 항공기의 합동작전 시험, 전차의 전술적운용 시험 등을 진행하고, 소련과 비밀협정을 통해 전차 및 항공기를 합작 생산하였으며, 경쟁국가의 과학기술 발전과 신무기 개발 동향을 적극적으로 수집했다. 이러한 노력으로 1920년대 당시 외국군의 무기체계와 전술적 운용을 가장 잘 이해하고 있던 군대는 독일군이었다. 독일군은 새로운 무기체계의 개발보다 개발된 무기의 전술적 운용에 탁월한 능력을 보였다. 미국인이 기관총을 발명하였지만 제1차 세계대전에서 독일군이 기관총을 집중 운용하면서 그 위력을 증명했다.[213] 영국군이 전차를 처음으로 개발하였지만 '전격전' 교리의 개발로 전차의 위력을 극대화한 군대는 독일군이었다.

반면 이스라엘군은 시오니즘을 핵심역량으로 활용하여 군사혁신을 추진했다. 이스라엘군은 시오니즘을 활용하여 민·군 동일체의 국민총동원체제를 구축하고 전투, 훈련, 부대활동에서 시오니즘에 바탕을 둔 정신전력을 강조함으로써 전투력 창출효과를 배가했다. 이스라엘군은 성서적 신념을 바탕으로 불굴의 전투의지를 가진 전투원과 부대를 육성했다. 싸우는 원칙을 기술한 야전교범에서 핵심요점을 강조할 때 이스라엘군은 성서를 자주 인용했다. 이를 통해 이스라엘군은 성서에 뿌리를 둔 민족 보존의식을 이스라엘을 수호하는 사명감으로 승화시켰다.

또한 이스라엘군은 전투, 훈련 등 모든 활동에서 시오니즘 정신을 강조함으로써 개인 및 부대의 전투력 발휘를 배가시켰다. 6일 전쟁에서 이스라엘 공군은 항공기의 일일 출격회수, 재 출격 소요시간, 가동률 등에서 아랍 국가 공군들과는 현격한 차이를 보였다. 육군의 경우에도 대부분의 여단들이 평시 50% 이하로 편성되어 있어 50% 이상의 병력을 동원하여 전투에 참가하였음에도 불굴의 공격정신을 유감없이 발휘했다.

이스라엘군은 과학기술을 활용한 공세전력 확보에도 박차를 가했는데, 이를 통해 핵심역량의 전투력 창출효과를 증대시켰다. 독립 전쟁 당시 보병부대의 야간 기습공격에 주로 의존 했던 이스라엘군은 수에

---

213  William Browning, Richard Gatling, Issac Lewis, Hiram Maxim 등 미국인들이 기관총을 개발하였지만 미국은 기관총을 대량으로 구입하여 활용하지 않았다. 1914년 9월 독일군이 연합군의 진격을 격퇴하기 위해 Chemin des Dames에서 기관총을 대량으로 집중 운용했다. Hundley, *Past Revolutions Future Transformations*, p. 13.

즈 전쟁 교훈을 바탕으로 전투기, 기갑 및 기계화부대, 공수부대 등 공세전력을 대폭 증강했다. 보병부대에 비해 기동력, 화력, 충격력 등에서 상대적 우위인 공세전력이 이스라엘군의 핵심역량인 정신전력과 결합함으로써 전투력 창출효과는 더욱 증폭되었다.

위의 비교에서 미군, 독일군, 이스라엘군은 각각 상이한 핵심역량을 활용하여 군사혁신을 추진했지만 몇 가지 공통점을 발견할 수 있다.

첫째, 3개국 모두 자국(군)의 핵심역량을 더욱 강화하여 전투력 창출효과를 극대화하는 방향으로 군사혁신을 추진했다. 미군은 첨단 과학기술을 적극 활용하여 적지종심지역 감시정찰, 정밀타격, 지휘통제능력을 발전시키고 첨단 항공·우주기술을 활용하여 정찰·감시·타격·통신·항법역량을 획기적으로 향상시킴으로써 전투력 창출효과를 배가했다. 독일군도 전문군사교육제도를 더욱 강화하여 '간부육군'을 건설함으로써 재무장과 전시 부대확장을 가능하게 했고, 일반참모제도를 통해 최고의 전략 및 전술 전문가를 육성하여 이들이 교리 발전, 전쟁 계획, 작전실시 등을 주도토록 함으로써 전투력 창출효과를 증폭시켰다. 이스라엘군도 시오니즘을 활용하여 국민총동원체제를 구축하고 전투, 훈련, 각종 부대활동에서 시오니즘을 지속적으로 강조함으로써 핵심역량의 전투력 창출효과를 극대화했다.

둘째, 핵심역량은 경쟁 상대 국가(군)에 대해 비대칭적으로 사용되었을 때 그 효과가 극적으로 증폭되었다. 걸프 전쟁에서 첨단 과학기술을 이용한 정보·지식중심의 전쟁을 지향한 미군은 산업사회에 머물러있었던 이라크군과 과학기술 측면에서 비대칭을 이루었다. 프랑스 전역에서 '전격전' 교리로 무장한 독일군은 마지노 요새 방어사상에 함몰되어 있던 프랑스군과 군사 교리적 측면에서 비대칭을 이루었다. 그리고 6일 전쟁에서 시오니즘으로 무장한 이스라엘군은 통합작전조차 불가능했던 아랍 군대들과 정신전력 측면에서 비대칭을 이루었다.

셋째, 3개국 모두 자국(군)의 핵심역량이 최대의 전투력 창출효과를 발휘할 수 있도록 다른 역량이나 자원으로 핵심역량을 보완했다. 미군은 과학기술을 핵심역량으로 활용하는 한편, 독일군의 전문군사교육제도를 참고하여 고급군사연구과정을 도입하여 엘리트장교를 육성하였는데, 이들이 전역계획 수립과 군사작전을 주도함으로써 전투력 창출효과를 배가했다. 독일군은 전문군사교육제도를 핵심역량으로 활용하였지만, 현대전에서 과학기술의 중요성을 깊이 인식하고 소련과 합작을 통한 무기체계의 개발 및 시험, 경쟁국가의 신무기체계 개발 동향과 전술적 운용에 대한 정보수집 등을 통해 핵심역량의 전투력 창출효과를 보완했다. 이스라엘군도 시오니즘을 핵심역량으로 활용하면서 과학기술을 활용한 공세전력의 대폭 증강으로 핵심역량의 전투력 창출효과를 증대시켰다.

넷째, 3개국 모두 군사혁신을 추진함에 있어서 과학기술을 중요시했다. 미군은 과학기술을 핵심역량으로 활용하여 군사혁신을 추진함으로써 새로운 패러다임의 전쟁양상을 선보였다. 독일군은 베르사유 조약의 군비제한조항으로 과학기술의 활용이 제한되었지만, 소련과의 비밀조약 체결로 항공기와 전차를 생산·시험하고, 경쟁 국가의 과학기술 발전 동향을 파악하는 등 과학기술을 활용한 새로운 무기체계의 개발과 운용에 상당한 역량을 투입했다. 이스라엘군도 과학기술을 핵심역량으로 활용하지는 않았지만, 우수한 과학기술을 활용하여 항공기, 전차, 장갑차 등 공세전력을 증강함으로써 핵심역량을 보완했다.

다섯째, 3개국 모두 자국(군)의 핵심역량이 타 역량들과 잘 조화를 이룰 수 있도록 전투시험과 실전적인 훈련을 강화했다. 미군은 핵심역량인 과학기술을 활용하여 작전계획 워게임, 소부대 전술훈련 등을 실전적으로 실시함으로써 실 전장에서 핵심역량의 전투력 창출효과가 구현될 수 있도록 했다. 독일군은 연례적인 대규모 기동훈련을 통해 교리를 숙달하고 스페인 내란, 폴란드 전역 등에서 전격전 교리를 시험함으로써 핵심역량의 전투력 창출효과를 보장했다. 이스라엘군도 시오니즘을 바탕으로 실전적인 훈련과 정신전력을 강조함으로써 불굴의 전투의지를 가진 전사戰士와 부대를 육성했다.

## (3) 군 지도부의 변혁적 리더십

베트남 전쟁 직후 미군의 군사혁신은 초대 훈련 및 교리사령관으로 4년간 재임한 드푸이 장군이 주도했다. 드푸이 장군은 제2차 세계대전, 한국 전쟁, 베트남 전쟁에 참전한 강직한 성품의 작전전문가로서 미 육군 내에서 존경받는 장군이었다. 드푸이 장군은 훈련 및 교리사령관으로 재직하면서 새로운 교리를 개발하고, 학교 교육 및 부대훈련을 즉시 전투에 투입할 수 있는 역량을 갖추는데 중점을 두고 개편했다. 또한 드푸이 장군은 새로운 교리를 지원할 수 있는 무기체계를 기획하고, 경직된 조직문화를 개선함으로써 군사혁신의 기초를 마련했다.

드푸이 장군은 군사혁신의 비전과 방향을 제시하기 위해 '싸우는 방법'을 최우선적으로 정립했다. 드푸이 장군은 본인이 직접 새로운 교범 집필에 참여하며 FM 100-5(작전)를 1976년 완성했다. 1976년 발간된 FM 100-5(작전)는 군사혁신의 기폭제가 되었다. 군사혁신에 대한 담론이 군 내·외부에서 형성되었고, 다양한 창의적인 아이디어들이 제기되었다. 드푸이 장군의 후임인 스태리 장군은 제기된 아이디어들을 반영하여 1982년 공지전투 교리를 완성했다. 교범 작성 과정에서 보여준 장군들의 솔선수범과 제기된 다양한 창의적 아이디어들은 구성원들에게 군사혁신에 대한 동기 유발과 지적 자극을 촉발하는 요인이 되었다.

드푸이 장군은 군사혁신에 성공하기 위해서는 미군의 조직문화가 바뀌어야 한다고 생각했다. 베트남 전쟁 당시 정치가들의 지나친 군사작전 관여로 미군은 매우 경직된 조직문화를 보유하고 있었다. 드푸이 장군은 독일군이 제2차 세계대전에서 성공적으로 사용했던 임무형명령과 작전개념을 미군의 지휘통제방식으로 도입했다. 임무형명령과 작전개념은 상급부대의 작전 목적과 의도 범위 내에서 예하지휘관들에게 작전의 융통성과 창의성 발휘를 보장한기 위한 제도로서 미군의 전장 리더십과 조직문화를 획기적으로 변화시켰다.

미군 지도부는 위로부터의 합동성 강화 노력을 통해 통합전투력 발휘를 추구했다. 드푸이 장군은 딕슨 전술공군사령관과 함께 1975년 공지전력적용국ᴬᴸᶠᴬ을 신설하고 합동작전수행에 필요한 운영개념, 전술교리, 협조절차 등을 개발했다. 위컴 육군참모총장과 가브리엘 공군참모총장은 합동작전능력 향상에 필요한 30개 과제를 도출하고 구체적인 시행을 위한 협정을 1984년 체결했다. 1982년 존스 합참의장의 문제 제기로 촉발된 합동성 강화 논의는 1986년 골드워터-니콜스법의 제정으로 결실을 맺게 되었고, 걸프 전쟁에서 그 효과가 증명되었다.

제1차 세계대전 직후 독일군의 군사혁신은 1920년부터 6년간 육군 총참모장으로 재임한 젝트 장군이 주도했다. 젝트 장군은 제1차 세계대전의 전쟁영웅으로 독일군을 재건하는데 결정적으로 기여했다. 젝트 장군은 징병제를 폐지하고 지원병제도를 도입하여 독일군을 간부육군으로 양성하였고, 제1차 세계대전 교훈을 바탕으로 새로운 전술교리를 발전시켜 군사혁신의 비전과 방향을 정립했다. 또한 젝트 장군은 일반 참모제도의 존속, 동원제도의 발전, 소련과 비밀 무기합작생산 등 각종 비밀재군비활동을 추진함으로써 독일군의 재무장과 부대확장을 위한 토대를 마련했다. 젝트 장군의 이러한 노력이 그의 후임자들에 의해 계승되면서 독일군은 군사혁신에 성공할 수 있었다.

독일군을 재창설하면서 젝트 장군이 가장 먼저 착수한 것은 제1차 세계대전의 교훈을 분석하고, 이를 기초로 새로운 '싸우는 방법'을 정립하는 것이었다. 독일군은 광범위한 전훈분석과 연구를 통해 새로운 교리를 수록한 육군규정 487을 1921년 제1권(1-11장), 1923년 제2권(12-18장)으로 나누어 발간했다. 새로 발간된 육군규정 487은 독일군의 평시 전투준비와 전시 전투력 운용의 기본지침이 되었다. 특히 독일군은 1923년 발간된 제2권에서 전차와 장갑차량이 미래 전장에서 결정적인 역할을 담당할 것으로 예측하고, 이들의 운용에 대해 상당한 지면을 할애했다. 이 때 발전시킨 전차 및 장갑차량 운용에 관한 교리는 후일 '전격전' 교리의 기초가 되었다.

독일군은 젝트 장군이 군사혁신을 추진하기 이전부터 장교들의 자율성을 강조하는 조직문화를 보유하고 있었다. 19세기 초 샤른호르스트의 군사개혁 이후 독일군은 장교의 자율성을 지속적으로 강조했다.

1859년부터 1939년까지 독일군의 일반참모대학 교육과정을 분석한 발드Detlef Bald는 독일군 지휘의 강점을 다음과 같이 기술했다.

> "독일군 지휘의 강점은 일찍부터 지휘자들의 품성과 지식을 균형되게 발전시켜온 점이다. 임무형지휘의 바탕이 되는 자주성은 지휘자들로 하여금 정신적인 독립과 내면적인 자유를 강하게 요구하고 있다. 정신적인 독립성과 내면적인 자유는 물론 필요한 군율과도 조화를 이루어야한다."[214]

이러한 영향으로 젝트 장군의 변혁적 리더십은 비교적 쉽게 독일군에 수용되었다. 연합국의 군비제한조치로 장교의 정원이 4,000명으로 제한되자 젝트 장군은 전통적으로 장교의 책임으로 인식되었던 리더십을 하사관들에게도 확대하여 교육했다. 대부대 야외연습 및 기동훈련 사후검토회의에 선임하사관들도 참석토록 하고, 중대급 야외전술훈련에서는 하사관들이 다양한 상황에서 소대장 직책을 수행하며 리더십을 숙달했다. 특히 새로운 육군규정 487에서 지휘의 분권화와 하급제대로의 권한 위임, 초급간부의 독립적인 판단과 행동을 강조함에 따라 독일군은 제1차 세계대전 당시 예하지휘관의 독단행동 규제로 침체되었던 임무형지휘를 부활시켰다. 이러한 영향으로 독일군은 당시 어느 국가의 군대보다 개방적인 조직문화를 유지하고 있었다.

독립 전쟁 직후 이스라엘군의 군사혁신을 주도적으로 이끈 군사지도

---

**214**  Dirk W. Oetting, 박정이 역, 『임무형전술의 어제와 오늘』 (서울: 도서출판 백암, 1997), p. 155.

자는 1953년부터 4년 동안 이스라엘군 총참모장으로 재임한 다얀 장군이었다. 다얀 장군은 독립 전쟁 당시 특수대대를 지휘하였고, 수에즈 전쟁을 직접 기획 및 지도한 전쟁영웅이었다. 다얀 장군은 1953년 10월 발표한 3개년 방위계획에서 이스라엘군의 군사혁신 방향을 제시하고, 수에즈 전쟁의 교훈을 바탕으로 이스라엘군의 "전략적 수세, 전술적 공세" 전략을 정립하였으며, 독립 전쟁 이후 쇠퇴하고 있던 '승리에 대한 신념'을 회복하는 등 군사혁신의 기초를 마련했다.

이스라엘군 지도부는 독립 전쟁 이후 이스라엘의 전략적 환경에 부합된 맞춤형 전략 개발에 많은 관심을 가졌다. 이스라엘군은 독립 전쟁과 수에즈 전쟁의 경험을 바탕으로 새로운 '싸우는 방법'을 정립했다. 좁고 긴 형태의 국토로 전략적 종심이 제한되어 적의 기습공격에 취약하고, 국력의 상대적 열세와 강대국들의 개입 가능성으로 장기전에 불리한 점을 고려하여 이스라엘군은 공세위주의 단기결전을 통해 휴전에 유리한 조건을 형성하는데 중점을 둔 새로운 전략개념을 정립했다. 새로운 '싸우는 방법'은 이스라엘군의 평시 전투준비와 전시 군사력 운용의 기본지침이 되었다.

이스라엘군은 다얀 장군이 군사혁신을 추진하기 이전에도 형식을 배제하고 평등, 자율, 실용, 창의를 중시하는 독특한 조직문화를 가지고 있었다. 20세기 초부터 집단으로 이주해온 유대인들이 팔레스타인에 공동체를 이루면서 자율적인 무장조직을 결성하였는데, 이들이 이스라엘군의 모체가 됨으로써 형성된 독특한 문화였다. 초기 이스라엘군에서는 상급자가 계급적 권위에 의존하여 일방적으로 의사를 결정하기보다 공개된 토론을 통해 의사를 결정하는 경우가 많았다. 이러한 조직문화는 이스라엘군이 변혁적 리더십을 쉽게 수용하고 확산할 수 있는 토대가 되었다.

이스라엘군은 예하부대에 최대한의 재량권을 부여함으로써 예하지휘관들의 창의성 발휘를 보장했다. 이스라엘군은 좁은 국토와 제한된 인적 및 물적 자원으로 단한번의 작전적인 실수가 국가의 존망과 직결될 수 있는 전략적 환경을 가지고 있었다. 이로 인해 군 지도부는 전술적 수준의 작전에도 지대한 관심을 가질 수밖에 없었고, 예하부대의 작전에 직접 관여하고 싶은 충동을 느낄 때가 많았다. 이러한 우려가 수에즈 전쟁 기간 동안 발생했다. 상급지휘관의 진두지휘는 권장되어야 하지만, 수에즈 전쟁 기간 동안 다얀 장군의 예하부대에 대한 지나친 직접지휘는 문제점으로 대두되었다. 이러한 문제점을 해결하기 위해 이스라엘군은 지휘통제에 '선택적 통제' 개념을 도입하였고, 이를 통해 예하부대에 작전의 융통성과 창의성 발휘를 보장했다.

위의 비교에서 각국의 군사지도자들이 보여준 변혁적 리더십에는 몇 가지 공통점과 차이점이 있음을 발견할 수 있다. 공통점으로는 첫째, 변혁적 리더십을 가진 군사지도자들이 군사혁신 초기 단계에서 비교적 장기간(4-6년) 재직하며 군사혁신의 기초를 마련하였고, 후임자들이 이를 지속적으로 유지·발전시킴으로써 군사혁신에 성공했다. 둘째, '싸우는 방법'을 최우선적으로 정립함으로써 군사혁신의 비전과 지향 방향을 제시하고 조직원들의 영감적인 동기와 지적 자극을 촉발했다. 셋째, 개방적인 조직문화를 조성함으로써 군사혁신에 대한 아이디어가 활발하게 교환될 수 있는 환경을 마련했다. 차이점으로는 첫째, 각국 군사지도자들의 리더십이 미친 영향 측면에서 차이가 있었다. 미군 지도부의 리더십은 주로 군 내부에 영향을 주었던 반면, 독일군·이스라엘군 지도부의 리더십은 군 내부는 물론 외부까지 보다 광범위하게 영향을 미쳤다. 이러한 현상은 당시 미군과 독일군·이스라엘군이 가지고 있던 위기의식(감)의 크기와 성격의 차이에서 비롯된 것이었다. 둘째, 과학기술의 발달, 현대전의 복잡성 증가, 교리의 발전 등으로 현대로 올수록 합동성의 중요성이 점차 부각되고 있는 점이다.

# 3
# 종합 논의 및 평가

    앞의 논의를 통해 군사혁신의 전략적 결정요인들 간에는 서로 긴밀한 연계성을 가지고 있으며, 군사혁신 과정에서 상호 복합적으로 작용하여 영향을 미치고 있음을 확인하였다. 앞의 논의를 토대로 각각의 독립변수가 국가별로 군사혁신의 성공에 어느 정도 영향을 미쳤는지를 평가하고 타 변수와의 상관관계 수준을 검토하였다. 다양한 접근방법이 가능하겠으나 영향을 준 정도와 상관관계의 수준을 대$^大$, 중$^中$, 소$^小$로 단순화하여 구분하였다. 독립변수가 군사혁신의 성공에 결정적인 영향을 주었을 뿐만 아니라 타 변수들의 군사혁신 추동에도 크게 작용하였다면 '대$^大$'로 정의하였다. 독립변수가 군사혁신의 성공에 중요하게 영향을 주었을 뿐만 아니라 타 변수들과 복합적으로 작용하여 군사혁신을 추동하는 요인이 되었다면 '중$^中$'으로 정의하였다. 그리고 독립변수가 군사혁신의 성공에 일정부분 영향을 주었을 뿐만 아니라 타 변수들과 복합적으로 작용하여 군사혁신을 추동하는 요인이 되었다면

'소小'로 정의하였다.

**〈표 22〉 독립변수와 군사혁신의 상관관계 정의**

| 구 분 | 대(大) | 중(中) | 소(小) |
|---|---|---|---|
| 독립변수의 군사혁신 영향 | ·독립변수가 군사혁신의 성공에 결정적인 영향<br>·타 변수들의 군사혁신 추동에 크게 영향 | ·독립변수가 군사혁신의 성공에 중요하게 영향<br>·타 변수들과 군사혁신에 복합적으로 작용 | ·독립변수가 군사혁신의 성공에 일정부분 영향<br>·타 변수들과 군사혁신에 복합적으로 작용 |

제1, 2절에서의 논의를 바탕으로 각각의 독립변수가 국가별 군사혁신 성공에 미친 영향의 정도와 상관관계를 아래 표와 같이 평가하였다.

**〈표 23〉 독립변수가 국가별 군사혁신 성공에 미친 영향 평가**

| 구 분 | 미국 | 독일 | 이스라엘 |
|---|---|---|---|
| 군 지도부의 위기의식(감) | 중(中) | 대(大) | 대(大) |
| 국가 또는 군차원의 핵심역량 | 대(大) | 중(中) | 대(大) |
| 군 지도부의 변혁적 리더십 | 중(中) | 대(大) | 대(大) |

위의 표와 같이 3개의 독립변수가 사례연구 대상국가 모두에서 군사혁신의 성공에 최소한 '중中' 이상으로 기여한 것으로 평가됨에 따라 3

개의 독립변수는 모두 독립변수로서의 적합성을 보여주고 있다. 규모가 작은 국가일수록 각각의 독립변수가 군사혁신의 성공에 '결정적인 영향'을 주었을 때 군사혁신에서 성공할 가능성이 높다. 국가의 규모가 제일 작은 이스라엘은 모든 독립변수가 '대ᴬ'로 평가되었고, 독일은 2개, 미국은 1개가 '대ᴬ'로 평가되었다. 또한 군 지도부의 위기의식(감)과 변혁적 리더십의 발휘는 비례적 관계로서 위기의식(감)이 클수록 변혁적 리더십의 폭과 영향의 정도가 커짐을 보여주고 있다.

각각의 독립변수가 개별국가의 군사혁신 성공에 기여한 정도는 국가별로 차이를 보이고 있다. 이것은 군사혁신을 추진하는 국가 마다 처한 환경과 여건이 서로 다른데서 오는 차이다. 군사혁신은 변혁적 리더십을 가진 군 지도부가 내·외부적인 위협이나 군사적 도전에서 오는 위기의식(감)을 바탕으로 자국(군)의 핵심역량을 활용하여 새로운 군사능력을 도약적으로 창조하는 것이다. 국가마다 위기의식(감), 핵심역량, 군 지도부의 리더십과 조직문화가 서로 다름으로 인해 각각의 독립변수가 개별국가의 군사혁신 성공에 미치는 영향은 서로 상이함을 보여주고 있다.

위기의식(감)은 해당 국가가 직면하고 있거나 예상되는 내·외부적 위협이나 군사적 도전으로부터 나온다. 위협의 강도를 결정하는 주요 요인으로는 ①위협의 구체성, ②위협의 공간적 접근성, ③위협의 시간적 접근성, ④위협이 현실화될 개연성, ⑤이익 침해의 심각성, ⑥역사적 경험 유무, ⑦국가 간 우호성 등을 고려할 수 있다.[215] 이러한 요소들

---

215 김열수, 「국가안보: 위협과 취약성의 딜레마」(경기 파주: 법문사, 2019), pp. 14-17.

로 인해 국가들마다 직면하고 있는 위협의 성격, 강도, 시급성 등에서 차이가 있을 수밖에 없다. 따라서 위기의식(감)이 한 국가(군대)의 군사혁신 성공에 미치는 영향은 국가별로 상이할 수밖에 없는 것이다.

핵심역량이 군사혁신의 성공에 미치는 영향도 국가별로 상이하다. 국력을 구성하는 다양한 요소들 중에서 특정 요소를 군사혁신의 핵심역량으로 활용하거나 국력의 여러 요소들을 조합하여 군사혁신을 추진할 수도 있으므로 핵심역량이 개별국가의 군사혁신에 미치는 영향은 다양할 수밖에 없다. 클라인[Ray S. Cline]은 국력을 〔영토 및 인구의 규모(C) + 경제력(E) + 군사력(M)〕 × 〔전략 목적(S) + 국민적 의지(W)〕로 표현했다.[216] 국력을 구성하는 요소들이 다양하고, 국가마다 요소별 능력도 상이함으로 인해 핵심역량이 군사혁신의 성공에 미치는 영향도 상이할 수밖에 없다.

군 지도부의 변혁적 리더십이 군사혁신의 성공에 미치는 영향도 국가별로 상이하다. 터커[Robert C. Tucker]는 리더십의 지도적 기능을 3가지로 구분했다. 첫째, 상황을 권위 있게 규정하는 진단적 기능[diagnostic function], 둘째, 규정된 상황을 해결하기 위해 취해야 할 행동을 처방하는 처방적 기능[prescriptive function], 셋째, 상황 규정과 처방에 대한 집단의 전폭적인 지지를 획득하기 위한 동원기능[mobilizing function]이다.[217] 동일한 상황에 대해서도 지도자마다 진단, 처방, 그리고 문제 해결을 위한 동원방식이 다

**216** P = (C + E + M) × (S + W). P = power, C = critical mass(territory + population), E = economic strength, M = military strength, S = strategic purpose, W = national will. Ray S. Cline, *World Power Assessment 1977: A Calculus of Strategic Drift*(Boulder, Colorado: Westview Press, 1997), p. 34.

**217** Robert C. Tucker, *Politics as Leadership*, 안청시 · 손봉숙 역, 『리더십과 정치』(서울: 도서출판 까치, 1983), pp. 31–32.

르게 나타날 수 있다는 것이다. 따라서 군 지도부의 변혁적 리더십이 군사혁신의 성공에 미치는 영향도 국가별로 상이하게 나타날 수 있다.

결론적으로 각각의 독립변수가 개별국가의 군사혁신 성공에 기여한 정도가 국가별로 차이를 보이고 있는 것은 군사혁신을 추진함에 있어서 국가별 '맞춤형 군사혁신'의 추진이 바람직함을 의미한다.

# 4
## 소결론

　앞의 논의를 종합해 볼 때 이론적 논의에서 도출한 3가지 독립변수인 ①군 지도부의 위기의식(감), ②국가 또는 군차원의 핵심역량, ③군 지도부의 변혁적 리더십은 군사혁신을 가능하게 하는 상위의 결정요인(독립변수)으로서 적합한 것으로 판단된다. 아울러 각각의 독립변수가 특정 국가(군대)의 군사혁신 성공에 미치는 영향이 서로 상이하므로 군사혁신에서 성공하기 위해서는 국가(군대)별로 맞춤형 군사혁신을 추진해야 함을 교훈으로 도출하였다.

　한 국가(군대)가 직면한 내·외부적인 위협이나 군사적 도전으로부터 군 지도부가 느끼는 위기의식(감)이 클수록 군사혁신의 동기가 커지고 군사혁신에 성공할 가능성이 높다. 군사혁신에 성공한 3개국 모두 군사혁신을 촉발하고 추동할 수 있는 높은 수준의 위기의식(감)을 가지고 있었다. 미군에 비해 독일군과 이스라엘군이 가졌던 위기의식(감)은 훨씬 높은 수준의 위기감이었다. 이에 따라 군사혁신의 동기가 더욱 커지고 범정부적 차원의 지원과 동참이 이루어짐으로써 군사혁신의 성공 가능성이 높았다. 특히 이스라엘은 국가의 생존이 위협받는 상황에서도 동맹에 의존하기보다 자주국방 전략을 선택함으로써 위기의식(감)은 더욱 높아졌고, 군사혁신에 대한 동기도 상대적으로 커졌다.

경쟁 국가(군대)에 비해 상대적 우위를 가지고 있는 국가 또는 군차원의 핵심역량을 효과적으로 활용했을 때 군사혁신에 성공할 가능성이 높다. 군사혁신에 성공한 3개국 모두 핵심역량으로서 특성을 잘 갖춘 역량을 핵심역량으로 선정하고, 다양한 방법으로 자국(군)의 핵심역량을 강화·활용함으로써 핵심역량의 전투력 창출효과를 극대화했다. 또한 핵심역량이 타 역량과 잘 조화될 수 있는 특성을 이용하여 타 역량으로 핵심역량을 보완함으로써 전투력 창출효과를 배가시켰다. 현대전에서 과학기술의 발달로 인한 무기의 치명성이 증대됨에 따라 3개국 모두 군사혁신을 추진함에 있어서 과학기술을 중요시했다. 미군은 과학기술을 핵심역량으로 활용하여 군사혁신을 추진했다. 독일군은 베르사유 조약의 군비제한조치로 과학기술의 활용에 많은 제약을 받았으나, 집요한 노력으로 새로운 무기체계를 개발하고 시험하는 등 과학기술의 이점을 적극 활용하기 위해 노력했다. 그리고 이스라엘군도 과학기술을 활용하여 공세전력을 집중적으로 보강했다.

변혁적 리더십을 가진 군 지도부가 군사혁신을 주도하고, 이를 수용할 수 있는 문화적 기반이 마련되었을 때 군사혁신에서 성공할 가능성이 높다. 3개국 모두 변혁적 리더십을 가진 군사지도자들이 군사혁신을 주도했다. 군사혁신 초기 단계에서 변혁적 리더십을 가진 군사지도자가 비교적 장기간(4-6년) 재직하며 군사혁신의 기초를 마련하였고,

이를 지속적으로 유지·발전시킴으로써 군사혁신에 성공했다. 또한 3개국 모두 변혁적 리더십을 수용하고 확산할 수 있는 조직문화를 조성함으로써 군사혁신에 성공했다. 독일군과 이스라엘군은 전통적으로 유지해온 개방적인 조직문화를 더욱 활성화하였고, 미군은 독일군의 임무형지휘와 작전개념을 도입하여 경직된 조직문화를 개방적으로 변화시킴으로써 군사혁신에 성공했다.

마지막으로 각각의 결정요인(독립변수)이 군사혁신의 성공에 기여한 정도는 국가별로 상이하였다. 국가별로 직면한 위협과 군사적 도전의 크기 및 성격의 차이, 군사혁신에 활용한 핵심역량의 차이, 군 지도부의 리더십과 조직문화의 차이 등으로 인해 각각의 독립변수가 국가별로 군사혁신의 성공에 기여한 정도는 차이를 보였다. 이는 군사혁신을 추진함에 있어서 국가별 상황과 여건에 맞게 '맞춤형 군사혁신'을 추진했을 때 성공 가능성이 높음을 의미한다.

# 제8장

# 한국의 미래 군사혁신 방향

# 1

## 군사혁신의 결정요인을 적용한 분석

국방개혁 중 군 구조 및 전력체계 개혁에 대한 전문가들의 평가는 긍정평가와 부정평가가 공존하고 있다. 대표적인 긍정평가로는 5년 단위의 정권 교체에도 불구하고 기본 틀은 비교적 잘 유지되어 왔다는 평가다. 즉 안보상황의 변화로 개혁 중점, 목표 연도 등의 부분적인 조정은 있었으나, 군 구조 및 전력체계 개혁의 기본 틀은 비교적 잘 유지되었다는 평가다. 부정적인 평가로는 '국방개혁 2020'을 입안할 당시부터 제기된 쟁점들이 지속적으로 논란이 됨으로써 개혁 추진이 부진했다는 평가다. 논란의 중심이 된 쟁점은 북한 군사위협에 대한 낙관적인 견해와 비관적인 견해의 대립, 병력 감축의 필요성과 부당성에 대한 상반된 주장, 재원 확보에 대한 낙관적인 전망과 비관적인 전망, 그리고 군 지도부의 국방개혁에 대한 소극적인 태도 등이었다. 본 장에서는 제2장에서 살펴본 역대정부의 군사혁신 추진을 군사혁신의 전략적 결정요인을 적용하여 분석하고, 분석결과를 바탕으로 향후 한국이 지향해야할 군사혁신의 방향을 제시하였다.

## (1) 군 지도부의 위기의식(감)

위기의식(감)은 군사혁신의 성공을 위해 꼭 필요한 요소이다. 위기의식(감)이 없으면 군사혁신을 시작할 수 없고, 성공할 수도 없다. 2006년부터 추진해온 국방개혁의 성과가 부진한 주요원인은 군 지도부의 위기의식(감) 부족으로 그 구체적인 내용은 다음과 같다.

첫째, '국방개혁 2020'에서 전제한 '미래주변잠재위협'을 개혁의 추동력 확보를 위한 위기의식(감)으로 활용하는데 어려움이 많았다. '국방개혁 2020'에서는 향후 북한의 위협은 점차 감소하고, 주변국의 불특정·불확실 위협이 점차 증가할 것으로 가정했다. '국방개혁 2020'을 기획할 당시 안보상황은 전 세계적으로 냉전체제가 빠르게 해체되고 있던 시기였다. 노무현 정부는 국제질서의 흐름에 따라 한반도에서도 곧 냉전체제가 해체되고 한국 중심의 통일국가 건설이 가능할 것으로 가정하고, '미래주변잠재위협'에 우선적으로 대응하는 개혁을 구상했다.

그러나 50년 이상 지속되어온 북한의 위협이 잔존하고 있던 당시의 상황에서 '미래주변잠재위협'은 그 실체가 명확하지 않은 위협으로서 군 지도부가 위기의식(감)을 갖기에는 부족함이 많았다. 더욱이 당시 국제적인 상황은 탈냉전적 사고가 주류를 형성했던 시기로 이념적 대립보다 경제적 이익 추구를 우선시하는 경향이 두렷한 시기였다. 따라서 당시 한국은 중국, 러시아, 일본 등 주변국들과 적대적인 관계를 형성하기보다 오히려 교류협력을 활발히 추진했던 시기였다.

둘째, '국방개혁 2020'에서 제시한 병력 및 부대 감축규모의 적절성이 끊임없이 논란이 되면서 개혁에 필요한 위기의식(감) 형성이 어려웠다. 병력 감축 문제는 국회의 국방개혁법 심의 과정에서부터 핵심쟁점으로 부각되었다. 북한이 4개 기계화군단, 2개 전차군단, 1개 포병군단을 포함한 100여만 명의 병력을 보유한 상황에서, 병력을 50만 명으로 감축할 경우 대비태세 유지가 제한된다는 주장이 설득력을 얻게 됨에 따라, 병력 및 부대 감축은 국방개혁의 핵심쟁점으로 부각되었다.

2005년 12월 2일 국방개혁법안이 국회 국방위원회에 제출된 이후 특별소위원회, 법률안심사소위원회, 국방위원회, 본회의 등을 거치면서 병력 감축과 관련된 조항은 아래 표와 같이 많은 수정이 이루어졌다. 상비 병력의 규모가 원안에서는 "2020년까지 연차적으로 50만 명 수준으로 조정한다."로 단정적이고 구속력 있는 문장으로 명시되어 있었다. 그러나 수정안에서는 "2020년까지 50만 명 수준을 목표로 한다."는 유동적인 표현과 함께 신설된 ②항에서 병력의 목표 수준 설정에 고려할 사항들을 명시함으로써 병력 감축에 융통성을 부여했다.[218] 그 이후에도 병력 및 부대의 규모 문제는 진보·보수정권을 거치면서 지속적으로 논쟁의 대상이 되었고, 개혁의 추동력을 떨어뜨리는 주요 원인으로 작용하였다.

---

218 김동한, 『국방개혁의 역사와 교훈』, p. 166.

## 〈표 24〉 병력 감축 관련 조항 비교

| 구 분 | 원안 | 수정안 |
|---|---|---|
| 상비병력 | 〔제30조 ①항〕국군의 상비 병력 규모는 군 구조의 개편에 연계하여 2020년까지 연차적으로 50만 명 수준으로 조정한다. | 〔제26조〕①국군의 상비 병력 규모는 군 구조의 개편에 연계하여 2020년까지 50만 명 수준을 목표로 한다.<br>②제1항의 목표 수준을 정할 때에는 북한의 대량살상무기와 재래식 전력의 위협 평가, 남북 간 군사적 신뢰구축 및 평화 상태의 진전 상황 등을 감안하여야 하며, 이를 매 3년 단위로 국방개혁 기본계획에 반영한다. |

셋째, 정권의 성향에 따라 위협의 우선순위가 수시로 변경되면서 개혁 추진에 필요한 위기의식(감) 형성이 어려웠다. 노무현 정부는 '국방개혁 2020'에서 북한의 위협은 점차 감소하고, 주변국의 불특정·불확실위협은 점차 증가할 것으로 전제했다. 그러나 보수정권인 이명박·박근혜 정부는 북한의 위협이 오히려 증가하는 것으로 인식하고, 대북 군사대비태세 유지에 국방정책의 우선순위를 둠으로써 '국방개혁 2020'에 명시되었던 병력 및 부대의 감축을 중단 또는 연기했다. 이어서 집권한 진보정권인 문재인 정부는 북한의 핵·미사일 위협이 증가하였음에도, 대북 포용정책을 추진하며 북한의 위협이 점차 감소할 것으로 전망하고,[219] '국방개혁 2020'의 정신과 기조를 계승하여 국방개혁 2.0을

---

219 『문재인 정부의 국가안보전략』에서는 "최근 한반도 비핵화 추진과 남북관계 개선 등으로 남북의 군사적 긴장은 감소하고 있는 반면, 잠재적 위협과 초국가적·비군사적 위협은 증가하는 추세다. 이러한 다양한 안보위협에 대비할 수 있는 국방태세 및 역량 구축이 요구되고 있다."로 명시하고 있다. 국가안보실, 『문재인 정부의 국가안보전략』(2018. 11월), p. 70.

추진하고 있다.

이처럼 군사적 위협의 우선순위가 정권의 성향에 따라 수시로 변경되어 군 지도부가 위기감을 가지고 일관성 있게 개혁을 추진하는데 어려움이 많았다. 특히 한반도의 냉전체제가 완전히 종식되지 않은 상황에서 북한을 위협의 주체로 인식하고 있던 군 지도부는 '국방개혁 2020'에서 전제한 주변국의 불특정·불확실위협을 위협의 주체로 수용하는데 미온적이었다. 이명박 정부의 출범과 더불어 핵·미사일 시험을 포함한 북한의 다양한 도발이 계속되자 군 지도부는 위협의 우선순위를 현존위협인 북한으로 변경하고, 국방개혁 기본계획도 이에 맞게 대폭 수정함으로써 개혁의 추동력은 현저히 떨어졌다.

넷째, 북한 핵문제 해결에 대한 '희망적 생각'과 '동맹 의존적 성향'으로 북한의 핵 무장을 개혁을 위한 위기의식(감)으로 활용하지 못했다. 북한의 핵·미사일 개발은 남북한의 군사력 균형을 결정적으로 변화시키는 요인으로서 한국군에게는 심각한 군사적 도전이며 위협이다. 그러나 군 지도부는 이를 개혁의 추동력 확보를 위한 위기의식(감)으로 활용하지 못했다. 노무현 정부는 북한이 제1차 핵실험을 실시한 상황에서도, 외교적 노력과 국방개혁을 통해 북한 핵문제를 해결할 수 있을 것으로 판단하고, '국방개혁 2020'을 추진함과 동시에 2012년 4월 17일부로 전시작전통제권 전환을 추진했다.

이어서 집권한 보수정권인 이명박 정부는 북한의 제2차 핵실험, 천안함 폭침 등으로 북한의 위협이 고조되었음에도 국제적 금융위기를 명분으로 국방예산을 축소하고, 전시작전통제권 전환 시기를 2015년 12월 1일로 연기함으로써 동맹에 의존하는 성향을 보였다. 북한의 제

3차 핵실험으로 핵능력이 한층 고도화되자 박근혜 정부는 전시작전통제권 전환 시기를 '조건에 기초한 전작권 전환'으로 재연기함으로써 동맹에 더욱 의존하는 경향을 보였다.

2017년 5월 집권한 진보정권인 문재인 정부는 북한의 핵·미사일 위협이 증가하였음에도, 외교적 노력을 통해 북핵문제를 해소할 수 있을 것이라는 희망적 생각을 계속 유지하고 있어, 북한의 핵무장을 국방개혁을 위한 위기감으로 활용하지 못했다. 결론적으로 진보정부에서는 북핵문제의 외교적 해결에 대한 '희망적 생각'으로, 보수정부에서는 '동맹 의존적 성향'으로 인해 북한의 핵무장을 개혁을 위한 위기의식(감)으로 활용하는데 실패했다.

## (2) 국가 또는 군차원의 핵심역량

노무현 정부는 우수한 과학기술을 핵심역량으로 활용하는 국방개혁을 구상했다. '국방개혁 2020'의 기본개념은 우리의 우수한 과학기술을 활용하여 '병력 중심의 양적 군대'를 '정보·기술 중심의 질적 군대'로 전환하는 것이었다. 성공적인 국방개혁의 추진을 위해서는 경쟁력의 원천인 핵심역량을 잘 활용해야 했다. 그러나 국방개혁 필요성에 대한 역대정부의 인식 차이, 2009년 발생한 국제적 금융위기로 인한 국방예산의 축소, 역대정부 개혁 기조의 지속적인 변경 등으로 핵심역량의 활용에 많은 제약을 받았다. 핵심역량 활용 측면에서 지금까지 추진해온 개혁의 주요문제점을 정리하면 다음과 같다.

첫째, 국방개혁의 필요성에 대한 인식의 차이로 핵심역량의 활용이 제한되었다. 정권의 성향에 따라 개혁의 필요성에 대한 인식과 개혁 추진에 대한 관심은 큰 차이를 보였다. 진보정권인 노무현·문재인 정부는 국방개혁의 필요성을 강조하며 개혁 추진에 매우 적극적인 입장을 보였다. 반면, 보수정권인 이명박·박근혜 정부는 국방개혁의 전제와 가정이 잘 못된 것으로 규정하고, 국방개혁 추진에 소극적인 입장을 견지했다. 이처럼 정권의 성향에 따라 국방개혁의 필요성에 대한 인식과 관심의 정도가 상이함으로 인해 일관된 개혁의 추진이 제한되었고, 핵심역량의 활용에도 많은 어려움이 있었다.

그 구체적인 예로서 역대정부의 국가안보전략서에 나타난 국방개혁의 기조를 살펴보면, 진보정권과 보수정권의 국방개혁에 대한 인식과 입장은 상당한 차이를 보이고 있다. 진보정권은 국가안보전략서에서 전시작전통제권 환수와 연계한 국방개혁의 추진을 강조하며 상당한 지면을 할애하여 개혁의 구체적인 지향방향을 제시하고, 재원 확보 및 법적·제도적 기반 마련을 강조했다. 반면, 보수정권은 국가안보전략서를 기술함에 있어서 국방개혁을 별도로 구분하지 않고, 안보분야 중점 추진과제에 포함하여 기술하면서 재원 마련 등 구체적인 내용은 명시하지 않았다.[220]

둘째, 개혁재원 확보의 어려움으로 핵심역량인 첨단 과학기술의 활용이 제한되었다. '국방개혁 2020'을 지원하기 위해서는 2006-2015년 회계기간 중 연평균 8.8%의 국방예산 증가율을 보장해야 했다. 그러나 정부의 성향에 따른 국방개혁 기조의 분절현상과 2009년 국제

---

**220** 국가안전보장회의 사무처, 『참여정부의 안보정책 구상; 평화번영과 국가안보』(2004. 3월), pp. 44–45.; 청와대, 『이명박 정부 외교안보의 비전과 전략; 성숙한 세계국가』(2009. 3월), p. 36.; 국가 안보실, 『희망의 새 시대 국가안보전략』(2014. 7월), p. 48.; 국가 안보실, 『문재인 정부의 국가안보전략』(2018. 11월), pp. 69–72.

금융위기는 개혁예산 편성에 심대한 영향을 주었고, 가용예산의 부족은 핵심역량의 활용을 어렵게 했다. 초기 국방예산 증가율은 2006년 6.7%, 2007년 8.8%, 2008년 8.8% 등으로 비교적 안정적인 예산지원이 이루어졌다. 그러나 2009년 국제금융위기 이후 예산은 급격히 감소했다. 국가부채의 축소와 재정 건전성 확보가 정부의 최우선 과제로 대두됨에 따라 국방예산 증가율은 2010년 2.0%, 2011년 6.2%, 2012년 5.0%, 2013년 4.7%, 2014년 3.5% 등으로 저조했다.[221] 개혁재원의 감소로 핵심역량인 첨단 과학기술의 활용은 어려움에 봉착하였고, 개혁의 목표 연도는 2020년에서 2030년으로 연기되었다.

국방예산 증가율의 둔화와 함께 전체 국방예산 중에서 군 구조 및 전력체계 개혁에 실제로 사용할 수 있는 방위력개선비의 점유율이 점차 낮아져 첨단 무기체계의 전력화 추진이 어려웠다. 2008년 전체 국방비 중에서 방위력개선비의 점유율은 34.6% 수준이었다. 그러나 국제금융위기의 여파로 2009년 방위력개선비의 점유율은 27.3%로 떨어졌다. 그 후 방위력개선비 점유율은 2010년 30.1%, 2011년 30.9%, 2012년 30.0%로 일시적으로 소폭 상승하였으나, 2013년 29.5%, 2014년 29.4%로 다시 떨어졌다.[222] 전체 국방예산 증가율이 둔화되는 가운데 전력운영비의 지속적인 증가로 방위력개선비가 축소됨에 따라 핵심역량의 활용은 더욱 어렵게 되었다.

셋째, 정부에 따라 국방개혁의 기조가 수시로 변경되어 핵심역량인

---

**221** 국방부, 『2018 국방백서』, p. 243.

**222** e-나라지표, "국방예산 추이"(검색일: 2020년 10월 3일)

과학기술의 활용이 어려웠다. 노무현 정부는 '병력 중심의 양적 구조'에서 '정보·지식 중심의 질적 구조'로 군 구조를 전환하기 위해 과학기술의 활용을 강조했다. 그러나 이명박 정부는 천안함 폭침과 연평도 포격 도발 대응 과정에서 표출된 지휘체계상의 문제점 해소와 전시작전통제권 전환에 대비하기 위해 상부지휘구조 개편에 국방개혁의 역량을 집중했다. 박근혜 정부는 2013년 2월 북한의 제3차 핵실험으로 북한의 핵위협이 현실화되자 '한국형 3축 체제' 구축 등 북한의 핵·미사일 위협 대응전력 구비에 중점을 두었다.

이어서 집권한 문재인 정부는 노무현 정부의 국방개혁 정신을 계승하여 "첨단 과학기술기반의 정예화된 군 육성"을 목표로 병력 감축과 연계하여 제4차 산업혁명기술의 활용을 강조하고 있다. 이처럼 역대정부의 국방개혁 기조가 정부의 성향과 안보상황의 변화에 따라 수시로 변경되어 우수한 과학기술을 핵심역량으로 활용하려던 최초의 계획은 상당한 차질을 빚었다.

넷째, 과학기술을 핵심역량으로 활용하려는 군 내부의 자체 노력이 부족했다. 오늘날 국방개혁이나 군사혁신의 대부분이 기술주도형으로 이루어짐에 따라 과학기술은 군사혁신에 있어서 핵심적인 요소로 평가받고 있다. 이러한 점을 고려하여 미군은 4성 장군이 지휘하는 부대의 참모조직에는 반드시 민간인 신분의 과학관을 보직하여 지휘관들에게 과학기술에 대해 충분한 자문을 제공하고 있다.[223] 그러나 2018년까지 한국군의 조직 편성에서 과학기술전문가는 찾아보기 어려웠다.

---

**223** 이성연 등, 『미래전에 대비한 군사혁신론』(대구: 황금소나무, 2008), p. 336.

최근 제4차 산업혁명기술의 군사적 접목에 대한 논의가 폭발적으로 증가함에 따라 육군본부에서 최초로 과학기술전문가를 참모총장 과학기술참모로 채용하여 2019년 4월 1일부터 운용하고 있다.[224]

군사혁신을 전문적으로 연구하는 조직의 부재도 우수한 과학기술을 핵심역량으로 활용하는데 부정적으로 작용했다. 1999년 4월 한시조직으로 편성되었던 국방부 군사혁신기획단은 2003년 『한국적 군사혁신의 비전과 방책』을 발간한 후 해체되었다. 군사혁신기획단의 연구결과가 '국방개혁 2020'에 일부 반영되었지만, 연구 결과를 추적하고 후속 연구를 통해 군사혁신을 우리 군에 정착시키는 노력은 부족했다. 국방개혁 업무의 원활한 추진을 위해 국방개혁실이 한시조직으로 편성되어 운용되고 있지만, 과학기술 분야까지 포괄하지는 못하고 있다. "국방개혁실은 자료를 정리하고 보고서를 만들어 장관에게 전달하고 청와대와 장관 사이를 오가며 전령 역할을 하는 업무에 매몰되고 있다."[225]는 홍규덕 전 개혁실장의 평가처럼 국방개혁실의 역할은 행정업무를 지원하는 수준에 머무르고 있다.

## (3) 군 지도부의 변혁적 리더십

와튼 스쿨에서 리더십과 조직변화를 연구한 세어 박사는 "변화는 리드 독 lead dog이 이끈다."고 주장했다. 조직의 최고 리더십이 조직변화의

---

**224**  육군은 2030년 육군의 비전을 "한계를 넘어서는 초일류 육군"으로 설정하고 첨단 과학기술군으로 변모하기 위한 민·관·군·산·학·연 협업체계 구축을 추진하고 있다. 이를 위해 참모총장을 직접 보좌할 수 있는 과학기술참모를 '미래혁신센터장'으로 보직하여 운영하고 있다.

**225**  홍규덕, "홍규덕의 한반도평화워치: 국방개혁 15년, 여전히 싸워 이기는 군은 만들지 못했다." 『중앙일보』, 2020년 3월 17일.

성패를 좌우한다는 의미이다. 상명하복의 대표적 위계조직인 군대에서 군 지도부의 영향력과 역할은 지대하다. 성공적인 국방개혁을 위해서는 군 지도부가 개혁에 대한 확고한 신념을 바탕으로 비전을 제시하고, 변화를 위한 영감을 불어 넣을 수 있어야 하며, 일정기간 임기가 보장되어야 효과적으로 개혁을 추진할 수 있다. 노무현 정부에서부터 추진해온 개혁의 성과가 미진한 원인을 군 지도부의 변혁적 리더십 측면에서 분석하면 주요내용은 다음과 같다.

첫째, '외부적 개혁 모델'의 도입으로 군 지도부의 자발적인 리더십 발휘가 제한되었다. 국방개혁의 모델에는 내부적 개혁 모델과 외부적 개혁 모델이 있다. 내부적 개혁 모델은 군 지도부 주도로 이루어지는 개혁으로 변화하는 외부의 전략 환경에 대응하여 자발적으로 인식의 전환과 제도적 변화를 추구하는 모델이다. 반면 외부적 개혁 모델은 개혁의 동인을 군 외부에서 찾는 접근방법이다. 외부적 개혁 모델을 주장하는 학자들의 가정은 군 조직이 본질적으로 보수적이며 변화에 저항하는 성향을 가지고 있어서 외부의 개입 없이 개혁을 기대하기는 어렵다는 것이다. 2006년부터 추진해온 국방개혁이 부진한 원인은 외부적 개혁 모델을 도입하여 개혁을 추진했으나, 군 지도부의 호응을 얻지 못한데서 그 원인을 찾을 수 있다.

노무현 대통령은 국방개혁의 지속성과 안정성을 담보하기 위해 프랑스의 사례를 참고하여 '국방개혁 2020'을 법제화했다. 대규모 병력 및 부대 감축에 대해 소극적인 입장을 유지하고 있던 군 지도부는 법제화가 곧 실행의 강제를 의미하는 것으로 인식하여 개혁 추진에 미온적인 태도를 보였다. 2009년 국제금융위기의 여파로 재원 확보에 어려움이 가중되고 북한의 핵·미사일 개발로 북한의 위협이 증가하자 군 지도부는 개혁의 목표 연도를 연기하고 병력 및 부대 감축의 규모와 시기를 조정했다. 결론적으로 군 내부로부터 충분한 공감과 확고한 지지를 얻지 못한 상태에서 외부로부터의 개혁 추진으로 군 지도부의 자발적인 리더십 발휘를 이끌어내지 못한 것이다.

둘째, 군 지도부의 짧은 임기와 역대정부 국방개혁 기조의 분절현상으로 리더십 발휘가 제한되었다. 국방개혁을 추진함에 있어서 군 지도부의 역할은 매우 중요하다. 군 지도부는 개혁에 대한 폭넓은 이해와 확고한 신념을 바탕으로 개혁안을 수립하고 추진해야하며, 일정기간 임기가 보장되어야 개혁을 효과적으로 추진할 수 있다. 2006년 '국방개혁 2020'이 법제화된 이후 국방부장관은 평균 24개월을 재임했다.[226] 비교적 짧은 재임기간과 정권이 바뀔 때마다 국방개혁의 기조가 변경되는 분절현상은 개혁의 일관된 추진을 어렵게 했다. 비교적 장기간 재임한 김관진 장관은 재임기간 동안 상부지휘구조 개편에 노력을 집중했고, 한민구 장관은 북한의 핵·미사일 위협 대응에 중점을 둠으로써 '국방개혁 2020'이 지향했던 방향과는 큰 차이가 있었다.

각 군 개혁의 실질적인 책임을 담당하고 있는 참모총장의 경우에도 국방부장관의 경우와 유사한 현상이 반복되었다. 육군의 경우, 참모총장의 평균 재임기간은 15개월에 불과하여[227] 적임자가 보직되었다고

---

226 2006년 12월 이후 국방장관으로 김장수 16개월, 이상희 19개월, 김태영 15개월, 김관진 43개월, 한민구 37개월, 송영무 14개월, 정경두 24개월을 각각 재직했다.

227 2006년 12월 이후 육군참모총장으로 박흥렬 18개월, 임충빈 18개월, 한민구 9개월, 황의돈 6개월, 김상기 24개월, 조정환 12개월, 권오성 12개월, 김요환 12개월, 장준규 23개월, 김용우 20개월, 서욱 17개월을 각각 재직했다.

가정하더라도 성과 있는 개혁을 추진하기에는 매우 짧은 재임기간이었다. 군사혁신에 성공한 국가들의 군 지도부가 4-6년 동안 장기간 재임하면서 안정적으로 군사혁신을 추진했던 점을 고려하면, 한국군 지도부의 재임기간은 상대적으로 매우 짧았다.

셋째, 미래 군사력 운용(군사전략)에 대한 논의와 공감 형성이 생략된 채 개혁안이 마련되어 일관성 있는 개혁 추진이 어려웠다. '국방개혁 2020'의 입안은 국방부를 중심으로 약 3개월 동안 숨 가쁘게 진행되었다. 국방부는 2005년 6월 1일 국방개혁위원회를 구성하고 국방개혁안에 대한 구상과 작성에 착수했다. 약 3개월간의 연구를 거쳐 국방부는 9월 1일 대통령에게 '국방개혁 2020(안)'을 보고하고, 9월 13일 기자회견을 통해 국민들에게 공개했다.[228] 충분한 논의와 공감 형성이 생략된 가운데 졸속으로 마련된 개혁안은 구성원들에게 개혁의 필요성과 타당성에 대한 확신을 심어주지 못했고, 동참을 위한 동기부여와 지적 자극을 어렵게 했다.

넷째, 군사혁신이 활발하게 일어날 수 있는 군의 조직문화가 정착되지 못했다. 앞장에서 살펴본바와 같이 군사혁신에 성공한 군대의 공통적인 특징은 창조적인 아이디어들이 활발히 논의되고, 이를 수용할 수 있는 조직문화를 보유하고 있었다. 독일군은 19세기 초부터 오랜 전통으로 이러한 문화를 가지고 있었고, 이스라엘군도 태생적인 이유로 개방적인 문화를 보유하고 있었다. 반면 경직된 조직문화를 가지고 있었

---

**228** 대통령자문정책기획위원회. 『국방개혁 2020: 선진정예강군 육성을 위한 국방개혁 추진(참여정부정책보고서 2-46, 2008). p. 23.

던 미군은 임무형지휘와 작전개념을 지휘통제방식으로 도입하여 조직문화를 변화시킴으로써 군사혁신에 성공했다. 한국군도 미군의 제도를 참고하여 임무형지휘와 작전개념을 도입하여 활용하고 있다. 그러나 아직도 통제위주의 조직문화와 제도가 곳곳에 잔존하고 있다.

예를 들면, 4심제 진급제도가[229] 최고의 공정성을 자랑하는 제도일 수 있지만 변혁적 리더십을 가진 간부들의 진급을 가로막는 제도는 아닌지 검토가 필요하다. 4번의 심사과정을 거치면서 강한 개성으로 상급자와 갈등을 빚은 경험이 있는 간부는 진급심사에서 선발되기 어렵다. 전략·전술적인 소신이 뚜렷한 다수의 고위급 장교들이 없이 군사혁신을 기대하기 어렵고, 격론을 벌이며 토론하는 분위기를 만들지 않고서는 군사혁신에 성공하기 어렵다. 특히 내부적 군사혁신 모델에서는 상이한 주장들이 상호 경쟁하는 분위기가 조성되었을 때 올바른 대안을 선택할 수 있고, 혁신의 추동력을 유지할 수 있다.

---

**229** 4심제 진급제도는 갑, 을, 병반에서 각각 독립적으로 진급인원을 추천하면, 선발위원회에서 각 반에서 추천된 인원을 대상으로 최종심의를 통해 진급인원을 선정하는 제도로서 4번의 심의과정을 거치게 된다.

# 2
# 한국의
# 군사혁신 방향

## (1) 위기의식(감)의 활용

위기의식(감)은 군사혁신을 촉발시키고 견인하는 원동력이다. 미군과 독일군은 패전에서 오는 위기의식(감)을, 이스라엘군은 주변 아랍 국가들의 군사적 위협에서 오는 위기의식(감)을 이용하여 군사혁신에 성공했다. 그러나 한국군은 정권의 성향에 따라 위협의 우선순위가 수시로 변경되고, 적으로서의 북한과 민족으로서의 북한이 갖는 이중성으로 인해 개혁에 필요한 위기의식(감)을 형성하는데 많은 어려움이 있었다. 군사혁신에 성공하기 위해서는 위기의식(감)이 필요하다. 한국군이 성공적인 군사혁신을 위해 활용할 수 있는 위기의식(감)으로는 다음과 같은 것들을 고려할 수 있다.

첫째, 북한의 핵무장으로 취약해진 안보상황을 위기의식(감)으로 활용해야한다. 북한의 김정은이 2017년 12월 '핵무장 완성'을 선언하고 핵능력을 지속적으로 강화하고 있어 한국군은 핵과 대규모 재래식 전력으로 무장한 북한군의 위협에 노출되어 있다. 핵을 보유한 북한군의 최종적인 전략목표는 핵 억제력을 이용하여 미군의 개입을 차단하면서 속전속결로 한반도를 적화 통일하는 것이다. 북한군의 전략은 전쟁 초기 결정적으로 유리한 여건조성을 위해 핵을 포함한 대량살상무기를 직접 사용하거나 사용 위협으로 미군의 개입을 차단하고, 전진 배치된 대량의 화력과 기동력으로 서울까지의 짧은 종심(40-60km)을 일거에 돌파하여 수도 서울을 점령 또는 고립하며, 동시에 특수부대를 후방 깊숙이 투입하여 동시 전장화하고, 정치심리전을 병행하여 단기간 내 전쟁을 종결하는 전략으로 우리에게는 가장 큰 위협이다.

그러나 지금까지 우리는 '희망적 생각'과 '동맹 의존적 성향'으로 북한의 핵무장을 군사혁신을 위한 위기의식(감)으로 활용하지 못하고 있다. 핵으로 무장한 북한의 전면전 위협은 직접적이고도 심각한 위협이나 군 지도부가 이를 군사혁신의 추동력으로 활용하기 위해서는 각별한 주의와 용기가 요구된다. 북한이 갖는 이중성으로 인해 군 지도부가 군사혁신의 추동력 확보를 위해 북한의 위협을 강조할 경우, 진보와 보수의 찬반논쟁으로 이어져, 오히려 군사혁신의 동력을 떨어뜨릴 개연성이 높기 때문이다. 지금까지 국방개혁이 부진했던 원인이 북한의 위협과 대북정책에 대한 진보·보수정권의 인식 차이에 기인하고 있음을 유념할 필요가 있다.

북한의 핵위협을 군사혁신의 추동력으로 활용하기 위해서는 군 지도부가 북한 핵위협의 실체와 북한의 핵 포기 가능성이 희박함을 명확히 국민들과 정치권에 설명하고 공감을 얻어야 한다. 이를 위해서는 군 지도부의 북한 핵위협에 대한 정확한 인식과 도덕적 용기가 필요하다. 베트남 전쟁 당시 미 육군참모총장이었던 존슨 장군<sup>Harold K. Johnson</sup>이 퇴임 후 어느 날 동기생의 "자네가 생을 다시 살 수 있다면 뭘 달리 해보려나?"는 질문에 답한 다음의 내용을 우리 군 지도부는 깊이 음미해볼 필요가 있다.

"그 날이 생각나는군. 나는 대통령 집무실로 가서 별 4개를 떼어 대통령에게 주고는 다음과 같이 말할 준비가 되어 있었네. '당신은 동원을 하지 않고서는 전쟁을 수행할 수 없다고 국민들에게 밝히는 것을 거부하였습니다. 당신은 승리에 대한 희망도 없이 젊은이들을 전장으로 내몰라고 저에게 지시하였습니다. 그리고 우리 군이 베트남전에서 전쟁의 원칙이라는 원칙은 모두 깨뜨릴 것을 요구하였습니다. 그러므로 저는 사직하며, 이 문을 나가는 즉시 기자회견을 하려고합니다.' 그러나 나는 내가 떠나는 것보다 남아 있는 쪽이 국가와 군을 위해서 유익하리라고 생각했네. 그건 전형적인 실수였지. 나는 바로 이 도덕적 용기의 과오를 안고 무덤으로 가야만 하는 걸세."[230]

둘째, 점증하는 주변국의 군사위협을 위기의식(감)으로 활용해야한다. 잠재적 위협 중에서 가장 크고 가능성이 높은 위협은 중국의 군사위협으로 위기의식(감)을 갖기에 충분하다. 시진핑은 '강군몽強軍夢'을 구현하기 위해 '국방 및 군대 현대화 건설 3단계 발전전략'을 추진하고 있다. 1단계는 2020년까지 기본적인 기계화·정보화군 건설을 완성하

---

**230** 권재상·김종민 역, 『미국의 걸프전 전략』 (서울: 자작아카데미, 1996), p. 72.

여 전략능력을 대폭 향상시키고, 2단계는 2035년까지 군사이론, 조직 편성, 무기장비 등 전반적인 국방 및 군의 현대화를 달성하며, 3단계는 21세기 중엽까지 인민해방군을 세계 일류 군대로 건설하는 것을 목표로 하고 있다.[231]

지금까지 우리는 주로 북한군 위협에 중점을 두고 대비함으로써 주변국 위협에는 소홀했던 것이 사실이다. 주변국에 비해 열세한 국력과 군사력에서 오는 위기의식(감)을 군사혁신의 동력으로 활용해야한다. 현실화되지 않은 미래의 잠재적 위협을 군사혁신의 동력으로 활용하기 위해서는 군 지도부의 미래위협에 대한 예측능력과 이를 정책결정자들과 구성원들에게 전달하는 소통능력이 매우 중요하다. 미래에 예견되는 국제질서와 동북아지역의 전략상황을 예측하고 미래위협의 실체를 구체적으로 그려낼 수 있어야하며, 이를 정책결정자들과 구성원들에게 설득력 있게 전달할 수 있을 때 '국방개혁 2020'에서와 같은 동일한 과오를 반복하지 않을 수 있다.

그동안 등한시해왔던 주변국의 군사적 위협에 대해 최근 군 내부의 일부 부서에서 관심을 갖기 시작했다. 관련 국가별로 군 내부의 전문가들을 식별하고 인력풀을 구성하여 외부기관과 연계한 연구, 세미나 등을 진행하고 있다. 그러나 군 지도부의 관심이 미미하여 국방관련 주요 정책결정자들에게 영향을 미칠 정도로 활성화되지는 못하고 있다. 또한 군 내부 구성원들의 주변국 군사위협에 대한 인식의 정도도 미미한 수준이다. 따라서 미래 주변국 위협의 실체와 대비 방향에 대한 구체적

---

231 "중국의 국가전략 및 국방정책." 『월간 작전환경 분석 '19-2호』(육군교육사령부, 2019. 3. 28), p. 32-8.

인 연구와 더불어 이를 미래 군사혁신에 어떻게 접목할 것인가에 대한 심도 깊은 연구와 공감 형성이 필요하다.

셋째, 전시작전통제권 환수를 위기의식(감)으로 활용해야한다. 한국군 사령관이 지휘하는 한미연합군사령부의 최초운용능력[IOC, Initial Operational Capability][232] 검증을 위한 연합연습이 2019년 하반기에 실시되는 등 전시작전통제권 환수를 위한 노력이 가시화되고 있다. 한미 국방장관은 한국군이 전시작전통제권을 환수하더라도 현재와 같이 연합군사령부를 유지하고 사령관을 한국군 장성으로 보직하는 것으로 2018년 10월 합의했다.[233] 한국군이 세계 최강의 미군을 주도하여 연합작전을 실시하기 위해서는 많은 부분에서 혁신적인 변화가 필요하다. 정보력 열세의 극복, 전략 및 작전적 수준의 기획능력 향상, 연합 및 합동전력 통합운용능력 구비 등 한국군의 획기적인 능력 향상이 필요하다.

한미가 합의한 전시작전통제권 전환의 조건은 ①한국군의 한미연합방위 주도를 위한 핵심군사능력 확보, ②북핵·미사일 위협에 대한 한국군의 초기 필수대응능력 구비, ③전시작전통제권 전환에 부합하는 안정적인 한반도 및 지역 안보환경이다.[234] 전시작전통제권 전환은 이러한 조건들이 실질적으로 충족되었을 때 이루어져야 안보 공백을 방지할 수 있고, 한국군이 실질적으로 연합작전을 주도할 수 있다. 일부에서는 문재인 정부가 임기 내 전시작전통제권 환수를 위해 조건이 충

---

**232** 최초운용능력(最初運用能力, Initial Operational Capability): 최초 승인된 편성 및 장비, 물자, 시설, 임무수행체계 등을 갖추고 이들을 효율적으로 운용하여 지휘관이 요구하는 핵심과업을 수행할 수 있는 기본적인 운용능력을 의미한다.

**233** 국방부, "전시작전통제권 전환 이후 연합방위지침"(2018년 10월 31일).

**234** 국방부, 『2016 국방백서』(서울: 국방정책실, 2016), p. 132.

족되지 않은 가운데 정치적 고려에 따라 무리하게 추진할 가능성에 대해 깊은 우려를 표명하고 있다. 전시작전통제권 환수가 그렇게 졸속으로 이루어져서는 안 된다.

70여 년 동안 전시작전통제권을 행사하지 못한 한국군에게 전시작전통제권의 환수는 특별한 의미를 갖는다. 전시작전통제권을 환수한 후에도 한국군이 한미연합작전을 실질적으로 주도하지 못하는 상황이 초래되어서는 안 된다. 한국군 지도부는 단순히 환수를 위한 조건의 충족에 급급할 것이 아니라 전시작전통제권 환수를 계기로 한국군이 도약적 발전을 이룩하는 군사혁신의 기회로 삼아야한다. 이를 위해서는 양적 조건의 충족뿐만 아니라 실질적으로 연합작전을 이끌어나갈 수 있는 역량 구비에 중점을 둔 전시작전통제권 환수를 추진해야한다.

넷째, 현재 진행되고 있는 병력 및 부대 감축을 위기의식(감)으로 활용해야한다. '국방개혁 2.0'에 따라 2018년 61.8만 명의 상비 병력을 2021년 말까지 50만 명으로 감축하기 위해 매년 2.5만 – 3만 명의 병력을 감축하고 있다. 병력의 급격한 감축은 부대의 해체, 임무 및 지휘 관계의 변경, 주둔지의 폐쇄 등을 수반하여 병력 감축의 문제점을 현장에서 직접 체감할 수 있다. 코터는 분석 자료만으로는 변화를 위한 행동을 이끌어내지 못하며 행동을 이끌어내기 위해서는 실상을 직접 보고 느끼는 것이 중요하다고 주장했다. 즉 변화를 촉발하는 요체를 "분석한다 → 사고한다 → 변화한다"의 흐름보다 "본다 → 느낀다 → 행동한다"의 맥락에서 파악해야 변화에 성공할 수 있다는 것이다.[235] 첨

---

235 John P. Kotter & Dan S, Cohen, *The Heart of Change*, 김기웅·김성수 역, 『기업이 원하는 변화의 기술』(경기 파주:

단 무기체계의 전력화는 지연되는 가운데 병력 감축으로 인해 발생하는 여러 가지 문제점을 현장에서 직접 보고 느끼게 함으로써 위기의식(감)을 고취할 수 있다.

## (2) 우수한 과학기술을 핵심역량으로 활용

크레피네비치는 미래의 군사혁신 방향을 발전시키려면 먼저 어떤 국가가 경쟁의 상대가 될 것인지를 식별해야 한다고 주장했다. 우리는 핵과 대규모 재래식 군사력으로 무장한 북한의 현존위협과 2050년대 세계 일류 군대를 꿈꾸며 군사현대화에 박차를 가하고 있는 중국의 잠재위협에 직면하고 있다. 따라서 한국의 군사혁신은 두 가지 위협에 동시에 대비할 수 있도록 전략을 수립해야한다.

북한과 중국을 상정하여 군사혁신을 추진할 경우 우리가 활용할 수 있는 핵심역량은 지금까지 국방개혁의 수단으로 활용해온 우수한 과학기술을 이용하는 것이 바람직할 것으로 판단된다. 북한과 중국은 군사력의 규모면에서 우리보다 우위로 양적 열세를 극복하기 위해서는 우수한 과학 기술력을 적극 활용해야한다. 또한 미래 우리사회가 직면하게 될 인구절벽현상과 복무기간 단축으로 인한 병력자원 부족 문제도 과학기술의 뒷받침 없이는 극복하기 어렵다. 한국군은 우수한 과학기술을 활용하여 국방개혁을 추진했다. 그러나 정부별 국방개혁 기조의 차이, 재원의 부족, 과학기술의 중요성에 대한 인식의 부족 등으로 핵심역량을 효과적으로 활용하지 못했다. 한국군이 우수한 과학기술을

---

김영사, 2011), p. 20.

핵심역량으로 활용하여 군사혁신을 추진할 경우 유념해야 할 사항을 정리하면 다음과 같다.

첫째, 군사혁신의 전략과 우선순위를 명확히 설정해야한다. 군사혁신의 전략과 우선순위는 예산 편성에 중요하게 영향을 미치게 되고, 예산의 가용성은 핵심역량의 활용에 결정적인 영향을 주게 된다. 즉 군사혁신의 전략과 우선순위가 잘 못 실정되면, '국방개혁 2020'에서와 같이 핵심역량의 활용에 많은 제약을 받게 된다. '국방개혁 2020'에서 채택한 전략은 아래 그림에서와 같이 미래잠재위협 대비에 우선을 두고, 북한의 위협은 미래잠재위협 대비를 위해 발전시키는 군사력으로 대처하는 전략을 선택했다. 그러나 북한의 위협이 점차 증가함에 따라 추진과정에서 우선순위가 변경되는 등 많은 혼선이 초래되었다. 오늘날 핵무기를 포함하여 북한의 위협이 현저히 증가한 점을 고려 시 북한현존위협 대비에 우선을 두되, 미래잠재위협에도 대비하기 위해 북한현존위협 대비와 미래잠재위협 대비의 중첩부분을 최대로 확장해나가는 전략을 선택하는 것이 바람직할 것으로 판단된다.

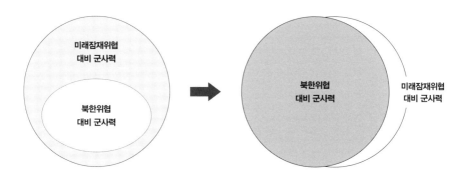

**〈그림 12〉 한국의 미래 군사혁신 전략**

둘째, 첨단 과학기술을 핵심역량으로 활용하기 위해서는 적정 예산을 안정적으로 확보해야한다. 공감할 수 있는 합리적인 예산이 투명하게 산정되고 정권의 성향과 관계없이 일관되게 예산이 지원되어야 군사혁신에 성공할 수 있다. 아울러 군은 재원 확보를 위한 자구적인 노력과 더불어 예산 절감 방법을 적극적으로 모색해야한다. 예를 들면, 주한미군기지 이전부지 및 한국군 부대 축소·조정에 따른 잉여부지의 민수전환을 통해 재원의 일부를 확보할 수 있고,[236] 기존 플랫폼에 4차 산업기술을 접목하는 형태의 군사혁신 추진으로 예산을 절약할 수 있다. 이는 3차 산업혁명시대의 정보·지식기반 플랫폼에 4차 산업혁명의 핵심기술인 'ICBM+AI[IoT, Cloud, Big Data, Mobile and Artificial Intelligence]'를 적용하여 '관측[observe]-판단[orient]-결심[decision]-행동[action]'을 적보다 빠르게 함으로써 전투력 발휘를 극대화하는 방식이다.[237]

예산절약의 또 다른 방법으로는 신기술개발에 있어서 '중간진입' 전략을 채택할 수 있다. '중간진입' 전략이란 신기술 개발을 위해 초기 단계부터 시작하는 것이 아니라 기술선진국들이 연구한 자료를 참고하여 연구개발을 중간단계부터 시작하는 것을 의미한다. 미국과의 동맹관계를 활용하여 미국이 제3차 상쇄전략 추진을 위해 개발하고 있는 기술을 참고하여 우리의 실정에 맞게 개발하거나 공동으로 개발하는 전략을 선택할 수 있다.

예산의 절약을 위해서는 이미 개발된 신기술 또는 군사체계를 활용

---

[236] 이와 관련된 구체적인 내용은 이필중의 "국방개혁 2020 재원확보를 위한 전략"을 참고하기 바란다. 이필중. "국방개혁 2020 재원확보를 위한 전략." 『전략연구』 제41호(2007), pp. 168–202.

[237] 정춘일. "4차 산업혁명과 군사혁신 4.0." p. 201.

하여 군사혁신을 추진하는 전략을 채택할 수도 있다. 헌들리는 "군사혁신은 신기술을 처음으로 개발한 국가보다 그 기술을 군사적으로 적용하고 활용한 국가에서 주로 발생했다."고 주장하면서 전차와 기관총 사례를 제시했다. 영국이 전차를 최초로 개발하였지만 '전격전'의 수혜는 독일군이 누렸고, 미국인이 기관총을 발명했지만 집중 운용을 통한 전술적 이익은 독일군이 향유했다는 것이다. 이미 개발된 신기술 또는 군사체계를 활용하여 군사혁신을 추진하기 위해서는 관련된 정보의 수집 및 평가가 매우 중요하다. 헌들리는 경쟁국가의 군사혁신에 대한 정보수집 및 평가과정을 아래 그림과 같이 제시하였는데,[238] 이를 응용하여 신기술이나 새로운 군사체계에 대한 정보를 수집할 수 있다.

〈그림 13〉 군사혁신에 대한 정보수집 및 평가절차

초기 광범위한 자료수집 과정에서 중요한 점은 군사혁신으로 이어질 가능성이 불명확한 경우에도 이를 제외하기보다 포함하는 것이 바람직하며, 수집된 정보는 목록으로 유지하고 주기적으로 목록을 최신화해야 한다. 최초심사에서는 사전 선정된 평가요소를 기초로 수집된

---

238  Hundley, *Past Revolutions Future Transformations*, p. 42.

정보를 검증하여 물리적으로 불가능한 아이디어들을 제거한 후 잠재적 군사혁신 목록을 작성한다. 정밀평가 과정은 군사혁신으로 이어지기 위해 반드시 극복해야할 문제점, 장애물, 시험 등에 대한 전문가들의 분석 및 평가로 이루어지며, 이를 통해 군사혁신으로 발전시킬 최종 목록을 결정한다.

셋째, 육·해·공군의 합동성을 획기적으로 강화하는 방향으로 군사혁신을 추진해야한다. 미국 등 군사 선진국들은 이미 합동성의 새로운 차원인 교차영역 시너지효과 창출을 위해 모자이크전, 다영역작전 등을 연구하고 실행을 위한 준비에 박차를 가하고 있다. 미래전의 양상은 전투공간이 육·해·공 3차원에서 사이버와 우주 영역을 포함하는 5차원으로 확장되고, 영역 간 교차의 범위도 점차 확대될 것으로 예상된다. 따라서 합동성 강화와 영역 간의 상호지원 노력은 전투력 발휘의 시너지효과 창출을 위해 반드시 필요한 부분이다. 또한 미래전의 양상은 피·아 모두 상대방의 전략적·작전적·전술적 중심을 동시에 마비시키기 위해 병렬전을 시도할 것으로 예상되어 전쟁의 승패가 단기간에 결정될 가능성이 높다. 이러한 미래전의 양상을 고려했을 때 군령권과 군정권이 분리되어 있고, 평시와 전시의 군령권 행사 주체가 서로 다른 우리 군의 지휘체계는 근본적인 검토가 필요하다.

아울러 현실화되고 있는 인구절벽현상으로 군대의 규모가 축소될 수밖에 없는 상황을 고려했을 때 미래에 요구되는 우리 군의 모습은, 합동성을 바탕으로 5개 전장영역(지상, 해상, 공중, 사이버, 우주)이 긴밀하게 통합 운용되는, 작지만 치명성과 민첩성을 갖춘 군대가 되어야한다. 오늘날 이러한 군대의 전형적인 모습은 이스라엘 군대이다. 이스라엘군은 총참모장 중심의 통합군 제도를 적용하고 있다. 우리 군도 2010년 천안함 폭침과 연평도 폭격도발 이후 통합군 형태의 상부지휘구조 개편을 시도했으나, 관련 이해집단들 간의 의견 차이로 무산되었다.

전장영역간의 중첩과 전쟁수준의 중첩이 지속적으로 확대되어가는 미래전의 양상을 고려했을 때 지휘통제 권한의 분산 및 중복으로 전투력의 통합운용이 제한되고, 지휘결심이 지연되는 지휘구조를 계속 고집하는 것은 바람직하지 않다. 상부지휘구조 개편과 관련된 이익집단들의 이기심이 국가와 국민의 안위를 위태롭게 만드는 우를 범해서는 안 된다. 1992년 818계획으로[239] 정립된 지금의 상부지휘구조는 산업문명시대에 적합한 지휘구조로서 정보·지식문명시대에 적합한 지휘구조로의 전환이 하루 빨리 이루어져야 한다.

넷째, 민간의 역량을 적극 활용하는 민·관·군 융·복합형 군사혁신체계를 구축해야한다. 제4차 산업혁명기술의 상업적 용도는 무한대에 가까울 정도로 크고 다양한 반면, 군사용 수요는 제한되어 경제성 달성이 어렵다. 또한 인공지능, 무인화체계, 생명공학 등과 같은 첨단 과학기술 분야는 국가의 성장 동력 확보를 위해 많은 예산을 투자하고 있는 분야로서 국가성장전략과 연계할 경우 국방예산을 절약하고 성공 가능성도 높일 수 있다. 이를 위해 주요제대에 과학기술전문가를 보직하고 군사혁신을 전문적으로 연구하는 조직을 신설하는 등 군 내부의

---

**239** 818계획은 제6공화국 노태우 정부에서 추진한 '장기 국방태세 발전방향(일명 818계획)' 연구로서 이 연구를 계기로 군정은 각 군 본부에서, 군령은 합동참모본부에서 행사하는 오늘날의 한국군 상부지휘구조인 합동군제가 마련되었다. 합동군제 이전의 한국군 상부지휘구조는 육·해·공군 병립제 하에서 각 군 본부가 국방장관의 지휘를 받아 군정·군령을 전적으로 행사하던 지휘구조였다.

조직 보강과 더불어 민·관·군 융·복합형 혁신체계를 구축해야한다.

미 육군이 2018년 7월 창설하여 운영하고 있는 육군미래사령부는 민·관·군 융·복합형 혁신체계 구축의 좋은 사례이다. 미 육군은 통합된 미래 비전이 부재한 상태에서 담론만 무성하던 미래 업무를 육군미래사령부 창설을 통해 일원화함으로써 노력의 분산 및 중복을 방지하고 체계적인 미래 준비를 진행하고 있다. 육군미래사령부는 미 육군의 전력화시스템이 첨단기술이 반영된 핵심전력을 적시에 장병들에게 제공할 수 있도록 설계 및 운영되지 못했다는 반성에서부터 출발했다. 육군미래사령부는 빠르게 발전하는 첨단 과학기술을 적시에 수용하여 필요한 무기체계를 전력화할 수 있도록 사령부를 텍사스대학교의 시스템빌딩에 설치하고 군·산·학·연 협업을 강화하고 있다. 텍사스대학교의 시스템빌딩은 14개의 산·학·연 기관이 입주해 있는 20층 건물로서 육군미래사령부는 15층과 19층을 사용하며 입주기관들과 긴밀히 협업하고 있다.

미 육군미래사령부의 당면한 임무는 군·산·학·연 협업으로 육군의 6대 현대화사업을 원활하게 추진하는 것이다. 6대 현대화사업은 미 육군이 구상하고 있는 다영역작전의 수행을 위해 최우선적으로 갖추어야할 전력들로서 ①장거리정밀화력long-range precision fires, ②차세대전투차량next generation combat vehicle, ③미래수직이착륙기future vertical lift, ④네트워크network, ⑤공중 및 미사일 방어air and missile defense, ⑥장병전투체계soldier lethality 등이다. 6대 현대화사업의 효율적인 추진을 위해 육군미래사령부는 8개의 교차영역기능팀<sup>CFT, Cross Functional Team</sup>을 편성하고,[240] 각 기능팀의 본부를 관련 기술 인프라가 가장 잘 갖추어져 군·산·학·연 협업이 용이한 지역을 선정하여 배치함으로써 민·관·군 융·복합형 혁신체계를 구축했다.

군·산·학·연 협업을 강화하고 빠르게 발전하고 있는 제4차 산업혁명기술의 적시적인 활용을 위해서는 군의 획득제도도 과감히 정비해야한다. 지금의 무기체계 획득 과정은 소요제기로부터 전력화까지 10년이 넘게 소요된다. 대규모 국가예산사업의 특성으로 인해 소요제기, 예산확보, 체계개발, 시험평가, 구매 등의 과정에 수많은 세부절차가 인입되어 지연 현상을 가중시키고 있다. 투명성 제고를 위한 행위주체들의 견제장치 마련에 주안을 둔 경직된 절차로는 빠른 기술발전에 따른 전력화무기의 기술적인 진부성을 해소하기 어렵다. 소요제기로부터 전력화에 이르는 전 과정에서 관련 주체(소요군, 개발주체, 관리주체, 지원주체 등)들의 긴밀한 협업시스템 구축으로 절차를 보다 간소화해야한다. 아울러 진화적인 작전요구성능<sup>ROC, Required Operational Capability</sup>의 적용과 개발실패를 인정하는 제도의 도입 등 획득제도를 기술발전 속도에 맞게 획기적으로 정비해야한다.

다섯째, 과학기술 핵심역량의 전투력 창출효과를 배가하고 과학기술이 갖는 한계성에도 대비하기 위해 타 역량을 병행 육성해야한다. 미군

---

**240** 8개 교차영역기능팀은 ①장거리정밀화력팀(long−range precision fires CFT), ②차세대전투차량팀(next generation combat vehicle CFT), ③미래수직이착륙팀(future vertical lift CFT), ④네트워크 지휘, 통제, 통신 및 정보팀(network command, control, communication and intelligence CFT), ⑤위치확인, 항법, 시간 동기화팀(assured positioning, navigation and timing CFT), ⑥공중 및 미사일 방어팀(air and missile defense CFT), ⑦장병전투체계팀(soldier lethality CFT), ⑧합성훈련환경팀(synthetic training environment CFT)으로 편성되어 있다.

의 경우 과학기술을 핵심역량으로 활용하면서 독일군의 일반참모제도를 참고하여 고급군사연구과정$^{SAMS}$을 도입함으로써 최고의 전략 및 전술 전문가를 육성하였고, 임무형명령과 작전개념을 도입하여 조직문화를 개방적으로 변화시킴으로써 핵심역량의 전투력 창출효과를 배가했다.

우수한 과학기술을 보유하고 있다는 사실과 과학기술을 군사적으로 활용하여 전투력을 창출하는 것은 별개의 문제다. 과학기술을 활용하여 전투력을 창출하기 위해서는 과학기술을 군사적으로 접목하기 위한 아이디어가 필요하고, 아이디어를 더욱 구체화한 새로운 군사체계와 운용개념이 발전되어야 한다. 아이디어는 창의성이 발현될 수 있는 개방적인 조직문화가 형성되었을 때 활발히 제기될 수 있고, 새로운 군사체계와 운용개념의 발전을 위해서는 우수한 인재가 필요하다. 이처럼 핵심역량을 보완할 수 있는 타 역량들이 함께 육성되었을 때 군사혁신에서 성공할 가능성이 높다.

과학기술이 갖는 한계성에 대한 대비도 필요하다. 과학기술 분야의 진전은 물리적 법칙에 근거함에 따라 새로운 과학기술에 대한 영원한 비밀유지는 불가능하다. 상대방이 대등한 수준의 과학기술을 개발 또는 획득한 경우, 그 이점을 상실할 수 있어 과학기술이 주는 이점은 상대적으로 짧을 수 있다. 또한 과학기술은 상대방의 비대칭적인 대응에 무력화될 수 있는 위험성을 내포하고 있다. 베트남 전쟁에서 미군은 월등한 화력을 보유하고 있었다. 그러나 북베트남군이 의미 있는 표적을 노출시키지 않으면서 게릴라 전술로 대항함에 따라 과학기술의 효과가 무력화되었다.[241] 전쟁에서 '안개·마찰·우연'을 제거하기 위한 과학기술적 노력은 지속되겠지만, 완전한 제거는 불가능할 것으로 판단된다. 따라서 과학기술을 핵심역량으로 활용하는 경우에도 이를 보완할 수 있는 타 역량의 준비가 병행되었을 때 군사혁신에 성공할 가능성이 높다.

## (3) 군 지도부의 변혁적 리더십 발휘

2006년 12월 국방개혁에 관한 법률의 제정은 외부의 개입 없이 국방개혁은 어렵다는 인식에 기반하고 있다. 법률로써 국방개혁을 강제하려 하였으나, 개혁의 전제들이 쟁점이 되면서 군 지도부는 국방개혁에 대해 소극적인 태도를 보여 왔다. 성공적인 군사혁신의 추진을 위해서는 군 지도부가 군사혁신의 필요성을 깊이 인식하고 주도적으로 추진했을 때 성공할 가능성이 높다. 군사혁신에 성공한 미국, 독일, 이스라엘의 군 지도부가 군사혁신 과정에서 보여준 변혁적 리더십을 참고하여 우리 군 지도부의 바람직한 리더십 방향을 제시하면 다음과 같다.

첫째, 변혁적 리더십을 가진 군 지도부가 군사혁신을 주도해야한다. 1920년대와 1930년대의 군사혁신을 연구한 머레이William Murray와 와츠 Barry Watts는 외부로부터 강요에 의한 군사혁신의 어려움을 다음과 같이 표현했다. "중요한 교훈은 기존의 전투방식이 올바르다고 믿고 있는 군대에게 민간 또는 군 외부의 지도자가 미래전쟁에 대한 새로운 비전을

---

241 권영근 역, 『21세기 전략기획』, pp. 350–351.

군대에 강요했을 때 군대가 이를 수용할 가능성은 거의 없다."[242] 이처럼 군 스스로의 혁신노력이 전제되지 않은 외부로부터 강요에 의한 군사혁신은 성공하기 어렵다.

2006년 '국방개혁 2020'이 수립될 당시와 비교했을 때 오늘날의 상황은 병력 및 부대 감축의 진행, 인구절벽현상의 현실화, 제4차 산업혁명기술의 부분적 실현 등 전략 환경면에서 큰 변화가 감지되고 있다. 또한 군 내부에서도 현실에 안주하면 외부의 잣대로 또 다시 제단될 수밖에 없다는 위기의식이 확산되어 있다. 따라서 민간 정치지도자는 변혁적 리더십을 가진 유능한 군 지도부를 선발하여 비교적 장기간 보직하고 필요한 정치적 지지와 재원을 제공하되, 군 지도부가 군사혁신을 주도해야한다.

둘째, 성과 있는 군사혁신을 위해서는 군 지도부의 임기를 안정적으로 운영해야한다. 변혁적 리더십은 장기적 관점에서 구성원들의 신념과 가치를 고무함으로써 공동의 목표를 향해 나아가는 리더십이다. 따라서 군 지도부가 변혁적 리더십을 발휘하기 위해서는 임기를 안정적으로 운영해야한다. 국방부장관의 임기는 법률로 명시되지 않아 임명권자의 의지가 중요하다. 합참의장과 각 군 참모총장은 군 인사법상 임기는 2년이나 정권 교체에 따른 군 지도부의 인사, 적체 해소를 위한 조기 교체, 문책성 인사 등으로 지금까지 임기를 제대로 채운 경우는 많지 않았다. 미군이 행정부의 교체와 무관하게 법률로 주요직위자의 임기를 4년으로 보장하고 있는 점은 의미하는 바가 크다.

---

242 Hundley, *Past Revolutions Future Transformations*, p. 56.

우리 군도 주요직위자의 임기와 해임 요건을 법률로 명시하고, 행정부의 교체와 관계없이 비교적 장기간(3-4년) 임기를 보장하는 방안을 검토해야한다. 현재의 군 인사법에 따르면 합참의장의 임기는 2년이고 전시·사변 또는 국방상의 필요에 따라 1년 이내에서 연장이 가능하다. 각 군 참모총장의 임기도 2년이며 전시 또는 사변 시에 한하여 1차 연임이 가능한 것으로 명시되어 있다. 그러나 1962년 1월 군 인사법이 시행된 이후 합참의장과 각 군 참모총장의 임기는 안보상황과 국방상 필요에 따라 수시로 변경되어왔다. 1976년 12월 개정된 군 인사법에서는 합참의장과 각 군 참모총장의 임기가 모두 명시되지 않았고, 1985년 12월 개정된 인사법에서는 각 군 참모총장의 임기가 3년으로 명시되기도 했다. 이처럼 안보상황과 국방운영상 필요에 따라 군 지도부의 임기가 변화되어온 점을 고려할 때 법적 보완을 통해 장기 보직 문제는 해소가 가능할 것으로 판단된다.

셋째, 미래 군사력 운용개념(군사전략)을 우선적으로 정립하여 군사혁신의 비전과 방향을 명확히 제시해야한다. 변혁적 리더십을 구성하는 핵심 요소인 이상적 영향력, 영감적 동기부여, 지적 자극, 개별적인 고려는 모두 리더가 제시하는 비전과 밀접하게 관련되어 있다. 이상적 영향력은 리더가 가지고 있는 비전과 가치관을 조직구성원들이 닮으려고 하는 것으로서 리더와 구성원간의 강한 유대감을 형성한다. 영감적 동기부여는 리더가 조직의 비전을 상징적·압축적으로 표현하여 구성원들의 자발적인 동기를 불러일으킨다. 지적 자극은 구성원들로 하여금 기존의 방식에 대해 의문을 갖게 하고 비전의 구현을 위해 새로운 방식의 접근을 장려한다. 개별적인 고려는 구성원들의 욕구와 희망에 따라 리더가 비전의 구현을 위해 구성원을 의사결정에 참여시키거나 도전적인 업무를 할당하여 책임감을 높여준다. 이처럼 비전은 변혁적 리더십의 발휘와 밀접하게 연관되어 있어 미래 군사력 운용개념(군사전략)을 바탕으로 군사혁신의 비전과 방향이 우선적으로 정립되어야 군 지도부의 리더십발휘가 용이하다.

베트남 전쟁 이후 미군의 군사혁신과 제1차 세계대전 이후 독일군의 군사혁신도 모두 새로운 '싸우는 방법'에 대한 연구에서부터 출발했다. 새로운 '싸우는 방법'이 개발되어 교육기관을 중심으로 논의가 증폭되고, 교육기관을 수료한 간부들이 야전에서 이를 적용하며, 야전의 적용 결과가 교육기관으로 환류되는 선순환구조를 이루면서 군사혁신이 가속화되었다. 미래 한국군의 군사혁신을 위해서도 '싸우는 방법'의 발전이 선행되어야 한다. 북한의 핵무장으로 남북한 군사력의 균형이 북한에 유리하게 기울고 있고, 중국의 '강군몽强军梦' 추진으로 주변국의 군사적 위협도 증가하고 있어 이를 반영한 미래의 '싸우는 방법'이 우선적으로 정립되어야 한다.

넷째, 군의 조직문화를 개방적으로 변화시켜야 한다. 흔들리는 군사혁신이 일어날 수 있는 조직의 특성을 다음과 같이 여섯 가지로 제시고, 이중에서 한 가지라도 결여될 경우 군사혁신이 발생하지 않을 가능성이 높다고 주장했다.

"①미래에 대한 건전한 편집증productive paranoia, ②미래전 양상에 대한 지속적인 최신화, ③조직의 미래에 대해 활발한 토의를 장려하는 조직문화, ④새롭게 제시된 아이디어가 조직의 기존 핵심가치를 위협하는 경우에도 새로운 아이디어를 실험해볼 수 있는 메커니즘이 가용, ⑤새로운 업무수행방식을 적극적으로 지지하는 신망 받는 고위급 장교의 존재, ⑥새로운 전쟁수행방식을 실험하는 장교들이 승진할 수 있는 경로의 가용."

1953년 한국 전쟁이 종료된 이후 70여 년간 평화가 지속되면서 형식과 외형을 중요시하는 조직문화가 우리 군에 뿌리 깊게 형성되어 있다. 창의적인 아이디어들이 활발히 제기되기 위해서는 개방적인 조직문화가 하루 빨리 정착되어야 한다. 한국군의 모든 조직을 헌들리가 제시한 모습의 개방적인 조직으로 단시간 내에 바꾸는 것은 어렵다. 그러나 미래에 대한 연구와 실험을 전담하는 특정 조직에 개방적인 조직의 여섯 가지 특징을 정착시키는 데는 비교적 짧은 시간 내에 가능할 것으로 판단된다. 우선 특정 조직을 선정하여 조직문화를 시험적으로 바꾸고, 여기에서 축적된 경험을 활용하여 전체의 조직문화를 변화시켜 나갈 수 있다.

육군의 경우, 교육사령부 또는 미 육군과 같이 미래 업무를 담당할 새로운 사령부를 창설하여 이 부대를 개방적인 조직의 특성이 구현될 수 있는 부대로 우선 변화시키고, 그 경험과 교훈을 활용하여 점진적으로 인접 조직도 변화시켜 나가는 전략을 채택할 수 있다. 시범조직이 선정되면, 새로운 업무수행방식을 적극적으로 권장하는 변혁적 리더십을 가진 고위급 장교를 그 부대의 지휘관 및 참모로 임명하고, 창의력 발휘를 촉발할 수 있는 파격적인 근무환경과 일하는 방식을 도입하며, 미래에 대한 연구와 토의를 활성화하고, 제기된 새로운 아이디어들을 다양하게 실험할 수 있는 기반을 마련해야한다. 또한 소속 인원 중 변혁적 리더십을 가진 우수자를 상위 계급 및 직책으로 진출시켜 개방적인 조직문화가 조기에 뿌리를 내릴 수 있도록 유도해나가야 한다.

다섯째, 점차 심화되고 있는 전쟁수준의 중첩이 군 조직문화와 지휘통제방식에 미칠 영향을 분석하고 대비해야한다. 전통적으로 전쟁은 전략적, 작전적, 전술적 수준에서 수행되는 것으로 설명되어 왔다. 그러나 오늘날 과학기술의 발달로 전쟁수준의 중첩 현상이 점차 심화되고 있으며 미래에는 더욱 가속화될 것으로 예상된다. 전쟁수준의 중첩은 상급제대에서 하급제대의 군사행동을 직접통제하려는 유혹으로 이어질 수 있으며, 이로 인해 예하부대의 자율성과 창의성 발휘를 제한할 수 있다. 따라서 예하부대의 자율성과 창의성 발휘를 보장하면서 효과적인 지휘통제가 가능한 새로운 지휘통제방식에 대한 연구가 필요하다.

이스라엘군이 사용하고 있는 '선택적 통제' 방식도 하나의 대안이 될 수 있다. '선택적 통제'는 불확실한 전장에서 현장지휘관의 창의성 발휘를 최대한 보장하기 위한 지휘통제방식으로, 지휘역량을 갖춘 현장지휘관에게 결심권한을 최대한 위임하되, 꼭 필요한 경우에만 상급부대에서 선별적으로 개입하는 방식이다. 미래 전장에서는 네트워크의 발달로 예하부대의 상황을 항상 모니터할 수 있게 됨에 따라 결심권한을 현장지휘관에게 최대한 위임하되, 필요한 경우에만 상급지휘관이 선택적으로 개입하는 방법을 적용할 수 있다. 즉 '선택적 통제'의 도입으로 현장지휘관은 전장상황에 맞게 적보다 빠른 결심으로 전장의 주도권을 장악할 수 있고, 상급지휘관은 자신의 지휘의도 범위 내에서 예하지휘관이 작전을 실시할 수 있도록 통제할 수 있다.

| **결 론** |



제3차 산업혁명의 정보문명시대에서 시작된 21세기 군사혁신은 우리 사회가 제4차 산업혁명시대로 진입함에 따라 혁신의 폭과 깊이가 더욱 심화될 것으로 예상된다. 정보·지식 중심의 군사혁신에 제4차 산업혁명을 견인하는 ICBM+AI<sup>IoT, Cloud, Big Data, Mobile + Artificial Intelligence</sup> 기술이 결합되면서 군사 분야의 자율화·지능화가 급속도로 진행되고 있다. 그러나 2006년부터 추진해온 한국의 군사혁신은 아직도 정보문명시대의 초기 단계에서 정체되어 있고, 제4차 산업혁명기술의 군사 분야 적용은 기획 및 탐색 수준에서 진행되고 있다.

이 책은 군사혁신의 구성요소인 ①새로운 군사체계의 개발, ②새로운 운용교리의 발전, ③조직의 편성이 한국이 추진하고 있는 군사혁신이 부진한 원인을 효과적으로 설명하지 못하는데서 출발했다. 한국은 2006년부터 군사혁신 개념을 도입하여 국방개혁의 일부로 군 구조 및 전력체계 개혁을 추진하고 있다. 개혁 추진 과정에서 목표 연도가 2020년에서 2030년으로 조정되는 등 추진이 매우 부진한 실정이나, 군사혁신의 구성요소로는 개혁의 추진이 부진한 원인을 효과적으로 설명하는데 한계가 있다.

많은 전문가들은 한국의 군 구조 및 전력체계 개혁이 부진한 원인으로 북한 위협에 대한 인식의 차이, 개혁재원의 부족, 리더십의 부재 등을 지적하고 있다. 이러한 요인들은 군사혁신을 추진함에 있어서 군사혁신의 구성요소보다 선행적으로 조치되어야할 상위의 요인들에 해당한다. 이 책에서는 이들 상위의 결정요인을 '군사혁신의 전략적 결정요인'으로 규정하고, 선행연구과 관련 이론의 검토를 통해 ①'군 지도부의 위기의식(감),' ②'국가 또는 군차원의 핵심역량,' ③'군 지도부의 변혁적 리더십'을 전략적 결정요인으로 도출하였다.

세 가지 결정요인을 중심으로 미국의 베트남 전쟁 이후 군사혁신 사례, 독일의 제1차 세계대전 이후 군사혁신 사례, 그리고 이스라엘의 독립 전쟁 이후 군사혁신 사례를 분석 및 비교하여 결정요인을 일반화하고, 국가별 성공요인을 도출하였다. 아울러 결정요인을 활용하여 한국의 군사혁신 추진을 분석하고, 분석 결과와 주요국가의 군사혁신 성공요인을 바탕으로 한국이 지향해야할 군사혁신의 방향을 제시하였다.

'군 지도부의 위기의식(감)'은 코터의 '경영혁신 8단계 모델'에 이론적 근거를 둔 것으로서 군사혁신을 촉발하고 추동하는 원동력이다. 군사혁신에 성공하기 위해서는 군사혁신을 촉발하고 다양한 난관 속에서도 군사혁신을 이끌어나갈 수 있는 위기의식(감)이 필요하다. 군 조직이 갖는 보수적 성향으로 적대적 의도를 가진 국가가 인접하여 존재하는 것만으로는 군사혁신이 일어나지 않는다. 군 지도부가 국가의 생존 이익 또는 사활적 이익이 심각하게 위협받고 있다고 인식했을 때 군사혁신에 성공할 가능성이 높다.

미국은 베트남 전쟁 패전을, 독일은 제1차 세계대전 패전을, 그리고 이스라엘은 아랍 국가들로 둘러싸인 지정학적 취약성을 각각 위기의식(감)으로 활용하여 군사혁신을 추진했다. 3개 국가의 군 지도부가 느꼈던 위기의식(감)의 종류와 정도에는 다소 차이가 있었지만, 3개국 모두 군사혁신을 촉발하고 추동할 수 있는 높은 수준의 위기의식(감)을 가지고 있었다. 또한 위기의식(감)이 클수록 군사혁신의 동기가 커지고 군사혁신에 성공할 가능성도 높다.

한국의 경우, 군사위협의 우선순위가 정권의 성향에 따라 '주변국' 또는 '북한'으로 수시로 변경되어 군 지도부가 위기의식(감)을 가지고 일관성 있게 국방개혁을 추진하는데 어려움이 많았다. 특히 북한의 핵무장은 우리의 생존 이익과 직결되는 위협이지만, 진보정권의 '희망적 생각'과 보수정권의 '동맹 의존적 성향'으로 혁신을 위한 위기의식(감)으로 활용하지 못했다. 한국이 군사혁신에 성공하기 위해서는 김정은의 '핵 무력 완성' 선언으로 남북한 군사력의 균형이 역전된 점, 규모면에서 현저한 우위를 보이고 있는 주변국 군사위협의 심각성, 첨단무기의 전력화는 지연되는 가운데 매년 2.5-3만 명씩 병력이 감축되고 있는 상황 등을 위기의식(감)으로 활용해야한다.

북한의 핵위협을 군사혁신을 위한 위기의식(감)으로 활용하는 데는 각별한 주의와 용기가 필요하다. 적으로서 북한과 민족으로서 북한이 갖는 이중성으로 인해 군사혁신의 추동력 확보를 위해 북한의 위협을 강조할 경우, 진보와 보수의 찬반논쟁으로 이어져, 오히려 군사혁신의 추동력이 떨어질 수 있기 때문이다. 북한의 핵위협을 군사혁신의 추동력으로 활용하기 위해서는 북한 핵위협의 실체, 북한의 핵 포기 가능성, 대비의 필요성 등을 명확히 국민들과 정치권에 설명하고 공감을 얻어야한다. 이를 위해서는 군 지도부의 각별한 용기와 지혜가 필요하다.

'국가 또는 군차원의 핵심역량'은 프라하라드와 하멜의 '핵심역량 이론'에 근거를 둔 것으로서 적대(상대) 국가(군대)에 대해 경쟁력의 원천을 제공하는 차별화된 역량을 의미한다. 프라하라드와 하멜은 핵심역량의 세 가지 요건으로 핵심역량은 다양한 방식으로 광범위하게 활용할 수 있어야하고, 차별화된 이익을 제공해야하며, 그리고 상대가 쉽게 모방할 수 없어야 한다고 주장했다. 군사혁신에 성공하기 위해서는 이러한 요건에 부합되는 국가 또는 군차원의 핵심역량을 식별하고, 이를 활용하여 군사혁신을 추진해야 성공할 수 있다.

미국은 우수한 과학기술을, 독일은 전문군사교육제도를, 그리고 이스라엘은 시오니즘을 각각 핵심역량으로 활용하여 군사혁신을 추진했다. 각국이 활용한 핵심역량은 서로 다르지만, 핵심역량의 특성을 잘 갖춘 역량으로서 각국의 군사혁신에 결정적으로 기여했다. 3개국 모두 자국(군)의 핵심역량을 더욱 강화하여 활용하고, 타 역량으로 핵심역량을 보완함으로써 전투력 창출을 배가하는 방향으로 군사혁신을 추진했다.

한국의 경우, '국방개혁 2020'에서는 우수한 과학기술을 핵심역량으로 활용하여 '첨단 정보·과학군' 건설을 목표로 했다. 그러나 역대정부 개혁 기조의 지속적인 변경, 개혁재원의 부족, 과학기술의 중요성에 대한 인식의 부족 등으로 핵심역량의 효과적인 활용이 제한되었다. 국방개혁 및 군사혁신에 있어서 과학기술이 차지하는 중요성, 인구절벽

현상으로 대규모 상비병력 유지가 제한되는 점 등을 고려 시 향후에도 한국은 과학기술을 핵심역량으로 활용하는 것이 불가피할 것으로 판단된다.

한국이 핵심역량을 효과적으로 활용하기 위해서는 군사혁신의 전략과 우선순위를 명확히 설정하고, 적정 규모의 예산 확보 노력과 더불어 민·관·군 융·복합형 혁신체계를 구축해야한다. 북한의 핵무장으로 북한의 위협이 현저히 증가한 점을 고려하여 미래 군사혁신의 전략과 우선순위는 북한의 현존위협 대비에 우선을 두되, 북한 현존위협 대비와 미래잠재위협 대비의 중첩부분을 최대로 확장하는 방향으로 군사혁신을 추진해야한다. 예산의 확보는 국민들이 공감할 수 있는 예산의 편성과 더불어 기존 정보·지식기반 플랫폼에 제4차 산업혁명기술을 접목하는 형태의 군사혁신 추진과 국가성장동력과 연계한 민·관·군 융·복합형 혁신체계의 구축으로 예산을 절감해야한다.

'군 지도부의 변혁적 리더십'은 번즈가 처음으로 사용하고 베스가 체계화한 '변혁적 리더십 이론'에 근거한 것으로서 군사혁신을 실질적으로 이끌어가는 주체이다. 군 지도부의 변혁적 리더십은 직면하고 있는 위협이나 군사적 도전에서 오는 위기의식(감)을 군사혁신의 추동력으로 활용하고, 피·아의 강·약점 분석을 통해 핵심역량을 식별하며, 군사혁신이 지향해야 할 비전과 전략을 제시하는 등 군사혁신을 실질적으로 이끌어나가는 역할을 담당한다. 거래적 리더십과 대비되는 변혁적 리더십의 주요특성은 이상적 영향력, 영감적인 동기 부여, 지적 자극, 개별적 고려로서 이러한 특성을 가진 군사지도자가 군사혁신을 주도했을 때 성공할 가능성이 높다.

군사혁신에 성공한 3개국 모두 변혁적 리더십을 가진 군사지도자가 군사혁신 초기 단계에서 비교적 장기간(4-6년) 재직하며 군사혁신의 기틀을 마련하였고, 후임자들에 의해 유지·발전됨으로써 군사혁신에 성공했다. 3개국 모두 군사혁신 초기에 새로운 '싸우는 방법'을 정립하여 군사혁신의 비전과 방향을 제시하고, 부하들에게 영감적인 동기 부여와 지적 자극을 촉발하였으며, 자율·실용·창의를 중시하는 개방적 조직문화를 정착시킴으로써 군사혁신에 성공했다.

한국의 경우, 국방개혁 추진 과정에서 군 지도부의 변혁적 리더십 발휘여건이 제한되었다. 외부적 개혁 모델의 도입, 군 지도부의 잦은 교체와 짧은 보직기간, 국방개혁 기조의 분절현상, 미래 군사력 운용에 대한 공감 부족 등으로 군 지도부의 변혁적 리더십 발휘가 어려웠다. 한국이 군사혁신에 성공하기 위해서는 변혁적 리더십을 가진 군 지도부가 스스로 군사혁신을 주도할 수 있는 환경을 조성해야한다. 민간 정치지도자는 변혁적 리더십을 가진 유능한 군 지도부를 선발하여 보직하고 정치·재정적 지원은 제공하되, 군 지도부가 군사혁신을 주도해야한다. 변혁적 리더십은 효율성보다 효과성에 중점을 두고 장기적 관점에서 구성원들의 신념과 가치를 고무시켜 높은 성과를 성취하는 리더십이다. 따라서 변혁적 리더십이 효과를 발휘하기 위해서는 군 지도부의 안정적인 임기 운영과 더불어 공감할 수 있는 군사혁신의 비전과 방향이 우선적으로 정립되어 구성원들에게 영감적 동기와 지적 자극을 유발할 수 있어야 한다.

한국이 '국방개혁 2020'의 일부로 군사혁신을 추진한지도 벌써 15년이 경과되었다. 그 동안 전략 환경 측면에서 많은 변화가 있었고 21

세기 군사혁신도 제4차 산업혁명기술과 결합하면서 새로운 패러다임의 전쟁방식을 모색하고 있다. 전략 환경 측면에서는 미·중관계가 긴장관계를 넘어 지역패권경쟁으로 전개되고 있고, 북한의 핵무장으로 한국의 안보 취약성이 크게 증가하였으며, 인구절벽 및 병복무기간단축의 현실화로 병력 감축이 불가피한 상황에 직면하고 있다. 또한 제4차 산업혁명기술의 구현이 가시화되면서 군사 분야에 접목을 위한 다양한 시도가 진행되고 있다. 이러한 시점에서 추진이 부진한 기존의 계획에 안주해있는 것은 바람직하지 않다. 기존 접근방식의 문제점을 정확히 진단하고, 변화된 전략 환경과 과학기술발전 추이를 반영한 새로운 접근방식이 필요한 시점이다.

<br>

# | 참고문헌 |

## 1. 국문자료

### 가. 단행본

강정애·태정원·양혜현·김현아·조은영.『리더십론』. 서울: 시그마프레스, 2010.

구본학.『동북아에서의 군사혁신과 한국군의 장기발전계획』. 서울: 한국전략문제연구소, 2001.

국가 안보실.『문재인 정부의 국가안보전략』. 서울: 청와대, 2018.

──────.『희망의 새 시대 국가안보전략』. 서울: 청와대, 2014.

국가안전보장회의 사무처.『참여정부의 안보정책 구상: 평화번영과 국가안보』. 서울: 청와대, 2004.

국방부.『1999 국방백서』. 서울: 국방부, 2000.

──────.『2018 국방백서』. 서울: 국방부, 2019.

군사혁신기획단.『정보문명시대 전쟁패러다임의 전환과 한국의 군사혁신방향』. 서울: 국방부, 1999.

권영근.『미래전과 군사혁신』. 서울: 연경문화사, 1999.

──────.『한국군 국방개혁의 변화와 지속: 818계획, 국방개혁 2020, 국방개혁 307을 중심으로』. 서울: 연경문화사, 2013.

권태영·노훈.『21세기 군사혁신과 미래전』. 경기 파주: 법문사, 2008.

참고문헌 | **323**

_____.『21세기 군사혁신의 명암과 우리군의 선택』. 서울: 전광, 2009.

김근식.『대북포용정책의 진화를 위하여』. 경기 파주: 한울, 2011.

김동한.『국방개혁의 역사와 교훈』. 서울: 북랩, 2014.

김열수 · 김경규.『한국안보: 위협과 취약성의 딜레마』. 서울: 법문사, 2019.

김종하 · 김재엽.『군사혁신 RMA과 한국군』. 서울: 북코리아, 2008.

김희상.『중동 전쟁』. 서울: 전광, 1998.

박계호.『총력전의 이론과 실제』. 경기 성남: 북코리아, 2013.

박계홍 · 김종술.『변화와 혁신을 위한 리더십』. 경기 파주: 학현사, 2013.

박유진.『리더십 마인드 & 액션』. 서울: 양서각, 2011.

박재선.『세계를 지배하는 유대인파워』. 서울: 해누리, 2010.

박휘락.『정보화시대 국방개혁의 이론과 실제』. 서울: 법문사, 2008.

온창일 · 정토웅 · 김광수 · 박일송 · 황수현.『군사사상사』. 서울: 황금알, 2014.

외교부.『2019 이스라엘 개황』. 서울: 외교부, 2019.

육군본부.『육군비전 2050』. 충남 계룡: 정책실, 2020.

_____.『육군 기본정책서 '19-'33』. 충남 계룡: 정책실, 2019.

육군사관학교 전사학과.『세계전쟁사』. 서울: 도서출판 황금알, 2012.

윤종용.『경영과 혁신: 초일류로 가는 생각』. 서울: 삼성전자, 2007.

이성연 등.『미래전에 대비한 군사혁신론』. 대구: 황금소나무, 2008.

인남식.『미국과 이스라엘의 특수 관계: 인지적 동맹의 배경』. 서울: 국립외교원 외교안보연구소, 2018.

조영길.『자주국방의 길』. 서울: 도서출판 플래닛미디어, 2019.

청와대.『이명박 정부 외교안보의 비전과 전략 성숙한 세계국가』. 서울: 청와대, 2009.

하원규 · 최남희.『제4차 산업혁명』. 서울: ㈜ 콘텐츠하다, 2015.

합동군사대학교.『세계전쟁사(중, 하)』. 대전: 국군인쇄창, 2012.

해군본부.『걸프 전쟁 분석』. 대전: 해군본부, 1992.

Burns, James MacGregor. *Leadership*. 한국리더십연구회 역.『리더십 강의』. 서울: 미래인력연구센터, 2000.

_____. *Transforming Leadership*. 조중빈 역.『역사를 바꾸는 리더십』. 서울: 방송통신대학교출판부, 2006.

Drew, Dennis M. & Donald M. Snow. *Making Twenty-First Century Strategy*. 권영근 역.『21세기 전략기획』. 서울: 한국국방연구원, 2010.

Frieser, Karl-Heinz. *Blitzkrieg - Legende*. 진중근 역.『전격전의 전설』. 서울: 일조각, 2007.

Guderian, Heinz. 김정오 역.『기계화부대장』. 서울: 한원, 1990.

Kotter, John P. & Dan S, Cohen. *The Heart of Change*. 김기웅 · 김성수 역.『기업이 원하는 변화의 기술』. 경기 파주: 김영사, 2011.

Kotter, John P. *A Sense of Urgency*. 유영만 · 류현 역.『존 코터의 위기감을 높여라』. 경기 파주: 김영사, 2009.

_____. *Leading Change*. 한정곤 역.『기업이 원하는 변화의 리더』. 경기 파주: 김영 사, 2009.

Lederman, Gordon Nathaniel. *Reorganizing the Joint Chiefs of Staff: The Goldwa-ter-Nichols Act of 1986*. 김동기 · 권영근 역.『합동성 강화 미 국방개혁의 역사』. 서 울: 연경문화사, 2015.

Mahnken, Thomas G. *Technology and The American Way of War Since 1945*. 김수 빈 역.『궁극의 군대: 미군은 어떻게 세계 최강의 군대가 되었나?』. 서울: 미지북스, 2018.

Murray, Williamson & Allan R. Millett, eds. *Military Innovation in the Inter War Pe-riod*. 허남성 · 권영근 역.『제 1, 2차 세계대전 사이의 군사혁신』. 서울: 국방대학교, 2002.

Oetting, Dirk W. 박정이 역.『임무형전술의 어제와 오늘』. 서울: 도서출판 백암, 1997.

Summers Jr., Harry G. *On Strategy Ⅱ A Critical Analysis of the Gulf War*. 권재상 · 김 종민 역.『미국의 걸프전 전략』. 서울: 자작아카데미, 1996.

Tayler, Alan John Percivale. *The Origins of the Second World War*. 유영수 역.『제2차 세계대전의 기원』. 서울: 지식풍경, 2003.

Tucker, Robert C. *Politics as Leadership*. 안청시 · 손봉숙 역.『리더십과 정치』. 서울: 도서 출판 까치, 1983.


## 나. 논문


국방부. "국방개혁 2.0 기본방향 수립."『국방과 기술』. 제474호, 2018, pp. 8-11.

권태영. "우리 군 개혁의 참고모델, '이스라엘군'."『한국군사운영분석학회지』. 제24권 1호, 1998, pp. 1-17.

_____. "신 세기 정보사회의 새로운 군사 패러다임."『국방정책연구』. 제47호, 1999, pp. 105-138.

_____. "21세기 한국적 군사혁신과 국방개혁 추진."『전략연구』. 제35호, 2005, pp. 25-57.

권태영 · 박휘락 · 박창권. "비대칭전/비선형전 교리발전연구."『2006년 육군전투발전』. 2006, pp. 261-363.

김강녕. "이스라엘의 안보환경과 국방정책."『한국군사학논총』. 제3집 1권, 2014, pp.3-40.

김경환. "이스라엘군의 기원과 발전과정: 군사혁신 개념을 적용하여." 국방대학교 석사학위논 문, 1999.

김정권. "지속적 경쟁우위 확보를 위한 핵심역량의 역할." 『MARKETING』. 제39권 제3호, 2005, pp. 40-47.

김종열. "미국의 제3차 국방과학기술 상쇄전략에 대한 분석." 『융합보안논문지』. 제16권 제3호, 2016, pp. 27-35.

김태효. "국방개혁 307계획: 지향점과 도전요인." 『한국정치외교사논총』. 제34집 2호, 2012, pp. 347-378.

노 훈. "국방개혁 기본계획 2012-2030 진단과 향후 국방개혁 전략." 『전략연구』. 제57호, 2013, pp. 103-149.

노훈·조관호. "국방개혁의 향후 방향과 과업." 『한국전략문제연구소 30주년 기념 논문집』. 2017, pp. 627-661.

박준혁. "미국의 제3차 상쇄전략." 『국가전략』. 제23권 제2호, 2017, pp. 35-65.

박창희. "중국의 군사력 증강 평가와 우리의 대응방향." 『전략연구』. 제57호, 2013, pp. 237-270.

박휘락. "지도자 주도의 국방개혁 모형: 럼스펠드 장관의 변혁." 『군사논단』. 제49호, 2007, pp. 59-75.

손인근. "Mosaic Warfare에 대한 소고." 『군사혁신 논단』. 2020, pp. 1-6.

안광수. "제한·국지전쟁에서 우위 확보를 위한 군 구조 발전방향." 『한국국가전략연구원 세미나 자료』. 2020, pp. 1-20.

안기석. "한국군의 군사혁신 추진방향 연구." 경기대학교 정치전문대학원 박사학위논문, 2005.

이병구. "이라크 전쟁 중 미군의 군사혁신: 내부적 그리고 외부적 군사혁신 이론의 타당성 검증을 중심으로." 『군사연구』. 제91호, 2014, pp. 347-388.

_____. "A2/AD와 Counter A2/AD: 일본과 대만의 Counter A2/AD와 한국 안보에 대한 함의." 『한국군사』. 제5호, 2019, pp. 25-58.

이성만. "미국 군혁신 개념의 발전에 대한 고찰: 변형하는 변혁을 향하여." 『국제정치논총』. 제49권 2호, 2009, pp. 59-81.

이종호. "군사혁신의 전략적 성공요인으로 본 국방개혁의 방향: 주요선진국 사례와 한국의 국방개혁." 충남대학교 박사학위논문, 2011.

이필중. "국방개혁 2020 재원확보를 위한 전략." 『전략연구』. 제41호, 2007, pp. 168-202.

임상우. "베르사유 조약(Treaty of Versailles)과 유럽평화의 이상." 『통합유럽연구』. 제9권 2호, 2018, pp. 1-29.

장성근. "고객이 알아주는 핵심역량 기업 미래 이끈다." 『LG Business Insight』. 2015, pp. 2-15.

정원영. "이스라엘군의 정신전력 기저 분석과 시사점 고찰." 『국방정책연구』. 2000년 봄, pp. 157-176.

정춘일. "21세기의 새로운 군사 패러다임." 『전략연구』. 2000, pp. 146-199.

_____. "4차 산업혁명과 군사혁신 4.0." 『전략연구』. 제72호, 2017, pp. 183-211.

정해원. "이스라엘군이 정예강군으로 발전하게 된 전략적 요인 분석과 함의." 『한국군사학논총』. 제3집 제1권, 2014, pp. 167-197.

조기형. "국방개혁 자성, 개혁추진 동력을 다시 살리자!." 『한반도선진화재단 기타단행본』. 2014, pp. 69-92.

조현석. "인공지능, 자율무기체계와 미래 전쟁의 변환." 『21세기정치학회보』. 8(1), 2018, pp. 115-139.

지상훈·박준희. "다영역작전(MDO)에 대한 고찰과 한반도 작전전구(KTO)에서의 적용 방향." 『군사논단』. 제102호, 2020, pp. 123-154.

지효근. "미국의 새로운 전투수행 개념 발전과 한국군에 대한 함의: 다영역작전을 중심으로." 『군사연구』. 제147집, 2019, pp. 155-188.

함병우·고근영·전주성. "변혁적 리더십의 연구동향 분석: 최근 10년(2007-2016)간 국내 학술지 중심으로." 『한국콘텐츠학회논문지』. 제17권 제8호, 2017, pp. 490-505.

홍규덕. "국방개혁 추진, 이대로 좋은가?." 『전략연구』. 제68호, 2016, pp. 99-120.

홍규덕·김성한. "국방개혁의 청사진." 『북핵에 대응한 국방개혁』. 서울: 한반도선진화재단, 2017, pp. 18-61.

홍소식. "최고경영자의 변혁적 리더십과 조직의 혁신성향간의 관계에 관한 연구." 『인적자원개발연구』. 13(1), 2010, pp. 99-129.

## 2. 영문자료

### 가. 단행본

Boog, Horst. ed. *The Conduct of the Air War in the Second World War*. New York: Oxford, 1992.

Clark, Bryan, Dan Patt & Harrison Schramm, Mosaic Warfare: *Exploiting Artificial Intelligence and Autonomous Systems to Implement Decision-Centric Operations*. Washington DC: Center for Strategic and Budgetary Assessments, 2020.

Clausewitz, Carl Von. Howard, Michael and Peter Paret eds. *On War*. New Jersey: Princeton University Press, 1984.

Cline, Ray S. *World Power Assessment 1977: A Calculus of Strategic Drift*. Boulder, Colorado: Westview Press, 1997.

Cohen, Eliot A., Michael J. Eisenstadt, & Andrew J. Bacevich. 'Knives, Tanks, and

Missiles': *Israel's Security Revolution*. Washington DC: the Washington Institute for Near East Policy, 1998.

Corum, James S. *The Roots of Blitzkrieg: Han Von Seeckt and German Military Reform*. Lawrence: The University Press of Kansas, 1992.

Dayan, Moshe. *Moshe Dayan Story of My Life*. New York: First Da Capo Press, 1992.

Department of Defense. U. S. *Conduct of the Persian Gulf War*. Washington, DC: U. S. Government Printing Office, 1992.

Deptula, David A. *Effects-Based Operations: Change in the Nature of Warfare*. Arlington Virginia: Aerospace Education Foundation, 2001.

Dunnigan, James F. & Raymond M. Macedonia. *Getting It Right: American Military Reforms After Vietnam and Into the 21st Century*. Lincoln: Writers Club Press, 2001.

Hundley, Richard O. *Past Revolutions Future Transformations*. Santa Monica CA: RAND, 1999.

Metz, Steven & James Kievit. *Strategy and the Revolution in Military Affairs: From Theory to Policy*. Carlisle. PA: U.S. Army Strategic Studies Institute, 1995.

Office of Force Transformation. *The Implementation of Network Centric Warfare*. Washington, DC: Office of the Secretary of Defense, 2005.

Rothenberg, Gunther E. *The Anatomy of The Israeli Army*. London: B. T. Batsford, 1979.

Toffler, Alvin & Heidi. *War and Anti-war: Survival at the Dawn of the 21st Century*. Boston, New York: Little, Brown & Company, 1993.

Weigley, Russell F. *The American Way of War: A History of United States Military Strategy and Policy*. Bloomington: Indiana University Press, 1973.

## 나. 논문

Bartlett, Henry C. "Force Planning, Military Revolutions and the Tyranny of Technology." *Strategic Review*. Vol. 24, Fall 1996, pp. 28-40.

Green, Matthew John. "The Israeli Defense Forces: An Organizational Perspective." Master of Science in System Technology, Naval Postgraduate School, 1990.

Kelly, Mark. "The OODA Loop: Applying Military Strategy to High Risk Decision Making and Operational Learning Processes for On-Snow Practitioners." *Proceedings, International Snow Science Workshop*. Banff, 2014, pp. 1056-1060.

Krepinevich, Andrew F. "Cavalry to Computer; The Pattern of Military Revolutions." *The National Interest*. No. 37, 1994, pp. 30-42.

Owens, William A. "The Emerging System of Systems." *U. S. Naval Institute Proceeding*. vol. 121, No. 5, 1995, pp. 36-39.

Prahalad, C. K. and Gray Hamel. "The Core Competence of the Corporation." *Harvard Business Review*. May-June, 1990, pp. 1-15.

Robineau, Lucien. "French Air Policy in the Inter-War Period and the Conduct of the Air War against Germany from September 1939 to June 1940." Horst Boog. ed. *The Conduct of the Air War in the Second World War*. New York: Oxford, 1992, pp. 627-657.

Skinner Jr., H. Allen. "Transformation of the German Reichsheer." Master of Military Art and Science, U. S. Army Command and General Staff College, 2006.

## 3. 기타

국방개혁위원회. 『'국방개혁 2020' 50문 50답』. 서울: 국방부, 2005.

국방부. "전시작전통제권 전환 이후 연합방위지침." 2018년 10월 31일.

_____. "국방개혁 기본법안." 의안번호 3513, 2005년 12월 2일.

_____. 『국방개혁 2020 이렇게 추진합니다』. 서울: 국방부, 2005.

군구조·국방운영개혁추진실. 『국방개혁 2012-2030』. 서울: 국방부, 2012.

김성한. "미국 핵우산 믿고 북핵 방치하면 생존 위태로워진다." 『중앙일보』. 2020년 3월 24일.

남보람. "미 육군 개혁 이야기." 『국방일보』. 2018년 11월 6일, 11월 20일, 11월 27일.

법제처. "국방개혁에 관한 법률(약칭: 국방개혁법)." 법률 제8097호, 2006년 12월 28일, 제정.

염태정. "이스라엘 건국 50년으로 본 미국과의 관계." 『중앙일보』. 1998년 4월 30일.

육군본부. 『이스라엘 동원제도』. 대전: 팜플렛 120-10, 1986.

육군 교육사령부. "미 육군 현대화 추진전략: 미래사령부 핵심과업을 중심으로." 교육사령관 미국 출장결과 보고서, 2018.

홍규덕. "홍규덕의 한반도평화워치: 국방개혁 15년, 여전히 싸워 이기는 군은 만들지 못했다." 『중앙일보』. 2020년 3월 17일.

국가법령 정보센터. "군 인사법." http://www.law.go.kr/%EB%2%95%EB%A0%B9/%EA%B5%B0%EC%9D%B8%EC%82%AC%EB%B2%95(검색일: 2020년 6월 21일).

위키백과사전. "이건희." https://ko.wikipedia.org/wiki/%EC%9D%B4%EA%B1%B4%ED%9D%AC(검색일: 2020년 3월 30일).

위키백과사전. "포그롬." https://ko.wikipedia.org/wiki/%ED%8F%AC%EA%B7%B8%EB

%A1%AC(검색일: 2020년 4월 2일)

위키백과사전. "홀로코스트." https://ko.wikipedia.org/wiki/%ED%99%80%EB%A1%9C
%EC%BD%94%EC%8A%A4%ED%8A%B8 (검색일: 2020년 4월 2일)

e-나라지표. "국방예산 추이." http://www.index.go.kr/potal/main/EachDtlPageDetail.
do?idx_cd=1699(검색일: 2020년 10월 3일).

Grayson, Tim. "Mosaic Warfare." Keynote speech delivered at the Mosaic Warfare
and Multi-Domain Battle Seminar, DARPA Strategic Technology Office,
2018.

Harold, Brown. *Department of Defense Annual Report Fiscal Year 1979*. Washing-
ton DC: US Department of Defense, 1978.

The U. S. Department of Defense. Quadrennial Defense Review. May 1997.

U. S. Army Training and Doctrine Command. *The U. S. Army Operating Concept:
Win in a Complex World 2020-2040*. Pamphlet 525-3-1, 2014.

_____. *Multi-Domain Battle: Evolution of
Combined Arms for the 21st Century 2025-2040*. Pamphlet 525-3-1, 2017.

_____. *The U. S. Army in Multi-Domain Op-
erations 2028*. Pamphlet 525-3-1, 2018.

U. S. Joint Forces Command. *A Concept for Rapid Decisive Operations*. RDO
Whitepaper Version 2.0.

한국국방안보포럼(KODEF)은 21세기 국방정론을 발전시키고 국가안보에 대한 미래 전략적 대안을 제시하기 위해 뜻있는 군·정치·언론·법조·경제·문화 마니아 집단이 만든 사단법인입니다. 온·오프라인을 통해 국방정책을 논의하고, 국방정책에 관한 조사·연구·자문·지원 활동을 하고 있으며, 국방 관련 단체 및 기관과 공조하여 국방 교육 자료를 개발하고 안보의식을 고양하는 사업을 하고 있습니다. http://www.kodef.net

KODEF
안보총서
108

# 한국의 군사혁신

**초판 1쇄 발행** 2021년 5월 28일
**초판 2쇄 발행** 2021년 6월 21일

**지은이** 정연봉
**펴낸이** 김세영

**펴낸곳** 도서출판 플래닛미디어
**주소** 04029 서울시 마포구 잔다리로71 아내뜨빌딩 502호
**전화** 02-3143-3366
**팩스** 02-3143-3360
**블로그** http://blog.naver.com/planetmedia7
**이메일** webmaster@planetmedia.co.kr
**출판등록** 2005년 9월 12일 제313-2005-000197호

**ISBN** 979-11-87822-58-5 93390